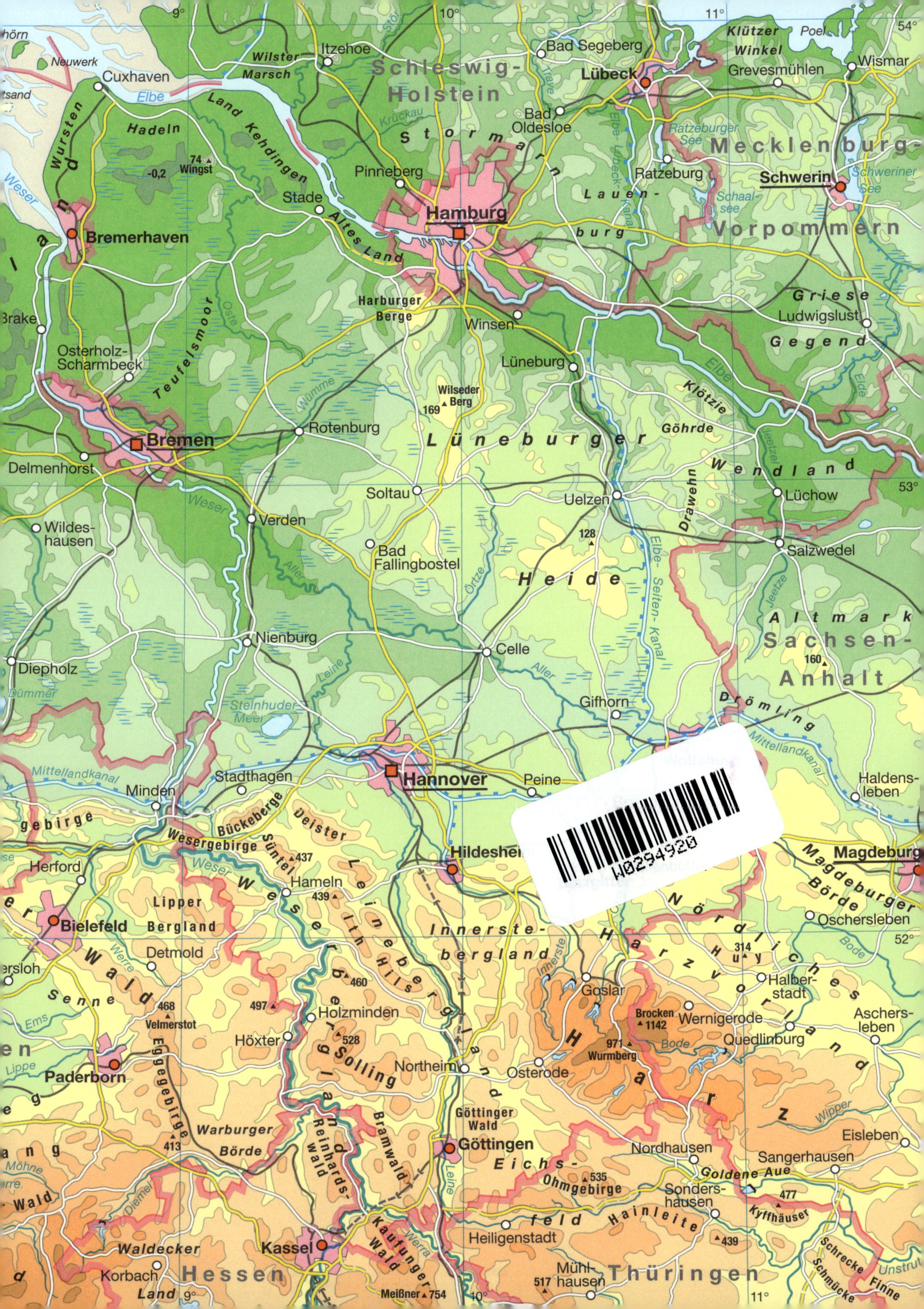
9°
10°
11°
54°
53°
52°
Neuwerk
Cuxhaven
Elbe
Wilster Marsch
Itzehoe
Schleswig-Holstein
Bad Segeberg
Klützer Winkel
Poel
Wismar
Grevesmühlen
Lübeck
Trave
Krückau
Stormarn
Bad Oldesloe
Wursten
Hadeln
Land Kehdingen
74 Wingst
-0,2
Weser
Pinneberg
Stade
Altes Land
Hamburg
Ratzeburger See
Ratzeburg
Mecklenburg-
Schwerin
Schweriner See
Schaalsee
Lauenburg
Elbe-Lübeck-Kanal
Vorpommern
Bremerhaven
Brake
Oste
Teufelsmoor
Harburger Berge
Winsen
Griese Gegend
Ludwigslust
Osterholz-Scharmbeck
Lüneburg
Wümme
Wilseder Berg
169
Klötzie
Göhrde
Jeetzel
Bremen
Delmenhorst
Rotenburg
Lüneburger
Wendland
Lüchow
Soltau
Uelzen
Drawehn
Wildeshausen
Verden
Aller
Bad Fallingbostel
128
Heide
Örtze
Elbe-Seiten-Kanal
Salzwedel
Jeetze
Altmark
Sachsen-Anhalt
160
Nienburg
Celle
Diepholz
Dümmer
Leine
Steinhuder Meer
Gifhorn
Drömling
Mittellandkanal
Minden
Stadthagen
Hannover
Peine
Haldensleben
Wiehengebirge
Bückeberge
Deister
Wesergebirge
Süntel
437
Hildesheim
Magdeburg
Magdeburger Börde
Herford
Hameln
439
Lipper Bergland
Leinebergland
Ith
Hils
Innerstebergland
Innerste
Nördliches Harzvorland
Oschersleben
Bielefeld
Detmold
Werre
Teutoburger Wald
314
Huy
Halberstadt
Bode
Senne
468 Velmerstot
497
460
Goslar
Brocken 1142
Wernigerode
Aschersleben
Quedlinburg
Ems
Holzminden
Höxter
528
Solling
971 Wurmberg
Harz
Lippe
Paderborn
Eggegebirge
Weserbergland
Northeim
Osterode
Wipper
Göttinger Wald
Bramwald
Reinhardswald
Warburger Börde
413
Göttingen
Eichsfeld
Nordhausen
Eisleben
Sangerhausen
Möhne
Ohmgebirge
535
Goldene Aue
Sondershausen
477
Kyffhäuser
Diemel
Kaufunger Wald
Werra
Heiligenstadt
Hainleite
439
Waldecker Land
Kassel
Korbach
Hessen
Meißner 754
517
Mühlhausen
Thüringen
Schrecke
Schmücke
Finne
Unstrut

Durchblick

Geschichte · Erdkunde 5/6
Niedersachsen

Autorinnen und Autoren:
Johannes Derichs
Melanie Eßer
Wolfgang Pankratz
Dietmar Schulte-Möhring
Torsten Steinberg
Gerald Wieziolkowski

westermann

Durchblick
Geschichte · Erdkunde 5/6
Niedersachsen

Druck A[1] / Jahr 2008

Alle Drucke der Serie A sind im Unterricht parallel verwendbar.

Redaktion: Kerstin Maaß
Herstellung: Ira Petersohn, Ellerbek/Hamburg
Layout: Dietrich Otto, Braunschweig
Umschlaggestaltung: Janssen Kahlert Design & Kommunikation GmbH, Hannover
Satz: Utesch Media Processing GmbH, Hamburg
Druck und Bindung: westermann druck GmbH, Braunschweig

ISBN 978-3-14-**110765**-4

Liebe Schülerinnen und Schüler,

vor euch liegt euer neues Buch für die Fächer Geschichte und Erdkunde. „Durchblick“ will euch zu einer Reise in die Vergangenheit einladen und euch helfen, die Erde zu entdecken.

Ihr findet in eurem „Durchblick“ viele Hinweiszeichen. Sie sollen euch helfen, euch in eurem Buch zurechtzufinden.

Textquellen stehen auf einem farbigen Untergrund. Für Geschichte sind sie blau gekennzeichnet. Hier findet ihr alte Schriftstücke, Urkunden, Gesetzestexte, Zeitungsartikel oder Briefe.

Für das Fach Erdkunde sind die Textquellen mit einem grünen Untergrund markiert. Dies können Berichte, Interviews oder Reden sein.

Der Buchstabe **M** bezeichnet alle Materialien, die den Text ergänzen und mithilfe der Aufgaben erschlossen werden. Material kann ein Bild, eine Karte, eine Zeichnung oder eine Textquelle sein.

Im **i-Kasten** werden euch schwierige Begriffe erklärt oder ihr erhaltet zusätzliche Informationen. So könnt ihr die beschriebenen Themen besser verstehen.

Der Schlüssel markiert die Seiten, auf denen ihr wichtige Arbeitsweisen kennenlernt. Hier erfahrt ihr, mit welchen **Methoden** ihr bestimmte Aufgaben am besten lösen könnt.

Dieses Symbol steht für aktives Lernen. Auf Seiten, die so gekennzeichnet sind, findet ihr **Projekte** zu verschiedenen Themen. Diese könnt ihr gemeinsam planen und durchführen.

Die Glühlampe findet ihr auf den letzten Seiten eines Kapitels. Sie haben die Überschrift **Hast du den Durchblick?** Hier könnt ihr noch einmal üben, was ihr in diesem Kapitel gelernt habt.

Dieses Zeichen zeigt für das Fach Geschichte an, dass wir mit euch einen **Zeitsprung** machen. Dieser kann ein Blick zurück in die Vergangenheit oder ein Blick nach vorn in die Gegenwart sein.

Fett gedruckte Wörter im Text zeigen an, dass ihr zu diesem Begriff ab Seite 280 eine Erklärung im **Minilexikon** findet.

In diesem Rahmen findet ihr weiterführende **Tipps**.

Inhalt Geschichte

Inhalt Erdkunde

Der Planet Erde 236

Leben in Eis und Wüste 252

Anhang 280

Einführung in die Geschichte

480
EK 26289-26298

Geschichte – dein neues Schulfach

M1 *Der Rattenfänger von Hameln (Schauspiel)*

Geschichte – der Blick in die Vergangenheit

Im Fach Geschichte beschäftigst du dich damit, was in der Vergangenheit geschehen ist und wie die Menschen früher gelebt, gehandelt und gedacht haben. Spuren der Geschichte begegnen dir jeden Tag. Du kannst sie in Gebäuden, Gegenständen, Dokumenten, Bildern oder Erzählungen finden.

M2 *Historische Kaiserpfalz (Goslar)*

M3 *Alte Fotos*

M4 *Denkmal (Braunschweig)*

Das menschliche Leben hat sich über mehrere Millionen Jahre entwickelt. Seit dieser Zeit hat sich viel geändert. Über einige vergangene Zeiten wirst du in diesem Buch mehr erfahren.

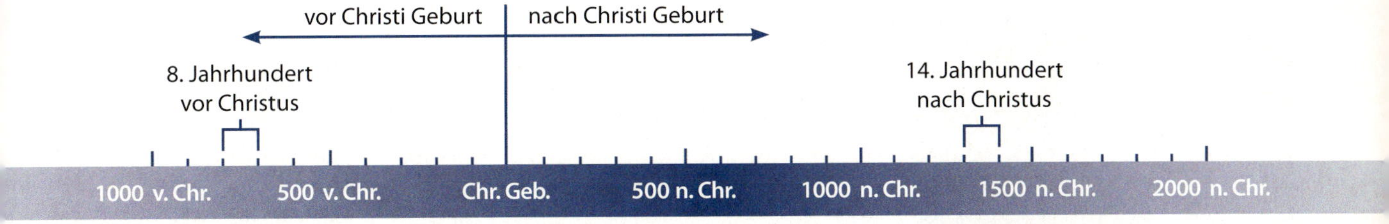

M5 *Zeiteinteilung*

Die Zeit einteilen und darstellen

Damit wir uns besser in der Geschichte orientieren können, teilen wir die Zeit in Abschnitte ein: die **Epochen**.

Die **Vorgeschichte** umfasst die schriftlose Zeit der Menschheitsgeschichte. Die ersten Menschen entwickelten sich, begannen Werkzeuge zu benutzen und wurden schließlich sesshaft. Die zweitälteste Epoche, in der die Schrift erfunden wurde, nennt man **Frühgeschichte**. Hier entstanden die ersten bedeutenden Kulturen wie etwa in Ägypten. Von der **Antike** spricht man bei jener Zeit, in der die Griechen und später die Römer große Reiche gründeten und den Mittelmeerraum prägten. Daran schließt das **Mittelalter** an, das ungefähr bis zur Entdeckung Amerikas durch Christoph Kolumbus reicht. Die danach beginnende **Neuzeit** erstreckt sich bis zur Gegenwart.

1 Berichte, was du selbst mit dem Begriff Geschichte verbindest.
2 Schildere, wo dir Geschichte bisher in deinem Leben begegnet ist.
3 Zähle auf, welche Themen in der Geschichte dich besonders interessieren.
4 Nenne und erkläre die Epochen (Text, i-Kasten, M6).
5 Berichte, was du über die Bilder auf Seite 8/9 erzählen kannst.
6 Ordne die Bilder auf Seite 8/9 den oben genannten Epochen zu.
7 a) Bestimme die Jahre, mit denen das 5. Jahrhundert vor Christus beginnt und endet (i-Kasten).
b) Bestimme die Jahre für das 17. Jahrhundert nach Christus.

i **Epochen**
Historiker teilen die Vergangenheit in Epochen ein. Es gibt verschiedene Einteilungen. Eine Möglichkeit ist folgende:
Vorgeschichte
bis 3000 v. Chr.
Frühgeschichte
3000 v. Chr. bis 500 v. Chr.
Antike
500 v. Chr. bis 500 n. Chr.
Mittelalter
500 n. Chr. bis 1500 n. Chr.
Neuzeit
ab 1500 n. Chr.

Zählung der Jahrhunderte
Das erste Jahrhundert geht vom Jahr 1 bis zum Jahr 100, das zweite von 101 bis 200. Wir leben im 21. Jahrhundert, das die Jahre 2001 bis 2100 umfasst.

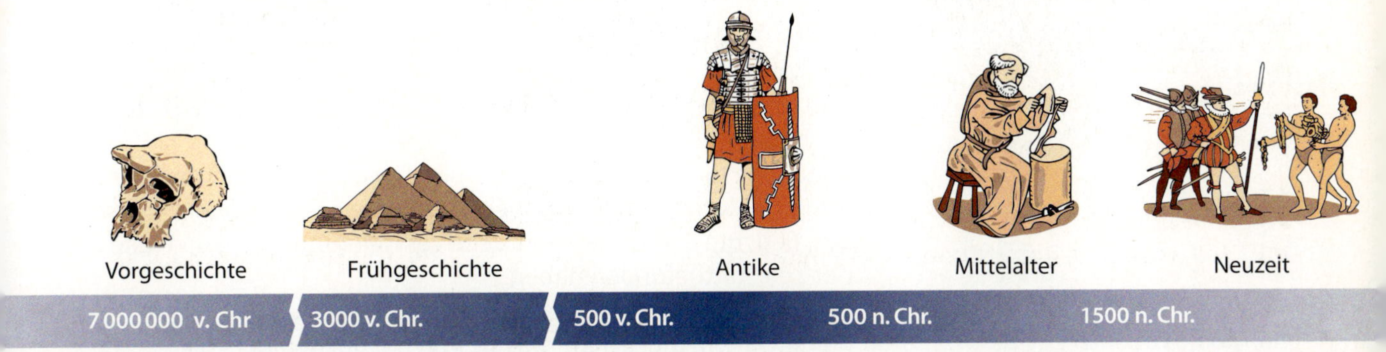

M6 *Epochen*

Du und deine Geschichte

M1 *Vanessas Großeltern August und Anne bei ihrer ersten Tanzstunde (1956)*

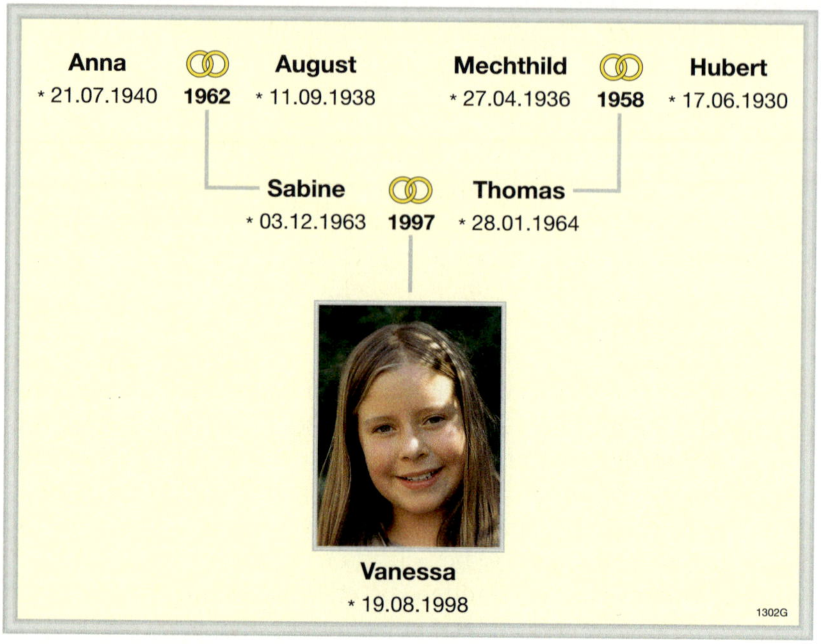

M2 *Vanessas Stammbaum*

M3 *Vanessas Großeltern Mechthild und Hubert bei ihrer Verlobung (1958)*

M4 *Vanessas Eltern Sabine und Thomas bei ihrer Hochzeit (1994)*

Deine Familiengeschichte

Begib dich auf die Suche nach deiner eigenen Geschichte. Auch du hast eine Vergangenheit. Ein Fotoalbum, aufbewahrte Gegenstände, Dokumente und andere Erinnerungsstücke aus vergangener Zeit können dir dabei helfen.

Auch die Geschichte deiner Familie wird in Gesprächen wieder lebendig: der Führerschein deiner Mutter, der Schulabschluss deines Vaters, das Berufsleben von Opa, Omas erste Reise …

Du wirst etwas über traurige und freudige Begebenheiten in deiner Familie erfahren. Lass dir auch etwas über die Lebensumstände deiner Familie und über Ereignisse der Weltgeschichte erzählen. Deine eigene Geschichte und die deiner Familie werden von der Zeit, der Umgebung und den Geschehnissen in der Welt geprägt.

1 Bringe Bilder und Gegenstände mit in die Schule, die über dich und deine Familiengeschichte berichten. Befrage deine Eltern und Großeltern dazu. Ordne die mitgebrachten Dinge dem Alter nach und stelle sie im Klassenraum aus.
2 Erkundige dich bei deinen Eltern und Großeltern über ihre Erziehung, Schulzeit, Arbeit, Wohnen und Freizeit. Suche dir ein Thema aus. Berichte auch über eventuelle Veränderungen, die im Laufe der Zeit stattgefunden haben.
3 Fertige einen Stammbaum deiner Familie an (M2).
4 Befrage ältere Menschen, was sie von Ereignissen der Weltgeschichte berichten können.

Eine Zeitleiste erstellen

Eine Zeitleiste kann dir helfen, einen Zeitraum der Geschichte anschaulich zu machen. Fertige selbst eine Zeitleiste an.

1. Schritt: Zeitleiste planen
- Überlege, in wie viele Abschnitte du die Zeitleiste unterteilen musst. Für eine größere Zeitleiste kannst du mehrere Blätter aneinander kleben oder ein Stück einer Tapetenrolle nutzen.
- Trage für deine Leiste Kopien von Dokumenten und Fotos zusammen und fertige Skizzen oder Zeichnungen an.

2. Schritt: Material auswählen und ordnen
- Nachdem du verschiedene Materialien gefunden hast, überlege, welche von ihnen den Zeitabschnitt, den du zeigen willst, am besten darstellen.
- Beschrifte die Materialien mit der entsprechenden Zeit.

3. Schritt: Zeitleiste anlegen und gestalten
- Unterteile die Zeitleiste in gleich große Abschnitte.
- Schreibe unter jeden Strich eine Jahreszahl, ganz links das Jahr, mit dem du anfangen möchtest.
- Lege deine Materialien zunächst probehalber aus.
- Klebe sie dann an der richtigen Stelle auf und beschrifte sie mit dem entsprechenden Ereignis.
- Eventuell musst du die Materialien durch einen Strich mit dem Datum auf der Zeitleiste verbinden, damit man genau erkennt, was wozu gehört.

Zeitleiste
Auf einer Zeitleiste werden geschichtliche Entwicklungen dargestellt. Auf einer Linie werden Einteilungen vorgenommen und mit entsprechenden Jahreszahlen versehen. Dazu werden die geschichtlichen Ereignisse geschrieben. Die Zeitleiste kann mit Bildern oder Texten versehen werden.

1 Fertige eine Zeitleiste über deine eigene Geschichte an (M1).

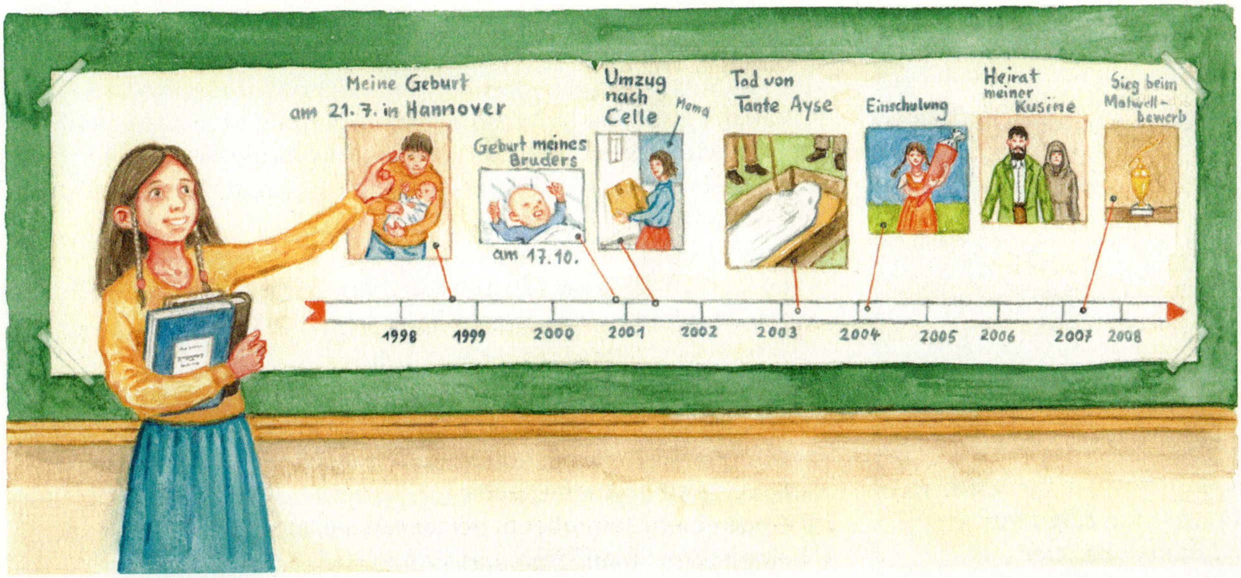

M1 *Özlems Zeitleiste*

M1 *Georg-Christoph-Lichtenberg-Denkmal*

Auf Spurensuche – So erhältst du Auskunft
- Interviews mit Zeitzeugen
- Internet
- Berichte aus Zeitungen
- Bücher aus Büchereien
- Ausstellungen im Museum
- Dokumente im Stadtarchiv

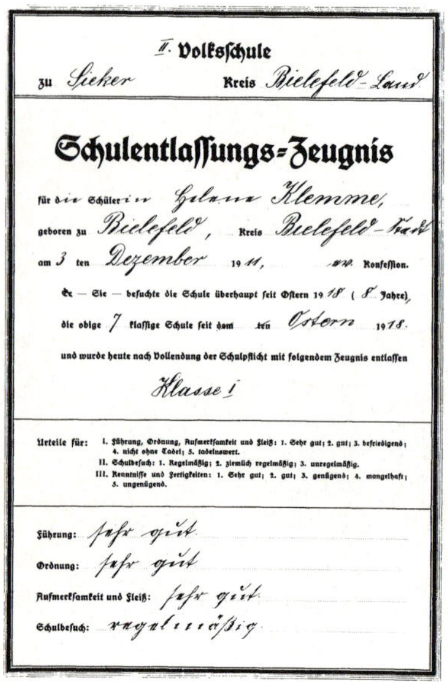

II. Volksschule

zu Sieker Kreis Bielefeld-Land

Schulentlassungs-Zeugnis

für die Schülerin Helene Klemme,
geboren zu Bielefeld, Kreis Bielefeld-Stadt
am 3 ten Dezember 1911, ev. Konfession.
Er – Sie – besuchte die Schule überhaupt seit Ostern 1918 (8 Jahre),
die obige 7 klassige Schule seit dem ten Ostern 1918.
und wurde heute nach Vollendung der Schulpflicht mit folgendem Zeugnis entlassen
Klasse I

Urteile für:
I. Führung, Ordnung, Aufmerksamkeit und Fleiß: 1. Sehr gut; 2. gut; 3. befriedigend; 4. nicht ohne Tadel; 5. tadelnswert.
II. Schulbesuch: 1. Regelmäßig; 2. ziemlich regelmäßig; 3. unregelmäßig.
III. Kenntnisse und Fertigkeiten: 1. Sehr gut; 2. gut; 3. genügend; 4. mangelhaft; 5. ungenügend.

Führung: sehr gut
Ordnung: sehr gut
Aufmerksamkeit und Fleiß: sehr gut
Schulbesuch: regelmäßig

M4 *Zeugnis von Helene Klemme*

Spurensuche im Ort

In Göttingen steht ein Denkmal vor dem alten Rathaus. Es zeigt einen kleinen Mann. Sein Name war Georg Christoph Lichtenberg. Wer war dieser Mann? Wo und wie hat er gelebt? Was hat er Besonderes geleistet? Wer hat für ihn das Denkmal geschaffen? Fragen über Fragen!

Ein Rundgang durch deinen Heimatort führt dich an verschiedenen Denkmälern, Häusern, Brücken oder Straßen vorbei, die aus früherer Zeit stammen. Manches erscheint dir sicherlich merkwürdig oder überflüssig. Anderes wird dich neugierig oder sogar betroffen machen.

M2 *Heutige Straßenschilder*

Gespräche mit Zeitzeugen

Um etwas über die Geschichte zu erfahren kannst du auch mit Menschen sprechen, die älter sind als du. Je älter diese Menschen sind, die du befragst, desto weiter reichen ihre Erinnerungen in die Vergangenheit. Sie können viel über die Lebensweise der Menschen oder wichtige Ereignisse früherer Zeiten erzählen. Sie werden daher Zeitzeugen genannt.

Ich wurde im April 1918 (in die Siekerschule) eingeschult. Mein erster Schulraum war im ersten Bauabschnitt des jetzigen Altbaus. Der Erste Weltkrieg wurde im November 1918 beendet. … Es mag Anfang 1919 gewesen sein, da wurde zu Ehren des (im Krieg) gefallenen Lehrers Brewe … eine Eiche gepflanzt und ein Gedenkstein auf dem Schulhof aufgestellt … Bei der Gedenkstunde waren wir alle dabei.

M3 *Helene Gaus, geborene Klemme, erzählt (1991)*

1 Berichte in der Klasse über Georg Christoph Lichtenberg (Text, M1). Schau dafür ins Lexikon oder forsche im Internet.

2 Fotografiere in deiner Stadt geschichtliche Spuren. Ordne die Fotos anschließend nach Themen oder Alter der Motive.

3 Erstellt und präsentiert in der Klasse ein Plakat über die Geschichte eures Ortes. Klebt Fotos und Informationen auf, die ihr euch besorgt habt.

Orientierung in der Geschichte

Überlieferungen und Funde aus der Geschichte werden Quellen genannt. Aber warum gerade Quellen? So wie die Bäche und Flüsse ihren Ursprung in einer Quelle haben, so hat unser Wissen über die Geschichte seinen Ursprung in Dingen aus der Vergangenheit.

Sachquellen sind Gegenstände aus vergangener Zeit. Oft müssen Münzen, Tonscherben, Knochen, Mauerreste, Werkzeuge, Waffen und anderes erst ausgegraben werden.

Zu den **Bildquellen** zählen Abbildungen aus der Vergangenheit, wie Höhlenmalereien, Zeichnungen, Gemälde, Fotos, Karten, Filme, Dias und vieles mehr.

Seitdem Menschen schreiben können entstehen **Textquellen**, die heute für Forschungsarbeiten zur Verfügung stehen. Dazu gehört alles, was Menschen niedergeschrieben haben zum Beispiel Handschriften, Bücher, Computertexte, aber auch Steintafeln.

Die Quellen vermitteln uns ein Bild ihrer Zeit. Dazu müssen wir sie mit möglichst vielen anderen Informationen aus dieser Zeit vergleichen.

4 a) Ordne M1 bis M10 nach Sach-, Bild- und Textquellen.
b) Sammelt im Klassengespräch weitere Beispiele. Dazu könnt ihr auch die Ergebnisse eurer Ortserkundung mit einbeziehen.

5 Auch wir hinterlassen Spuren, an denen Menschen in späteren Zeiten Interesse haben werden. Nenne Dinge, die du ihnen überlassen würdest, damit sie sich ein möglichst genaues Bild von dir und deinem Leben machen können.

M5 *Faustkeil (Urgeschichte)*

M6 *Flöte (Urgeschichte)*

M7 *Grabfund aus Ägypten (Frühgeschichte)*

M8 *Römische Münzen (Antike)*

M9 *Urkunde (Mittelalter)*

M10 *Klassenfoto (Neuzeit)*

Frühmenschen auf der Suche nach Nahrung – Fußspuren in Vulkanasche

Vor tausend Millionen Jahren

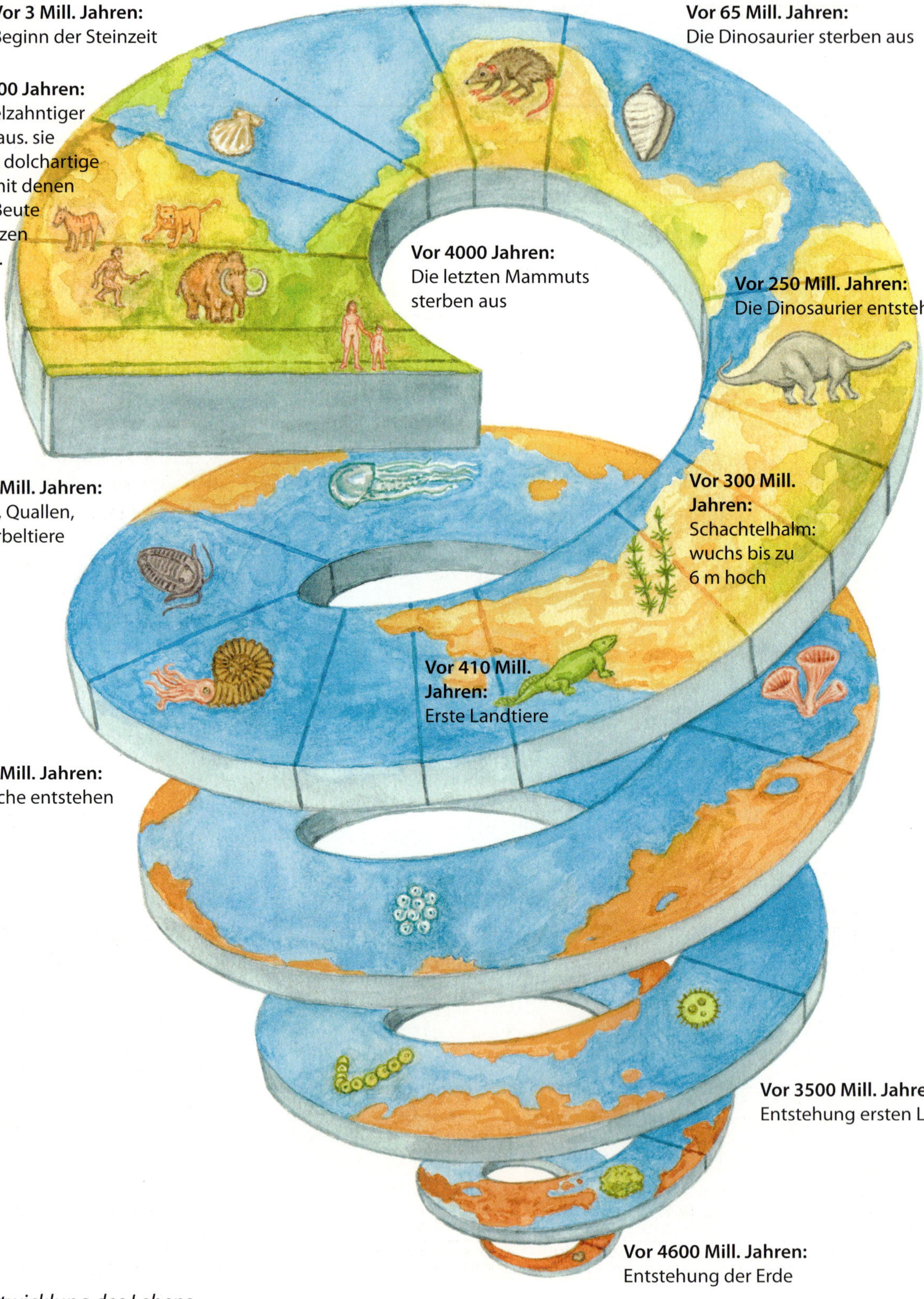

M1 *Entwicklung des Lebens*

Entwicklung des Lebens auf der Erde

In der Abbildung M1 siehst du eine Zeitspirale. Auf dieser Zeitspirale ist die Geschichte des Lebens auf der Erde dargestellt. Wie du bereits weißt, dient eine Zeitspirale dazu, die geschichtliche Entwicklung darzustellen. Dabei wird die Spirale in Zeitabschnitte eingeteilt und mit Jahreszahlen versehen. Zu den Jahreszahlen werden die entsprechenden Ereignisse geschrieben. Auf der hier abgebildeten Spirale sind die Einteilungen nur grob, weil die dargestellte Zeitspanne sehr groß ist.

1 Schreibe aus M1 alle Begriffe heraus, die du nicht kennst. Kläre sie mithilfe des kleinen Lexikons auf dieser Seite.

2 Übertrage die Tabelle in dein Heft und ergänze sie (M1).

Ereignisse, Begriffe	Jahreszahlen
Entstehung des Lebens	vor 3500 Millionen Jahren
Mammuts sterben aus	
Zeit der Dinosaurier	
Fische entstehen	
Dinosaurier sterben aus	

3 Stelle mithilfe von M1 und dem kleinen Lexikon fest, ob folgende Aussagen richtig oder falsch sind:

a) Das Leben auf der Erde entstand vor 3500 Mill. Jahren.
b) Korallen, Quallen und die ersten Wirbeltiere lebten im Wasser.
c) Vor rund 3 Mill. Jahren gingen die ersten Wirbeltiere an Land.
d) Der Säbelzahntiger hatte zwei lange, dolchartige Zähne.
e) Die Mammuts waren Riesentiere, die wie Elefanten aussahen.
f) Vor 225 Millionen Jahren gab es schon Fische.
g) Schachtelhalme waren Pflanzen, die 6 m hoch wurden.
h) Die ersten Tiere der Erde lebten auf Bäumen.

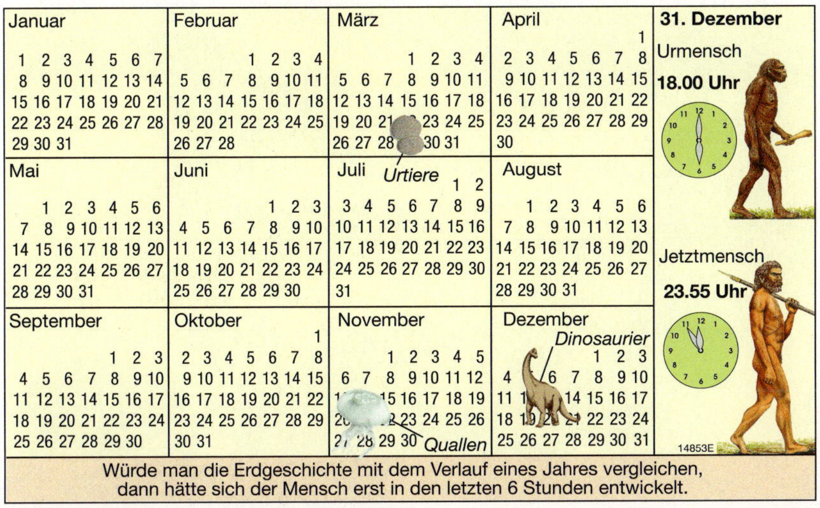

M2 *Der Mensch in der Erdgeschichte*

Kleines Lexikon

Dinosaurier: Ausgestorbene Tiere, die als Pflanzenfresser oder Raubtiere lebten. Sie waren bis zu 35 m lang und 12 m hoch.

Koralle: Tiere, die sich am Meeresboden festsetzen und die Kalkskelette abscheiden, die untereinander verbunden sind. Diese werden mit der Zeit sehr groß.

Mammut: Tier, das zur Familie der Elefanten gehörte. Das Mammut trug ein dichtes, langes Fell und hatte bis zu 5 m lange, gebogene Stoßzähne.

Qualle: Schirm- oder glockenförmiges, fast durchsichtiges, weiches, wirbelloses Meereslebewesen.

Säbelzahntiger: Ausgestorbenes Tier, das zur Familie der Katzen gehörte.

Säugetier: Merkmale der Säugetiere sind das Säugen der Jungen mit Milch und ein großes Maß an elterlicher Fürsorge. Außerdem haben sie ein gut entwickeltes Gehirn. Zu dieser Klasse gehört auch der Mensch.

Schachtelhalm: Eine Pflanze mit auffälligem Stängel und nadelbaumartigen Blättern.

Wirbeltier: Tiere, die eine Wirbelsäule haben. Zu ihnen gehören zum Beispiel Säugetiere, Vögel, Fische, Land- und Wasserkriechtiere. Den Ursprung der Wirbeltiere bilden fischähnliche Lebewesen, die im Wasser lebten.

Suche nach der Vergangenheit

Archäologie
Die Archäologie ist eine Wissenschaft, die sich mit den Überresten alter Kulturen beschäftigt. Dazu werden gefundene Gegenstände, Knochen, Unterkünfte oder Werkzeuge genau untersucht. So können sich Wissenschaftler ein Bild von dem Leben früherer Menschen machen. Forscher, die sich mit dieser Wissenschaft beschäftigen, werden Archäologinnen oder Archäologen genannt.

Spurensuche zur Entwicklung der Menschheit

Wie haben die Menschen früher gelebt? Mit dieser spannenden Frage beschäftigen sich viele Wissenschaftler. Damit sie Antworten auf ihre Fragen finden, ist es wichtig, dass sie Überreste unserer Vorfahren entdecken. Diese Überreste von früheren Menschen sind oft tief im Boden versteckt. Wie in einem Krimi suchen die Forscher diese Spuren. Sie graben Knochen, Werkzeuge und andere Gegenstände aus. Die gefundenen Teile setzen sie wie in einem Puzzle wieder zusammen. Im Gegensatz zum Krimi suchen sie jedoch nicht nach einem Täter. Die Wissenschaftler wollen erfahren, wie die Menschen früher gelebt haben. Mit jedem neuen Fund können sie Vorgänge aus vergangenen Zeiten deuten und neue Erklärungen finden.

Das Alter der gefundenen Gegenstände können die Wissenschaftler durch die Lage der Fundstücke in den Schichten bestimmen. Häufig müssen sie aber auch im Labor mit aufwendigen wissenschaftlichen Methoden arbeiten.

1 Zähle auf, was Forscherinnen und Forscher suchen, damit sie etwas über das Leben der früheren Menschen aussagen können (Text).
2 a) Beschreibe die Arbeit der Archäologen (M2).
b) Nenne Werkzeuge, die du im Bild erkennen kannst.
c) Erkläre, warum die Archäologen besonders vorsichtig arbeiten müssen.
3 Erläutere, wie Wissenschaftler das Alter von Funden bestimmen können (Text, M1).

M1 *Altersbestimmung von Funden durch die Lage in Erdschichten*

M2 *Archäologinnen bei der Arbeit*

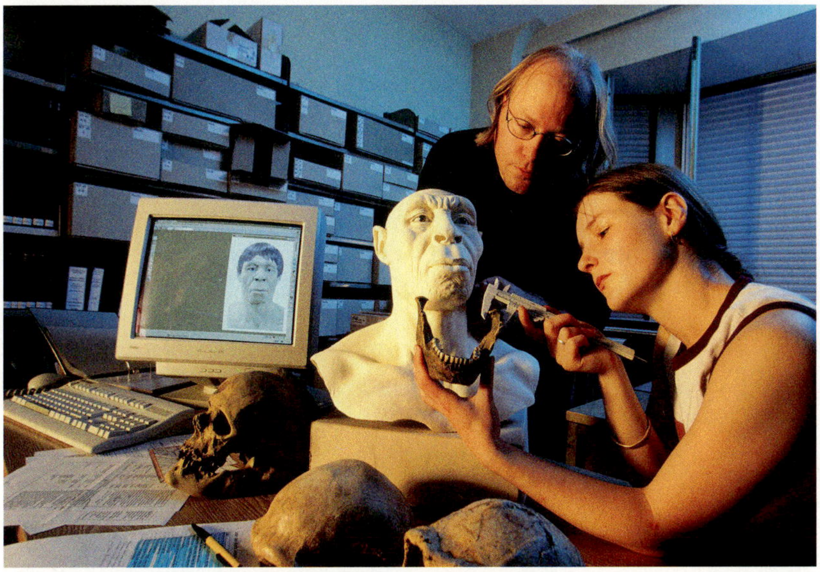

M3 *Ein Gesicht wird nachgebildet (rekonstruiert).*

M4 *Ein Baum wird mit einer Steinaxt gefällt.*

Moderne Technologie und urtümliche Experimente

Mit Schädelfunden können Forscherinnen und Forscher heute auch das Aussehen der Menschen nachbilden. Mit Computern berechnen sie fehlende Knochenteile. Diese bilden sie mit künstlichen Materialien nach und setzen sie ein. Auf die Knochen werden anschließend Schichten aus Ton aufgetragen und das Gesicht modelliert.

Normalerweise gewinnen Archäologen ihre Erkenntnisse durch das Deuten der Fundstücke. So können sie erklären, wie die Menschen früher gelebt haben. Bei der experimentellen Archäologie versuchen die Wissenschaftler die Lebensweisen und Techniken der Vergangenheit nachzubilden oder anzuwenden. Zum Beispiel bauen sie Häuser oder Waffen nach, schleifen Steinklingen oder Steinbeile oder stellen Holzboote und vieles anderes her. So können sie die Funktion und den technischen Stand von Waffen, Geräten, Häusern und anderen Dingen der vergangenen Zeit erforschen. Die Ergebnisse dieser Experimente können bestehende Theorien bestätigen, ergänzen und auch zu neuen Erkenntnissen führen.

M5 *Ein Archäologe testet Pfeil und Bogen.*

4 Beschreibe die Rekonstruktion eines Gesichtes in drei Schritten (Text, M3).

5 a) Beschreibe, welche Tätigkeiten die Forscher in den Abbildungen M4 und M5 ausführen.
b) Erkläre, was die Archäologen mit ihren Experimenten nachweisen wollen.

6 Nimm Stellung zu der Aussage: „Mithilfe der experimentellen Archäologie gewinnen die Wissenschaftler wichtige Erkenntnisse" (Text).

Die Anfänge der Menschheit

Entwicklung der Menschen

Die Entwicklung der Menschen begann in Afrika. Dies wird durch den Fund eines Schädels bestätigt, der etwa 6 bis 7 Millionen Jahre alt ist. Das ist der bislang älteste Fund eines **Vormenschen**. Wissenschaftler haben ihn Toumaï getauft, was Hoffnung auf Leben heißt.

Bis zu diesem Fund galt Lucy als das älteste Skelett. Es stammt von einem Vormenschen, der vor etwa 3,2 Millionen Jahren gelebt hat. Lucy erhielt ihren Namen von ihrem Entdecker.

M1 *Schädel des bislang ältesten Vormenschen*

Auch wenn Lucy und ihre Verwandten aufrecht gingen, wie insbesondere der Bau des Beckens und der Kniegelenke zeigen, hatten sie noch viele ältere, urtümliche Merkmale bewahrt, vor allem was die (Größe der) Gliedmaßen und die Form von Händen und Füßen betrifft; demnach dürften sie auch an das Klettern auf Bäumen noch recht gut angepasst gewesen sein. Zusammen mit einem Gehirn, das etwa so groß war wie das von Menschenaffen, und einem großen vorspringenden Gesicht, das ihre (Beschreibung) als Schimpansen auf zwei Beinen recht zutreffend erscheinen lässt.

M2 *Schimpansen auf zwei Beinen (Zeitschrift, 2002)*

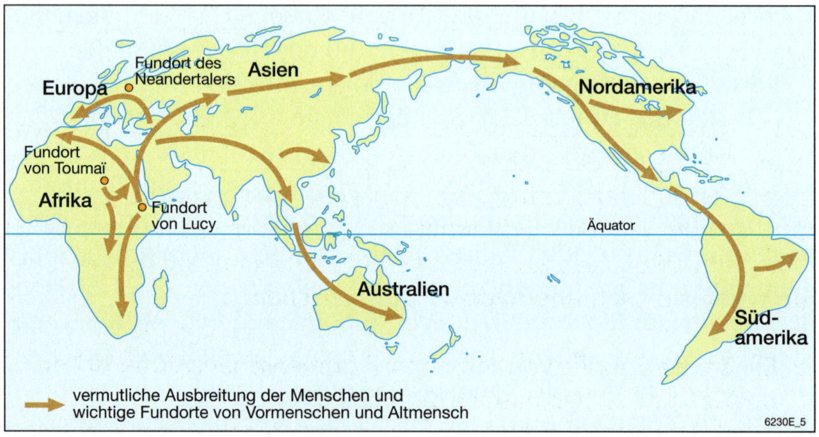

M3 *Ausbreitung des Menschen*

1 a) Beschreibe, wo die Vorfahren der heutigen Menschen lebten (Text, M3).
b) Wie bezeichnet man sie (Text)?

2 Beschreibe den Vormenschen Lucy (Seite 16/17, M2).

3 Erkläre, woher man weiß, dass die Vormenschen schon aufrecht gingen (M2, M3, Seite 16/17).

4 Beschreibe die Landschaft, in der sich die Vormenschen bewegten (Seite 16/17).

Im Laufe der Millionen Jahre entwickelten sich verschiedene Menschenarten: **Frühmenschen**, **Altmenschen**, **Jetztmenschen**. Sie lebten zeitweise auch gleichzeitig. Die Wissenschaft geht heute davon aus, dass diese Entwicklungen in Afrika stattfanden.

Eine Gruppe der Altmenschen sind die **Neandertaler**, die sich in Europa entwickelten. Sie sind nach dem Fundort Neandertal, einem Tal zwischen Düsseldorf und Wuppertal, benannt. Diese kräftig gebauten Menschen lebten vor 200 000 Jahren. Vor 25 000 starben sie aus. Warum sie ausstarben, weiß man heute noch nicht.

Vormensch

Frühmensch

Altmensch (Neandertaler)

3 200 000 | 1 000 000 | 100 000

M4 *Ahnenreihe des Menschen*

Auch der heutige Mensch (Jetztmensch) hat sich in Afrika entwickelt. Das belegt der bislang älteste Fund eines Jetztmenschen, der rund 160 000 Jahre alt ist. Er wurde in Äthiopien in Afrika gefunden. Die Wissenschaft nimmt an, dass die ersten Jetztmenschen vor rund 100 000 Jahren Afrika verließen. Überall auf der Welt verdrängten sie nach und nach die Altmenschen.

M5 *Jetztmensch, 160 000 Jahre alt. So könnte der älteste bislang gefundene Mann ausgesehen haben.*

5 Erkläre die Begriffe Vormenschen, Frühmenschen, Altmenschen und Jetztmenschen mithilfe des Minilexikons.

6 Beschreibe, wie sich der Mensch auf der Erde ausgebreitet hat (M3).

7 Arbeite die Gemeinsamkeiten und Unterschiede der drei Menschen in M4 mithilfe der Tabelle heraus.

	Vormensch	Frühmensch	Altmensch
Nase	sehr flach		
Mund			dicke, wulstige Lippen
Stirn		fliehende Stirn	
Haare			
Augenbrauen			

8 Überprüfe die Aussage: „Das Leben der Jetztmenschen begann in Afrika".

Leben in der Altsteinzeit

M1 *Jäger und Sammler in der Altsteinzeit*

Überleben in den Eiszeiten

Die Zeit vor 600 000 Jahren bis vor ungefähr 10 000 Jahren wird **Altsteinzeit** genannt. In dieser Zeit wechselten sich warme und kalte Zeiten ab. In den kalten Zeiten, den sogenannten **Eiszeiten**, bedeckten immer wieder gewaltige Eisschichten große Teile der Erde. Die **Gletscher** waren bis zu 3000 Meter dick. In Europa schoben sich die Eismassen bis an den Rhein. In Niedersachsen erreichten sie eine Dicke von 1000 Metern. Die Temperatur betrug im Sommer meist nur 5 °C, im Winter –40 °C.

In den Eiszeiten hatten die Menschen keinen festen Wohnsitz. Um Nahrung und Wasser zu finden, zogen sie an den Rändern der Schneegebiete umher. Sie lebten in Gruppen von 20 bis 25 Personen als umherziehende **Jäger und Sammler**. Sie sammelten Beeren, Früchte, Wurzeln, Pilze und andere essbare Dinge. Gejagt wurden alle Tiere, die sie erlegen konnten: Hasen, Rentiere, Mammuts, Fische, Vögel und vieles mehr.

Gemeinsam lösten sie ihre Aufgaben, und alle machten das, was sie jeweils am besten konnten. Um überleben zu können, erwarben sie neue Kenntnisse und Fertigkeiten. Sie lernten, sich besser vor Kälte zu schützen und stellten wirkungsvollere Waffen und Werkzeuge her.

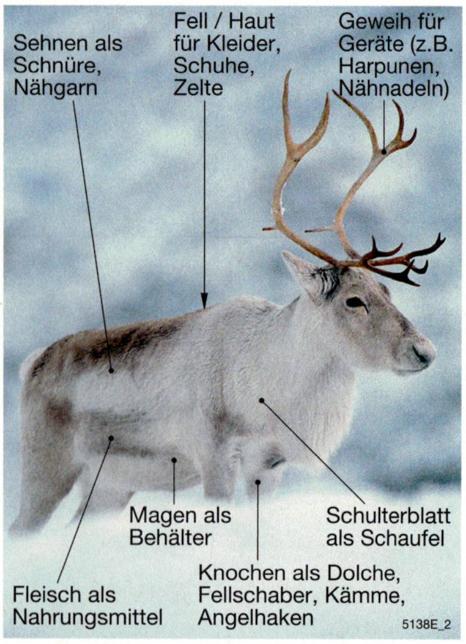

M2 *Verwendung eines Rentiers*

1 Schildere die klimatischen Veränderungen in der Eiszeit (Text).
2 Beschreibe die Pflanzenwelt mithilfe von M1.
3 Beschreibe die Aufgaben von Frauen, Männern und Kindern in der Altsteinzeit (Text, M1, M3).

M3 *Überleben in kaltem Klima – möglicher Lagerplatz (heutige Zeichnung)*

4 Erkläre, warum die Menschen der Altsteinzeit als Jäger und Sammler bezeichnet werden (Text, M1).

5 Begründe, warum die Menschen der Altsteinzeit keinen festen Wohnsitz hatten (Text).

6 Erkläre die Tätigkeiten der Neandertaler in M1.

7 Beschreibe den Lagerplatz (M3).

8 Begründe, warum das Rentier ein wichtiges Beutetier für die Menschen der Altsteinzeit war (M2).

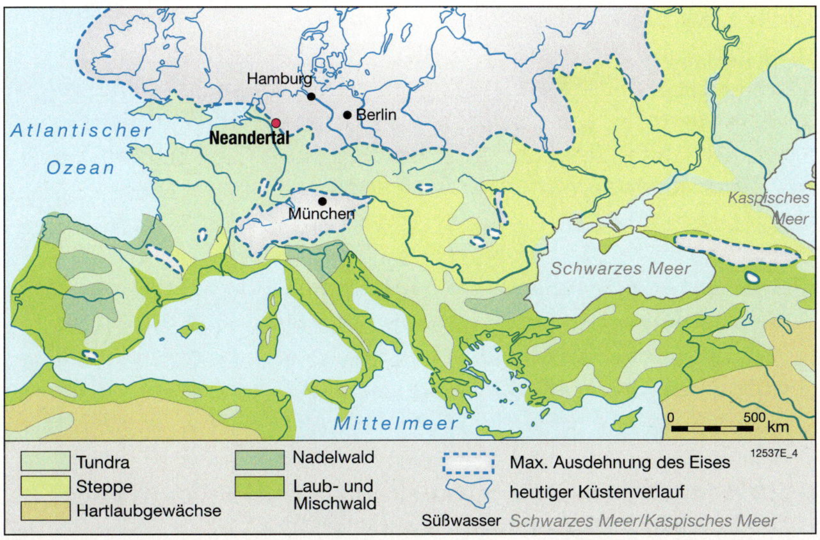

M4 *Europa während der letzten Eiszeit vor 100 000 Jahren bis etwa vor 10 000 Jahren.*

Gletscher
Gletscher sind Eismassen, die heute im Hochgebirge und am Nord- und Südpol liegen. Sie entstehen dort, wo das ganze Jahr über Schnee liegt.

Tundra
Als Tundra wird eine baumlose Landschaft bezeichnet, in der der Boden die meiste Zeit des Jahres gefroren ist. Typisch für diese Gebiete sind Moose, Flechten und Zwergsträucher.

Steppe
Als Steppen werden baumlose Landschaften mit Gräsern, Moosen, Flechten und Zwergsträuchern bezeichnet. Der Bewuchs ist durch Wassermangel und Winterkälte begrenzt.

Leben in der Altsteinzeit

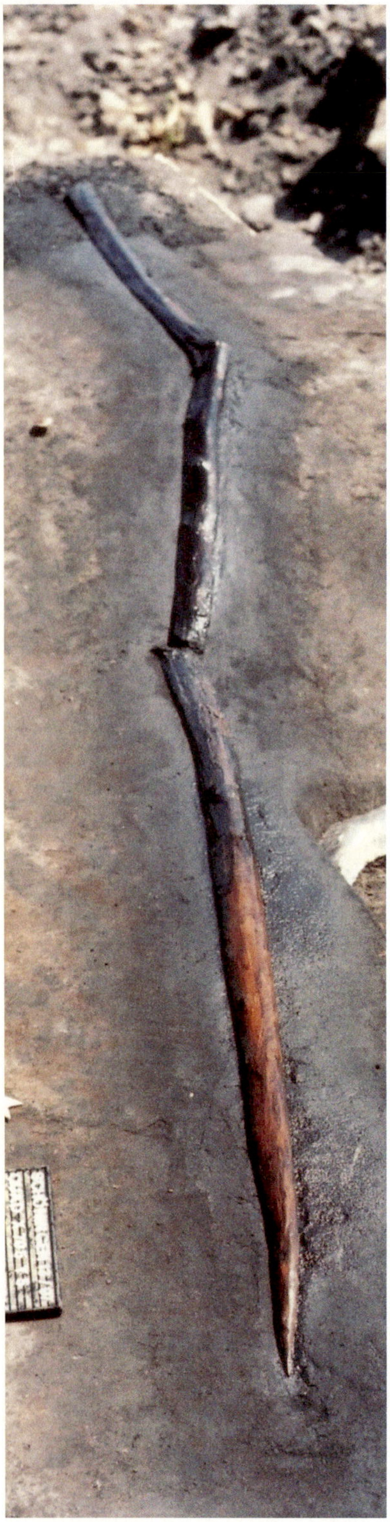

M2 *Schöninger Speer: Zwei Meter lang (400 000 Jahre alt)*

Werkzeuge und Waffen

Der Nagel soll in die Wand. Der platte Fahrradreifen muss geflickt werden. Das ist heute kein Problem mit dem passenden Werkzeug oder dem richtigen Hilfsmittel. Wie aber haben sich die Menschen der **Altsteinzeit** geholfen? Das erste Werkzeug haben die Menschen bereits vor 1,9 Millionen Jahren erfunden. Es war der Faustkeil, ein Allzweckwerkzeug zum Hacken, Schaben, Schneiden und Schnitzen. Der Faustkeil wurde aus Feuerstein hergestellt, der durch das Abschlagen von Kanten scharf gemacht wurde.

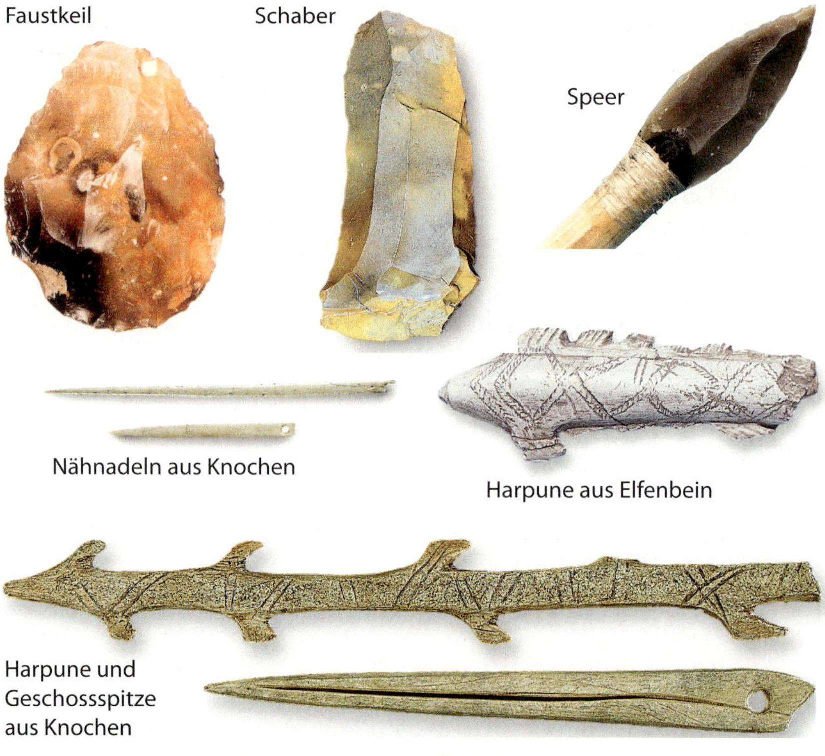

M1 *Werkzeuge und Waffen der Altsteinzeit*

Am Rande des Braunkohlentagebaus von Schöningen, Landkreis Helmstedt (Südostniedersachsen), wurden seit 1995 auf einem Jagdplatz des Urmenschen acht Wurfspeere mit einem vorläufigen Alter von ca. 400 000 Jahren entdeckt – eine Weltsensation.

Mit diesem beeindruckenden Fund wurde der Nachweis erbracht, dass nicht erst der moderne Mensch, sondern bereits seine Vorfahren ausgezeichnete Techniker und sachverständige Großwildjäger gewesen sind.

M3 *Förderverein Schöninger Speer (Broschüre, vereinfacht)*

Die Bedeutung des Feuers

Schon vor 1,5 Millionen Jahren kannten die **Frühmenschen** das Feuer. Die Menschen haben das Feuer aber nicht erfunden, sie sind ihm zufällig begegnet. Vielleicht haben Blitzschlag oder starke Sonnenstrahlen trockene Pflanzen in Brand gesetzt. Das so gefundene Feuer mussten die Menschen gut hüten, denn sie konnten Feuer noch nicht selbst herstellen.

Später lernten die Menschen, Feuer selbst zu entzünden. Dazu schlugen sie mit einem Feuerstein auf einen anderen, eisenhaltigen Stein, bis Funken flogen und trockenes Material entzündeten. Oder sie rieben einen Holzstab auf einem trockenen Stück Holz, bis große Hitze entstand und dadurch feines, trockenes Gras zu brennen anfing.

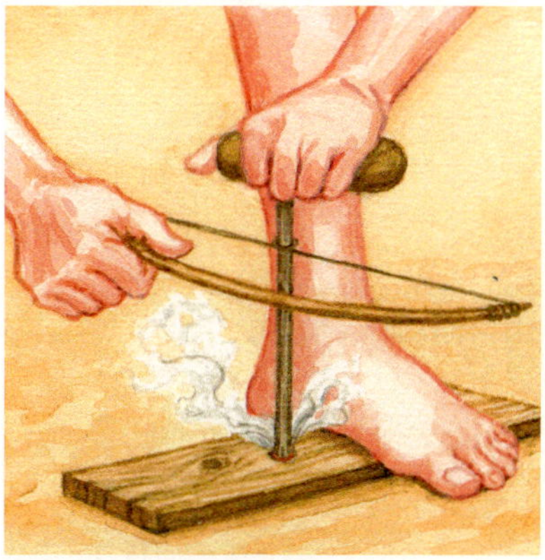

M4 *Feuerbohren (heutige Zeichnung)*

Bald erkannten die Frühmenschen, dass sich gegrilltes Fleisch lange hält und gut verdaulich ist. Außerdem hatten sie die Wirkung des Feuers auf Tiere beobachtet, die vor den lodernden Flammen flüchteten. Mit einem brennenden Ast ließen sich selbst große Raubkatzen vertreiben. Und das Feuer gab beim Schlafplatz neben Sicherheit auch Wärme und (Licht).

M5 *Feuer verändert das Leben der Menschen (Auszug aus einem Jugendsachbuch, 1999).*

M6 *Feuerschlagen mit Feuerstein und einem eisenhaltigen Stein – Pyrit oder Markassit (heutige Zeichnung)*

1 a) Erkläre, für welche Arbeiten die Altsteinzeitmenschen den Faustkeil benutzten (Text, M1).
b) Übertrage die folgende Tabelle in dein Heft und ergänze sie (M1, M2):

Name	Material	Verwendung	heutiges Werkzeug
Schaber	Stein	Abschaben von Fellen, abschaben von Knochen	Messer, Schaber aus Stahl
Faustkeil			
...			

2 Begründe, warum diese Zeit Steinzeit genannt wird.
3 Beschreibe den Wurfspeer aus Schöningen (M2).
4 Erläutere, warum die Schöninger Speere als Weltsensation bezeichnet werden (M3).
5 Erkläre den Satz: „Die Frühmenschen haben das Feuer nicht erfunden, sie sind ihm begegnet"(Text).
6 Beschreibe, wie die frühen Menschen Feuer entfacht haben (Text, M4, M6).
7 Begründe, warum das Feuer das Leben der Menschen veränderte (M5).
8 Bewerte die Bedeutung des Feuers für die Menschen.

Leben in der Altsteinzeit

Kunst in der Altsteinzeit

M1 *Wildpferd aus Elfenbein (etwa 30 000 Jahre alt)*

Die Menschen der Altsteinzeit kannten Kunst. Dies wird uns durch Funde von kleinen geschnitzten Elfenbeinfiguren und Schmuck belegt. Aber sie bemalten auch Höhlenwände oder ritzten Bilder in den Stein ein. Besonders beeindruckend sind ihre Höhlenmalereien, die zwischen 30 000 und 10 000 v. Chr. entstanden. Diese Bilder befinden sich oft an schwer zu erreichenden Stellen von Höhlen. Forscherinnen und Forscher glauben, dass diese Kunstwerke nicht aus Freude an der Kunst gemalt wurden. Vermutlich glaubten die Menschen daran, dass sie mit diesen Bildern ihr Jagdglück beeinflussen oder Jagdunfälle verhindern konnten.

1 Beschreibe das Aussehen der Figuren M1 und M2.
2 Beschreibe M3. Achte auf die Darstellung der verschiedenen Tiere, ihre Größen, die Felsen, die Farben und die Art der künstlerischen Darstellung.
3 Erkläre, warum die Altsteinzeitmenschen Höhlenmalereien angefertigt haben (Text).
4 Diskutiert darüber, warum uns diese Höhlenmalerei noch heute beeindruckt.

M2 *Löwenmensch aus Mammutzahn (etwa 30 000 Jahre alt)*

M3 *Felsenhöhle von Lascaux in Südfrankreich (etwa 17 000 Jahre alt)*

Religion in der Altsteinzeit

Forscher gehen heute davon aus, dass die Menschen der Altsteinzeit bereits religiöse Vorstellungen hatten. Ausgrabungen haben gezeigt, dass die damaligen Menschen ihre Toten beerdigt haben. In die Gräber legten sie den Toten häufig Waffen, Werkzeuge und Schmuck als Grabbeigaben. Die Wissenschaftler nehmen daher an, dass diese Menschen an ein Leben nach dem Tod glaubten. Vermutlich hatten sie die Vorstellung, dass die Verstorbenen all diese Gegenstände wieder benötigen würden.

Die Untersuchung vieler Gräber zeigt außerdem deutliche Unterschiede bei den Grabbeigaben. Manche Tote waren besonders reich ausgestattet. Die Menschen der Altsteinzeit unterschieden also zwischen angesehenen und weniger angesehenen Menschen.

M4 *In der Altsteinzeit bestatteter Mann aus dem heutigen Russland mit Schmuck aus Elfenbeinperlen*

5 Beschreibe M4.
6 Begründe, warum Forscher vermuten, dass die Menschen der Altsteinzeit an ein Leben nach dem Tod glaubten (Text).
7 Erkläre, woher wir wissen, dass die Menschen der Altsteinzeit bei der Bestattung der Toten nach angesehenen und weniger angesehenen Menschen unterschieden (Text).

Wir arbeiten in der Steinzeitwerkstatt

M1 *Einen Faustkeil herstellen*

1 Faustkeil – das erste Werkzeug

Du brauchst einen nicht zu dicken Feuerstein und einen zweiten, sehr harten Stein, den du als Schlagstein verwendest. Feuersteine kannst du oft in deiner Umgebung sammeln oder du besorgst sie dir in einer Mineralienhandlung.

Schlage mit dem Schlagstein auf den Feuerstein, sodass sich kleine Teile lösen und scharfe Kanten entstehen. Die Splitter wurden übrigens auch als Werkzeuge benutzt.

Du musst bei dieser Arbeit unbedingt eine Schutzbrille tragen. Die gab es in der Steinzeit zwar nicht, aber ohne Brille kannst du leicht einen Splitter in die Augen bekommen.

2 Malen wie die Steinzeitkünstler

Wenn du malen willst wie die Steinzeitkünstler, musst du zuerst Farben herstellen. Dazu brauchst du rote Ziegelsteine, Kreide, Holzkohle, Johannis- oder Blaubeeren. Reibe die Steine aneinander, zerstampfe die Kreide oder die Holzkohle, bis Staub entsteht oder presse die Früchte aus. Für Weiß nimmst du Tafelkreide, für Schwarz Holzkohlestaub und für Rot roten Ziegelstaub.

Das Pulver oder die Fruchtsäfte mischst du mit etwas Wasser. Zur Bindung der Farbe gibst du ein bisschen Eigelb hinzu. Mit den Farben kannst du jetzt auf Papier oder selbst hergestellten Gipsplatten malen. Diese Platten lassen sich ganz schnell herstellen. Suche dir einen Deckel eines Schuhkartons. Rühre Gips an und fülle ihn in den Deckel, fertig ist die Felswand.

Wenn du andere „Felswände“ bearbeiten willst, musst du dir bei einem Dachdecker Schieferschindeln besorgen. In diese kannst du nun Tiere, Jagdszenen, Gegenstände usw. einritzen. Zum Einritzen brauchst du einen spitzen Gegenstand. Am besten geht das, wenn du mogelst und einen mittelgroßen Nagel benutzt. Du kannst aber auch einen spitzen Stein nehmen.

M2 *Kreide zerkleinern*

M3 *Ein Höhlenbild malen*

M4 *Ein Bild in Schiefer ritzen*

3 Ketten und Armbänder selbst gemacht

Du benötigst Schneckenhäuser, die du im Wald oder auf der Wiese findest oder Tierzähne, die du von Jägern oder Förstern bekommst. Vielleicht hat jemand aus eurer Klasse Muschelschalen aus dem Urlaub. Außerdem brauchst du eine Schnur oder ein Lederband und einen harten, spitzen Gegenstand, etwa einen spitzen Stein.

Bohre ein Loch in die Gegenstände, ziehe sie auf das Lederband oder die Schnur und mache einen Knoten. Die Zähne kannst du an den Zahnenden durchbohren. Du kannst sie aber auch einfach mit Schnur festbinden. Ordne die Gegenstände nach deinem persönlichen Geschmack auf dem Lederband oder der Schnur an.

M5 *Ketten aus Naturmaterialien basteln*

4 Bogen und Pfeile herstellen

Du brauchst Schnur und einen 1,20 bis 1,50 Meter langen, fast geraden, dünnen, frischen Ast, den du dir im Wald suchst. Du musst diesen Ast von Laub und Zweigen befreien. Kerbe ihn an den Enden jeweils kreisrund ein. Befestige an einem Ende die Schnur und biege den Ast, sodass er die Form eines Halbmondes annimmt.

Befestige dann das andere Ende der Schnur, indem du sie mehrfach um die Einkerbung wickelst und verknotest. Für die Pfeile benötigst du weitere, dünne, ungefähr 80 cm lange Äste. Ein Ende dieser Äste musst du anspitzen, das andere Ende musst du einschlitzen, sodass es in die gespannte Schnur des Bogens passt.

M6 *Einen Bogen herstellen*

5 Einen Museumsbesuch vorbereiten

Viele von den Experimenten kann man heute auch in Museen machen. Tipps für die Planung eines Museumsbesuches findet ihr auf Seite 86. Hier einige Linktipps:

Hannover: www.landesmuseum-hannover.niedersachsen.de
Lüneburg: www.lueneburger-geschichte.de
Neandertal: www.neanderthal.de
Oerlinghausen: www.afm-oerlinghausen.de
Oldenburg: www.NaturundMensch.de
Schöningen: www.schoeningerspeere.de

Weitere Adressen für Museen findet ihr über eine Internetsuchmaschine.

Leben in der Jungsteinzeit

Das Klima ändert sich

Vor etwa 10 000 Jahren endete die letzte **Eiszeit**. Es wurde wärmer und milder. In den vereisten Gebieten schmolzen die gewaltigen Gletscher. Durch das milde Klima veränderte sich die Pflanzen- und Tierwelt.

In ganz Mitteleuropa gab es jetzt dichte Laubwälder, in denen reichlich Beeren, Früchte, Nüsse und Pilze wuchsen. Einige eiszeitliche Tierarten, wie das Mammut, starben aus. Andere Tiere, etwa das Rentier, zogen in das kältere Nordeuropa. In den Wäldern lebten nun viele andere Wildtiere: Auerochsen, Wisente, Rotwild, Wildschweine, aber auch Bären, Luchse und Wölfe.

M1 *Pflanzen- und Tierwelt am Ende der Eiszeit (Jungsteinzeit)*

Ackerbau

Die Menschen fingen an, die Körner von wilden Gräsern als Wintervorrat zu sammeln. Wahrscheinlich bemerkten sie, dass an den Stellen, wo Körner liegen geblieben waren, im nächsten Jahr wieder neue Pflanzen wuchsen. Nach dieser Beobachtung streuten sie im nächsten Frühjahr Körner in den Boden. Zum Aussäen verwendeten die Menschen immer nur die dicksten Körner, sodass vor ungefähr 10 000 Jahren das erste gezüchtete Getreide entstand. Die aufkeimenden Pflanzen wurden gegossen, geschützt und geerntet.

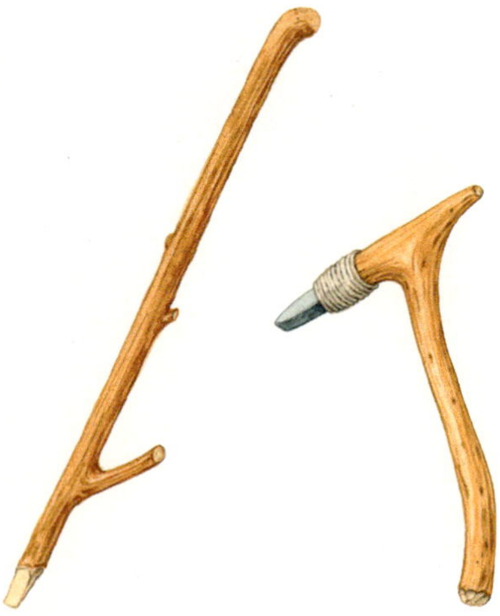

M2 *Grabstock und Hacke (heutige Zeichnung)*

1. Mit dem Ende der Eiszeit veränderte sich die Pflanzen- und die Tierwelt in Mitteleuropa. Beschreibe die Veränderungen (Text, M1, Seite 24 M1).
2. Berichte, wie die Menschen erkannten, wie man Pflanzen züchtet.
3. Erkläre, wie die Menschen das erste Getreide züchteten.

Viehzucht

Die Menschen lernten Wildtiere einzufangen. Diese fütterten und pflegten sie. So wurden aus wilden Ziegen, Schafen, Rindern und Schweinen Haustiere. Nun waren die Menschen nicht mehr auf die Jagd angewiesen, denn die Haustiere konnten sie jederzeit schlachten. Sie hatten regelmäßig Fleisch, Milch, Wolle und Felle. Während dieser Zeit lebten auch schon Hunde als Haustiere bei den Menschen. Diese hatten sich aus gezähmten Wölfen entwickelt.

Ab etwa 6000 v. Chr. mussten die Menschen in Europa nicht mehr umherziehen. Aus Sammlern und Jägern wurden **Ackerbauer und Viehzüchter**. Damit begann die **Jungsteinzeit**.

M3 *Menschen in der Jungsteinzeit (heutige Zeichnung)*

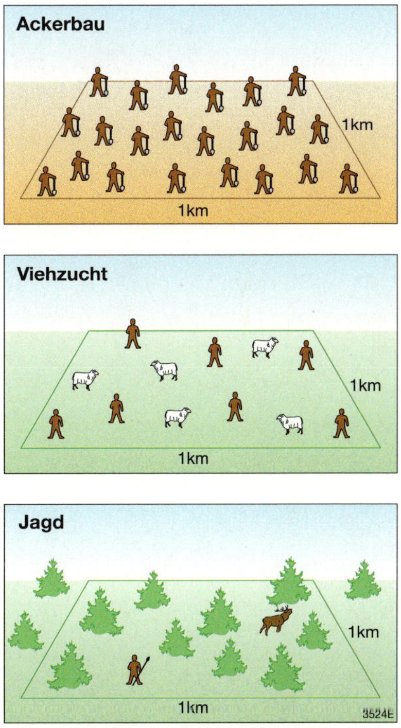

M4 *Anzahl der Menschen, die von einem Quadratkilometer ernährt werden können (1 Quadratkilometer ist die Fläche eines Quadrates, das 1 km lang und 1 km breit ist)*

4 a) Beschreibe die Tätigkeiten der Menschen in M3.
b) Erkläre die Funktion der benutzten Werkzeuge (M2, M3).
c) Nenne die Haustiere, die in M3 dargestellt sind.

5 Erkläre, wie die Menschen in der Jungsteinzeit begannen, Haustiere zu züchten (Text).

6 Schreibe die vollständigen Merksätze in dein Heft:
Die Menschen der Altsteinzeit lebten als ...
Die Menschen der Jungsteinzeit lebten als ...

7 Übertrage die Tabelle in dein Heft und ergänze mithilfe von M4:

	Jagd	Ackerbau	Viehzucht
Anzahl der Menschen, die von einem Quadratkilometer ernährt werden können			

8 Beurteile die Aussage: „Durch den Ackerbau und die Viehzucht war die Versorgung der Menschen in der Jungsteinzeit sicherer geworden."

Leben in der Jungsteinzeit

M1 *So könnte das Leben in einem Dorf in der Jungsteinzeit ausgesehen haben (heutige Zeichnung).*

Erste Dörfer entstehen

roden
Roden heißt, dass Bäume und Sträucher entfernt werden, damit der Boden anders genutzt werden kann.

Mit dem Beginn des Ackerbaus und der Viehzucht bauten sich die Menschen feste Häuser und wurden sesshaft. Die Menschen in der **Jungsteinzeit** errichteten ihre Häuser auf waldfreien Anhöhen, an Flüssen oder auf Lichtungen im Wald. Fanden sie keine Lichtungen, mussten sie Wald roden.

Ausgrabungen zeigen, dass diese Häuser eine Länge von 40 Metern hatten. Hier konnten bis zu 20 Menschen leben. Neben den Langhäusern hatten die Menschen auch Einraumhäuser, in denen nur eine Familie wohnte.

Die Häuser der Menschen waren in Wohn-, Speicher- und Stallteile aufgeteilt. Aus einzelnen Häusern wurden Siedlungen und Dörfer. Bei Köln-Lindenthal wurde ein jungsteinzeitliches Dorf ausgegraben, das um 5000 v. Chr. ungefähr 200 Einwohner hatte.

Das Leben der Menschen als Ackerbauern und Viehzüchter in einem Dorf hatte viele Vorteile. Sie konnten sich nun besser um Kinder, Alte und Kranke kümmern. Es gab regelmäßiger zu essen. Mehr Kinder überlebten und die Menschen wurden älter. Außerdem bot das Dorf einen besseren Schutz vor gefährlichen Tieren.

Die Lebensweise verändert sich

Die Menschen erfanden in der Jungsteinzeit viele neue Geräte, Werkzeuge und Waffen oder verbesserten sie. Sie lernten, Gefäße aus Ton herzustellen. Darin konnten sie Nahrungsmittel über einen längeren Zeitraum aufbewahren, ohne dass diese schlecht wurden. Sie verarbeiteten die Wolle der Schafe zu Garn und stellten auf Webrahmen Stoffe her.

Die Herstellung der neuen Geräte erforderte viel Übung und Geschick. Nun gab es Spezialisten: Manche stellten Tonwaren her, andere webten Stoffe. So entstand eine **Arbeitsteilung**.

Die Kinder sahen den Erwachsenen bei der Arbeit zu und mussten selbst mithelfen. So lernten sie alle wichtigen Tätigkeiten. Bei der Feldarbeit und Ernte halfen vermutlich alle Familienmitglieder.

M2 *Tongefäß zur Vorratshaltung*

1 Beschreibe das Leben in einem Dorf (M1):
   a) Was machen die einzelnen Personen?
   b) Welche Geräte und Werkzeuge kannst du erkennen?
   c) Aus welchen Materialien sind die Häuser gebaut?

2 Erkläre, wie es zur Arbeitsteilung kam (Text).

3 Erläutere, warum die Tongefäße besonders wichtig für die Menschen der Jungsteinzeit waren (Text, M2).

4 Vergleiche das Leben der umherziehenden Jäger und Sammler mit der Lebensweise der sesshaften Ackerbauern und Viehzüchter.

Leben in der Jungsteinzeit

Erfindungen verändern das Leben der Menschen

Mit der Sesshaftigkeit erfanden die Menschen der Jungsteinzeit mehr Werkzeuge und Arbeitsgeräte, die sie für ihre neue Lebensweise benötigten. Diese erleichterten ihnen die oft schweren Arbeiten oder verbesserten die Ernährung. Zudem waren die Werkzeuge und Geräte besser und haltbarer als die bisher benutzten.

M1 *Eine geschliffene und durchbohrte Steinaxt und ein unvollendetes Werkstück*

M2 *Steinbohrer mit Sand als Schleifmittel für Steinäxte*

M3 *Feldarbeit mit Hakenpflug (heutige Zeichnung)*

M4 *Reibeplatte und Mahlstein für Getreidekörner*

1 Beschreibe die Funktionsweise des Steinbohrers (M2).
2 Berichte, wozu gute Äxte nötig waren (M1, M2, Text Seite 34).
3 Begründe, warum der Hakenpflug die Feldarbeit erleichterte.
4 Erkläre, wie Erfindungen die Lebensweise veränderten.

Erfindungen im 21. Jahrhundert

Auch in unserer Zeit werden immer wieder Erfindungen gemacht. Der Mensch entwickelt Maschinen, Arzneimittel, Software, neue Fernseher oder Musikabspielgeräte, Nahrungsmittel, Haushaltsgeräte und vieles mehr.

Wie schon in der Steinzeit erleichtern viele Erfindungen vor allem die Arbeit der Menschen. Aber auch in unserer Freizeit verwenden wir viele Neuerungen.

M1 *Tunnelbohrer – mit 5000 PS schält der Bohrer Gestein aus dem Berg und bohrt so eine Tunnelröhre. An einem Tag kann sich dieser Bohrer bis zu 20 m ins Gestein graben.*

M2 *Moderner Traktor mit heutigem Pflug*

1 Mit dem Tunnelbohrer wird der längste Tunnel der Alpen, der 57 km lange Gotthardtunnel gebohrt. Berechne, wie viele Jahre das dauert.

2 a) Informiere dich, wie viele Menschen ein Landwirt heute mit seinen Erträgen versorgt (Seite 206/207).
b) Vergleiche diese Angaben mit denen der Bauern der Jungsteinzeit (Seite 33 M4).

3 Vergleiche den Bohrer und Pflug der Jungsteinzeit mit denen unserer heutigen Zeit.
a) Beschreibe, wie sich die Technik und die Arbeitsweisen weiterentwickelt haben.
b) Zähle auf, was gleich geblieben ist.

4 Erkläre, wie die Erfindungen M1–M3 das Leben der Menschen verändern.

5 a) Nenne Erfindungen, die in deinem Leben eine Rolle spielen.
b) Beurteile, welche Neuerungen besonders nützlich sind und auf welche du verzichten könntest.

M3 *Laptop in der Schule*

Die Metallzeit

Neue Werkstoffe – Kupfer, Bronze und Eisen

> **Erz**
> Eisen, Kupfer und andere Metalle sind in Gestein eingelagert. Solche metallhaltigen Gesteine heißen Erze.

Vermutlich durch Zufall machten die Menschen um 7000 v. Chr. eine neue Entdeckung. Sie fanden heraus, dass man aus erzhaltigem Gestein **Kupfer** gewinnen kann. Dieses Gestein, das vorwiegend unter der Erde zu finden ist, musste gewonnen werden.

M1 *Bei Dohnsen gefundene Tasse (15./16. Jh. v. Chr.)*

M2 *Erzabbau in der Metallzeit*

Zur Kupfergewinnung wurde das Erz mit Holzkohle auf über 1000 °C erhitzt, sodass reines Kupfer herausgeschmolzen wurde. Mit Kupfer konnten die Menschen bessere Gegenstände herstellen.

Um 2000 v. Chr. fanden die Menschen ein weiteres Metall, das **Zinn**. Durch Mischen von Kupfer und Zinn erhielten sie eine Metallmischung (Legierung), die **Bronze**. Diese Metallmischung ist härter als Kupfer und damit besser für die Werkzeuge, Geräte und Waffen geeignet. Etwa 1000 v. Chr. entdeckten die Menschen das Metall **Eisen**. Es ist noch härter als Bronze und damit noch besser geeignet für Geräte und Waffen.

M3 *Schere, die elastisch federt. Dies war nur mit dem Material Eisen möglich.*

M4 *Kupfergewinnung im Schmelzofen*

Berufe entwickeln sich

Mit den Metallen konnten die Menschen bessere Gegenstände herstellen als mit den bisher benutzten Werkstoffen. Die aus Kupfer, Bronze und Eisen gefertigten Gegenstände hielten oft länger. Zerbrachen sie oder wurden sie beschädigt, konnte man sie durch Einschmelzen oder Erhitzen wieder bearbeiten. Das war ein großer Vorteil gegenüber den bisher benutzten Materialien.

Die Verarbeitung von Metall wurde immer wichtiger. Der Abbau der Erze, das Herausschmelzen der Metalle und die Verarbeitung der Metalle erforderten jedoch besondere Kenntnisse und Fähigkeiten. Für diese Tätigkeiten waren Spezialisten erforderlich. Es entstanden verschiedene Berufe: Bergleute, Schmelzer, Kupfer- und Bronzegießer, Schmiede, Händler und andere. Diese Menschen hatten keine Zeit mehr, sich als Ackerbauern und Viehzüchter selbst zu versorgen. Deshalb tauschten sie ihre Erzeugnisse bei den Bauern gegen Nahrungsmittel ein. Das war aber nur möglich, weil diese mittlerweile mehr produzierten, als sie selbst benötigten.

1 Beschreibe den Erzabbau (M2).
2 Erkläre, wie die Menschen Kupfer gewonnen haben (Text, M4).
3 a) Beschreibe die Gegenstände in M1 und M3.
b) Nenne die Vorteile der neuen Werkstoffe (Text).
4 Eine Axt soll hergestellt werden. Begründe, welches Material du verwenden würdest.
5 Erkläre, wie Berufe entstanden sind (Text, M5).
6 Zähle auf, welche Berufe sich in dieser Zeit entwickelten (M5).
7 Berichte, in welchen heutigen Gebieten die Metallzeit begann (M6).

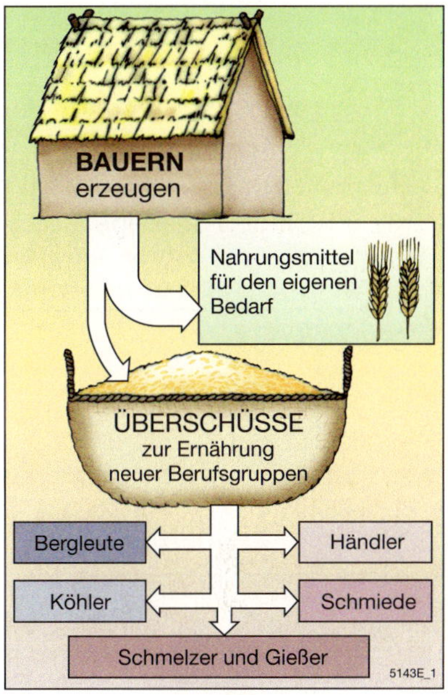

M5 *Neue Berufe entstehen*

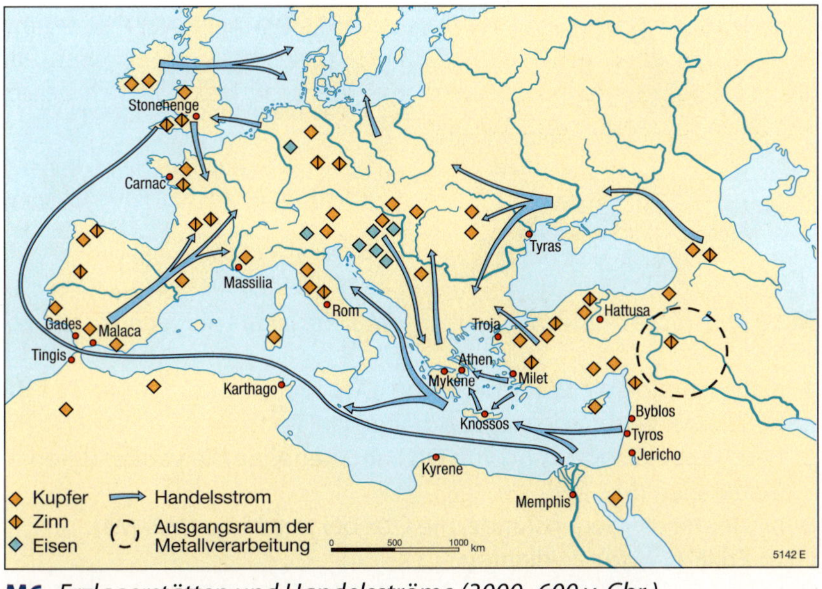

M6 *Erzlagerstätten und Handelsströme (3000–600 v. Chr.)*

M7 *Eisenhelm, verziert mit goldbelegten Bronzebändern (4. Jh. v. Chr.)*

Sensationelle Funde

M1 *Die Gletscherleiche im Eis der Ötztaler Alpen*

Der Mann aus dem Eis

Im Jahre 1991 wurde am Ötztaler Gletscher eine Leiche gefunden. Sensationell war, dass diese Leiche seit ungefähr 5000 Jahren im Gletschereis eingefroren war. Bis heute beschäftigen sich Wissenschaftler mit dieser Leiche, die man liebevoll Ötzi nennt.

17 Jahre nach der Entdeckung von Ötzi sind immer noch nicht alle Rätsel um ihn gelöst. Man weiß, dass Ötzi nicht bei bester Gesundheit war. Gestorben ist er vermutlich im Kampf. Das Blut, das man an seiner Axt und seinem Köcher fand, stammt von vier verschiedenen Menschen. Man fand auch Wunden an seinen Händen und eine Pfeilspitze in seinem Rücken. Nach neuesten Erkenntnissen soll er durch einen Schlag auf den Kopf gestorben sein.

M2 *Fundstücke (Auswahl)*

Er trug ein „Feuerzeug" mit sich: Zunderschwamm, Eisenpyrit und Feuerstein.

Seine Mütze war aus Bärenfell.

Sein wetterfester Umhang war aus Gras und Lindenbast. Darunter trug er einen Ziegenfellmantel.

Sein Langbogen war noch nicht fertig. Sein Beil hatte eine gegossene Kupferklinge, der Dolch eine Steinklinge und die Pfeilspitzen waren auch aus Stein.

Seine Zähne waren sehr abgenutzt.

Er war mit 46 Jahren eher ein älterer Mann für die Jungsteinzeit.

Seine mit Gras gefütterten Schuhe waren aus Bären- und Rothirschfell.

Er war etwa 1,60 m groß und ungefähr 50 kg schwer.

M3 *Forschungsergebnisse zu Ötzi*

M4 *Nachbildung Ötzis aus dem Iceman Museum (Bozen/Italien).*

1 a) Beschreibe die Gletscherleiche (M1).
b) Erkläre, warum sie so gut erhalten ist (Text).

2 Beschreibe die Kleidung von Ötzi und benenne die verwendeten Materialien (M2, M4).

3 a) Nenne die Gegenstände, die Ötzi bei sich hatte (M2–M4).
b) Erkläre, wozu sie dienten.

4 Weise nach, dass Ötzi am Ende der Jungsteinzeit lebte (M4).

Die Himmelsscheibe von Nebra

In der **Metallzeit** entwickelten die Handwerker immer größere Fertigkeiten bei der Herstellung ihrer Waffen, ihres Schmucks und ihrer Geräte. Aber sie entwickelten auch Geräte, mit denen sie Berechnungen anstellen konnten. Ein Fund aus dem Jahr 1999 zeigt, dass sich unsere Vorfahren schon gut mit Himmelskörpern auskannten. Die Himmelsscheibe von Nebra ist eine Metallplatte mit Goldeinlagen aus der Bronzezeit. Sie diente dazu, die unterschiedliche Länge von Mond- und Sonnenjahr abzugleichen. Das Mondjahr dauert nur 354, das Sonnenjahr aber 365 Tage. Alle drei Jahre musste ein „Schaltmonat" eingeführt werden. Weltweit gilt die Himmelsscheibe als älteste Himmelsdarstellung.

M5 *Himmelsscheibe (3600 Jahre alt), Geräte und Waffen, Bronzefunde aus einer Steinkammer bei Nebra (in der Nähe von Halle)*

Mondjahr
Ein Mondjahr hat 12 Monate. Die Länge eines Monats ergibt sich aus der Zeit, die der Mond benötigt, um die Erde einmal zu umkreisen. Dies dauert ungefähr 29,53 Tage. Deswegen werden die Mondmonate abwechselnd mit 29 bzw. 30 Tagen berechnet. Ein Mondjahr dauert 354 Tage.

Sonnenjahr
In einem Sonnenjahr dreht sich die Erde einmal um die Sonne. Das dauert 365 Tage.

Die ... Analyse der Himmelsscheibe ... ergab, dass (die) Scheibe ... aus einem Kupfer gefertigt wurde, das dem aus dem Ostalpenraum (Mitterberg bei Salzburg) sehr ähnlich ist. Der Ostalpenraum ... versorgte in der frühen Bronzezeit einen Großteil Mitteleuropas mit Rohkupfer. Das Gold wiederum scheint aus Rumänien zu stammen.

M6 *Herkunft der Metalle der Himmelsscheibe*

5 Beschreibe die Himmelsscheibe von Nebra (M5).
6 Erkläre die Punkte, den Kreis und die Sichel auf der Himmelsscheibe (M5).
7 Beschreibe die Gegenstände, die vor der Himmelsscheibe liegen.
8 a) Suche die in M6 genannten Orte im Atlas.
b) Setze die Orte mit dem Fundort in Verbindung.

Hast du den Durchblick?

1 Eiskaltes Rätsel

Beantworte die Fragen und schreibe die Lösungen in dein Heft. Die Puzzleteile helfen dir, die Antworten zu finden.

1. Wie heißt der Zeitabschnitt, in dem die Menschen als umherziehende Gruppen lebten und nur wenige Werkzeuge hatten?
2. Was brachte den Menschen Licht, Wärme und Schutz vor gefährlichen Tieren?
3. Welche „Berufe“ hatten die Menschen in der Altsteinzeit?
4. In welchem Zeitabschnitt wurden die Menschen sesshaft?
5. Wie heißt eines der ältesten Haustiere der Menschen? Es lebt noch heute in vielen Familien.
6. Wie heißt das erste Steinwerkzeug des Menschen?
7. Wie heißt das Gerät, mit dem die Jungsteinzeitmenschen ihre haltbaren Äxte herstellten?
8. Wie heißt der Mann aus der Jungsteinzeit, der nach seinem Fundort in den Alpen benannt ist?
9. Welchen Namen bekam eines der ältesten in Afrika gefundenen Skelette eines Vormenschen?
10. Wie heißt der kalte Zeitabschnitt, in dem sich die Lebensbedingungen der Menschen veränderten?
11. Wie heißt die erste harte Metallmischung, die die Menschen entdeckten?
12. Wie heißt die Zeit, in der neue Berufe entstanden?

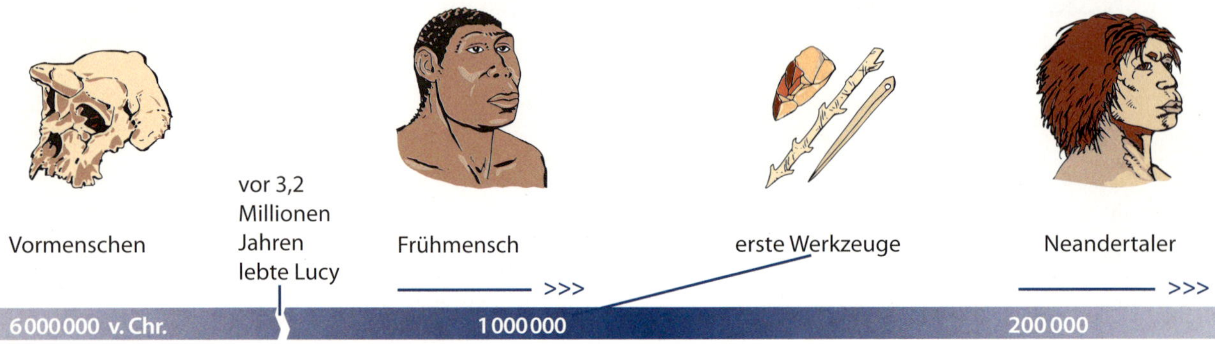

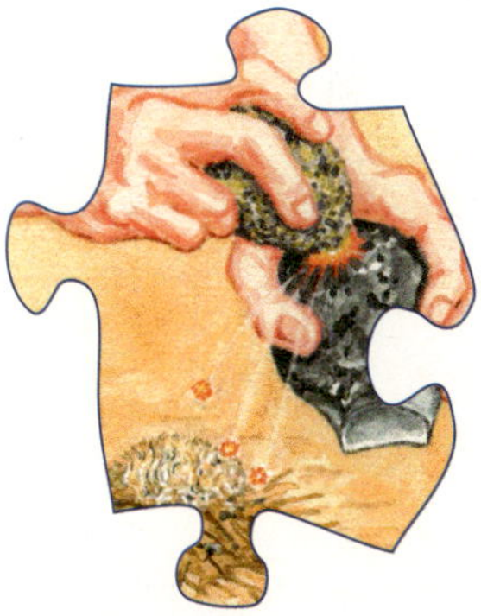

2 Vor- und Frühgeschichte

In dem Rätsel sind insgesamt 16 Begriffe versteckt (senkrecht und waagerecht). Finde sie!

W	T	Z	B	K	Ö	W	B	I	M	W	Q	O	Y	G	P	C	Ü
M	A	R	B	E	I	T	S	T	E	I	L	U	N	G	W	E	Y
A	S	X	J	Ä	G	E	R	I	M	B	P	O	F	D	A	Y	M
Y	A	L	T	S	T	E	I	N	Z	E	I	T	N	E	S	H	D
X	M	G	E	N	M	S	U	B	T	I	F	Ö	N	L	E	T	K
S	M	I	M	E	R	E	T	C	H	O	A	T	F	A	S	D	Q
D	L	E	C	F	U	E	Z	A	A	K	U	Z	M	N	S	Z	I
C	E	M	O	H	F	E	U	E	R	D	S	I	A	G	H	A	L
V	R	V	E	G	R	S	K	U	W	O	T	F	Ö	H	A	Ü	J
G	U	V	I	E	H	Z	U	C	H	T	K	Ü	M	A	F	F	S
T	P	Ö	S	B	L	U	P	D	Z	N	E	J	Q	U	T	S	U
Z	A	W	E	S	S	A	F	Ä	J	U	I	K	I	S	E	O	F
J	R	R	N	Z	Ü	T	E	K	O	X	L	E	S	A	B	L	T
Ü	N	K	E	Y	N	A	R	C	H	Ä	O	L	O	G	I	E	W
I	H	Ö	H	L	E	N	M	A	L	E	R	E	I	Q	K	P	R
L	J	U	N	G	S	T	E	I	N	Z	E	I	T	B	G	W	S
R	B	X	K	T	E	Q	Ä	W	E	B	E	N	T	Z	J	A	O

Grundbegriffe

Ackerbau
Altsteinzeit
Arbeitsteilung
Archäologie
Bronze
Eiszeit
Faustkeil
Feuer
Höhlenmalerei
Jäger und Sammler
Jungsteinzeit
Kupfer
Metallzeit
Neandertaler
Sesshaftigkeit
Viehzucht

Leben als Jäger und Sammler — Jetzt-menschen >>> — Ackerbau und Viehzucht — Sesshaftigkeit — Beginn der Metallzeit

100 000 | 40 000 | 30 000 | 20 000 | 10 000 | Chr. Geb.

Ägypten – Eine frühe Hochkultur

Die Pyramiden von Giseh – Oase am Nil

Oase
Eine Oase ist ein Gebiet mit reichem Pflanzenwuchs innerhalb einer Wüste. Grundlage einer Oase ist Wasser aus Quellen, Brunnen oder Flüssen.

Der Fluss als Lebensader

Fast ganz Ägypten liegt in der Wüste Sahara. Dort regnet es so gut wie nie. Ein einziger Fluss, der Nil, spendet beinahe das gesamte Wasser. Das Niltal in Ägypten ist ungefähr 1000 km lang und bis zu 20 km breit. Es ist damit die längste **Flussoase** der Welt.

Die Quellflüsse des Nils entspringen in Gegenden Afrikas, in denen es im Sommer stark regnet. Durch den Nil fließen die Wassermassen nach Norden in Richtung Mittelmeer.

Vor etwa 10 000 Jahren wurde das Klima der Erde in vielen Gegenden immer trockener. Daher zogen die Menschen an große Flüsse wie den Nil, wo es noch ausreichend Wasser gab. Nach den heftigen Regenfällen in jedem Sommer überschwemmte der Nil die Uferbereiche und Felder, auf denen die Ägypter Getreide anbauten. Der zurückbleibende fruchtbare Schlamm sorgte als Dünger für reiche Ernten. Wenn das Nilwasser schließlich zurückgegangen war, wurden die Felder von den Ägyptern künstlich bewässert.

Eine Überschwemmung von 12 Ellen bedeutet Hunger,
bei 13 Ellen: es reicht,
bei 14 Ellen: Freude,
bei 15 Ellen: Zuversicht und Sicherheit,
bei 16 Ellen: Überfluss.
(1 römische Elle = 44 cm)

M1 *Plinius, ein römischer Schriftsteller, über die Nilüberschwemmungen (1. Jahrhundert n. Chr.)*

M2 *Flussoase des Nils (Satellitenaufnahme aus 915 km Höhe)*

Am Nil entsteht ein Staat

Die Menschen wurden an den fruchtbaren Ufern des Niltals sesshaft. Sie schlossen sich zu größeren Gemeinschaften zusammen. Aus kleinen Bauernsiedlungen entstanden dort um 3000 v. Chr. größere Dörfer, später sogar einige wenige Städte.

Aufgaben wie die Bewässerung der Felder und der Bau von Dämmen wurden von der Gemeinschaft übernommen. Die ägyptische Gesellschaft spezialisierte sich immer mehr.

Die Gemeinschaften und Dörfer entlang des Nils schlossen sich nach und nach zusammen. Angrenzende Gebiete wurden kriegerisch erobert und in das Reich einbezogen. Am Ende dieser Entwicklung gab es nur noch einen Staat.

Das Ägyptische Reich wurde durch die zunehmende Entwicklung von Kultur und Wissenschaft zu einer Hochkultur.

Hochkultur
Lebensweise eines Volkes, das Wissenschaft, Verwaltung, Schrift und Kunst weit entwickelt hat. Die ersten Hochkulturen entstanden an Flüssen, weil das Leben dort viele Vorteile bot. Sie schufen bereits Städte mit großen Gebäuden, eine arbeitsteilige Wirtschaft sowie ein Steuer- und Abgabensystem.

1 a) Beschreibe die Nillandschaft (M2).
b) Erkläre, woran du den Beginn der Wüste erkennst?
2 Ermittle, wo die Quellflüsse des Nils entspringen und wo der Nil ins Meer strömt. Nimm dazu den Atlas zu Hilfe.
3 Erkläre den Begriff „Flussoase".
Tipp: Mehr über Oasen erfährst du auf den Seiten 262 bis 265.
4 Stell dir vor, du bist eine Bäuerin oder ein Bauer in Ägypten. Entscheide und begründe, wo du dein Haus bauen würdest.
5 Beschreibe, wie sich der Stand des Nils im Laufe des Jahres veränderte (M3).
6 Erläutere, in welche Jahreszeiten Achet, Perit und Schemu fallen (M3).
7 Begründe, warum die Ägypter andere Jahreszeiten als wir heute hatten.
8 „Der Nil ist ein Geschenk für die Menschen Ägyptens." Überprüfe, ob diese Behauptung richtig ist.
9 Beschreibe die Entstehung des ägyptischen Staates (Text).

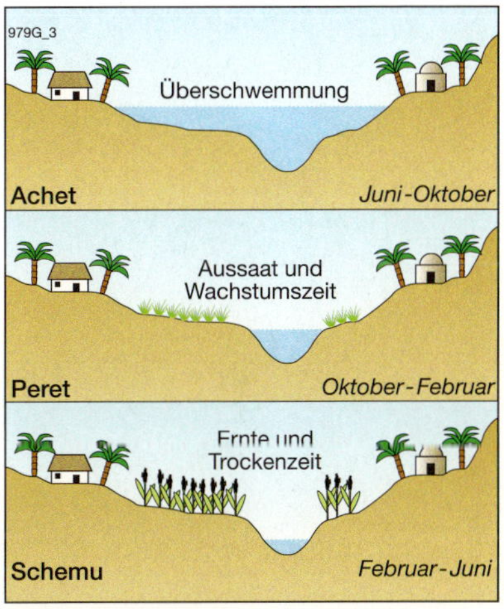

M3 *Wasserstände des Nils*

M4 *Das Niltal*

Das Leben am Nil

M1 *Ein Nilbauer schöpft Wasser.*

Der Nil stellt Aufgaben

Im Niltal mussten die Menschen gemeinsam viele Aufgaben lösen. Es war wichtig zu wissen, wann der Nil über die Ufer tritt. Felder, deren Grenzen der Nilschlamm unkenntlich gemacht hatte, wurden neu vermessen. Für den Fall einer schlechten Ernte, mussten Vorräte angelegt und verwaltet werden. Zudem sollte das Wissen festgehalten werden, um es an andere und an nachfolgende Generationen weitergeben zu können. Für all diese Aufgaben mussten sich die Ägypter gut organisieren.

1 In der Zeichnung M2 ist festgehalten, welche Fertigkeiten die Ägypter vor 7000 Jahren entwickelt haben. Lege eine Tabelle nach folgendem Muster an und ergänze:

Tätigkeit	Beruf	Bild
Land vermessen	Seilspanner Lagerverwalter Priester Schreiber	

M2 *Neue Aufgaben – neue Anforderungen (heutige Zeichnung)*

Beamte überwachen die Arbeiten

Beamte beaufsichtigten und regelten die Zusammenarbeit. Sie gaben die Befehle des Pharao weiter und überwachten die Ordnung im Staat. Dazu mussten sie lesen, schreiben und rechnen können. Die Beamten bekamen vom Pharao Ämter mit bestimmten Aufgaben zugewiesen. Manche Beamte planten und kontrollierten die Bewässerung der Felder und das Errichten von Dämmen. Andere kümmerten sich darum, dass der Bau von Tempeln und Pyramiden gelang. Während dieser Arbeiten beaufsichtigten sie die Bauern. Bezahlt wurden sie mit Anteilen an Ernten oder mit Landbesitz.

M3 *Ägyptische Bauern werden von Beamten geschlagen.*

2 a) Beschreibe die Bewässerungstechniken, die die Ägypter entwickelten, um das Wasser des Nils zu nutzen (M1, M4).
b) Erkläre, welche Aufgabe die Beamten dabei hatten (M4, Text).

3 Einige Menschen hatten mehr Einfluss als andere (M2–M4).
a) Nenne die Berufe dieser Menschen.
b) Beschreibe das Verhältnis zwischen Bauern und Beamten.
c) Begründe, warum die Beamten mehr Einfluss hatten.

M4 *Landwirtschaft in der Niloase (heutige Zeichnung)*

Die ägyptische Gesellschaft

Seine Augen sehen jeden Körper, er ist Re (der Sonnengott) … Er erleuchtet Ägypten mehr als die Sonne, er lässt das Land grün werden wie die Überschwemmungen des Nils. Er sorgt für die, die seinem Weg folgen.

M1 *Preislied auf den Pharao (um 1350 v. Chr.)*

Der Pharao – Macht ohne Grenzen

Der mächtigste Mann des Landes war der ägyptische König, der Pharao. Er beschützte sein Volk und führte das Heer in die Schlacht, wenn Kriege gegen andere Länder geführt wurden. Er entschied als Richter über Leben und Tod, verwaltete den Staatsschatz und ließ Tempel und Pyramiden bauen.

Alle Menschen lebten und arbeiteten für den Pharao. Beamte gaben seine Befehle an die Untertanen weiter. Diese mussten von ihren Ernten und Ersparnissen einen großen Teil an den Pharao abgeben.

Das Volk glaubte, dass der Pharao der Sohn des Sonnengottes Re war. Darum verehrten sie ihn selbst wie einen Gott.

M2 *Totenmaske des Pharaos Tutenchamun. Er regierte etwa von 1346 bis 1337 v. Chr.*

i Zeichen für die Herrschaft des ägyptischen Königs

- der Krummstab als Zeichen für den Oberhirten des Volkes
- der Wedel, auch Geißel genannt, mit dem der Pharao peitschen konnte
- der Geier als Zeichen der Herrschaft
- die Kobraschlange, die jeden Feind des Königs töten konnte
- künstlicher, geflochtener Götterbart, der ihn vom normalen Volk unterscheiden sollte
- das bei den Pharaonen beliebte Nemes-Kopftuch, das den Pharao imposanter erscheinen ließ
- die geschminkten Augenlider

Ungleiche Untertanen

Regierung, Verwaltung, Bewirtschaftung und Sicherung eines so großen Staates wie Ägypten erforderte eine **Arbeitsteilung** und Spezialisten. Diese Arbeitsteilung wirkte sich auch auf die Gliederung der Gesellschaft aus. Sie war wie eine Pyramide aufgebaut. Die meisten Menschen gehörten zur untersten Stufe dieser Pyramide, den Bauern. Obwohl sie die Grundlage für den Reichtum des Pharaos schufen, galten sie nicht viel. Je höher man nach oben blickt, desto weniger Menschen finden sich in den Pyramidenstufen. An der Spitze stand der Pharao.

Frauen wie Männer glaubten, dass die Götter ihnen den Platz in der Gesellschaft zugewiesen hätten. War man in eine Handwerker- oder Bauernfamilie geboren worden, wurde man später auch Handwerker oder Bauer. Nur wenigen gelang es, als Schreiber zu Beamten des Königs zu werden und aufzusteigen. Außerhalb der Gesellschaft standen die **Sklaven**. Sie waren völlig rechtlos.

M3 *Gesellschaftspyramide*

1 a) Schildere, wie die Totenmaske auf dich wirkt (M4).
  b) Stelle Vermutungen an, warum der Tote mit einer Maske bedeckt wurde.
2 Auf der Totenmaske (M2) findest du die typischen Zeichen für die Macht des Pharaos (i-Kasten). Erkläre, was durch die Zeichen ausgedrückt werden sollte.
3 Berichte über die Aufgaben des Pharaos.
4 Beschreibe den Aufbau der ägyptischen Gesellschaft (M3, Text).
5 Diskutiert Vor- und Nachteile dieses Gesellschaftsaufbaus.

M4 *Ägyptische Beamte vermessen Feldgrenzen, während Bauern die vorgeschriebenen Abgaben bringen.*

Alltag im alten Ägypten

M1 *Ein Schlachter beim Schlachten eines Rindes.*

Die Arbeit der Bäuerinnen und Bauern

Am Nil wurden Getreide und Gemüse angebaut. Beamte teilten das Saatgut aus. Die Bauern, man nennt sie auch heute noch Fellachen, mussten auf den Feldern arbeiten. Ihr Leben war hart und mühsam. Alle Arbeiten wurden von Aufsehern überwacht. Wenn die Bauern die festgelegte Erntemenge nicht lieferten, wurden sie bestraft.

Aus dem Getreide stellten die Fellachen Brot und Bier her. Damit ernährten die Bäuerinnen und Bauern auch die Menschen, die höher gestellt waren als sie. Oft konnte mehr geerntet werden, als zur eigenen Versorgung nötig war. Die überschüssige Ernte wurde als Vorrat gelagert und von den Beamten verwaltet.

Durch die gemeinsame Nutzung des Nils, die Aufteilung der Arbeit und eine planmäßige Vorratswirtschaft hatten meistens alle Menschen genügend zu essen.

M2 *Eine Frau mahlt Getreide.*

Das altägyptische Bier war dick und schleimig, sehr nahrhaft und enthielt wenig Alkohol. Getrunken wurde es durch eine Art Strohhalm, selbstverständlich mit Zimmertemperatur. Lauwarmer Schleim also … Bier war Grundnahrungsmittel. Bier und Brot, davon lebte der ägyptische Arbeiter im Wesentlichen. Sogar die Gehälter wurden zum Teil in Bier ausgezahlt. Zehn Brote und zwei Krüge Bier, so sah ein typischer Tageslohn aus.

M3 *Bier und Brot zum Leben (Zeitschrift, 2000)*

M4 *Gemeinsam bei der Feldarbeit (Grabmalerei um 1200 v. Chr.)*

Alltag von Mann und Frau

In der ägyptischen Gesellschaft waren Männer und Frauen weitgehend gleichberechtigt. Die Frau war unabhängig und hatte eigenen Besitz. Diesen konnte sie sogar an ihre Kinder weitervererben, ohne dass der Ehemann etwas dagegen tun konnte. Die Frau durfte eigene Geschäfte tätigen und auch vor Gericht Klage erheben. Der Mann erkannte die Frau als „Herrin des Hauses" und ordnete sich im häuslichen Bereich unter. Nach einer Scheidung hatte die Frau sogar Anspruch auf Unterhalt.

M6 *Ägyptische Familie*

> Kontrolliere die Frau nicht in ihrem Haus, wenn du weißt, dass sie tüchtig ist. Sage nicht zu ihr: „Wo ist es? Bringe es uns!", wenn sie es an die richtige Stelle getan hat. Dein Auge blicke hin und schweige, damit du ihre guten Werke erkennst. Sie ist froh, wenn deine Hand bei dir ist.

M5 *Lehre des Ani (um 1300 v. Chr.)*

> Die Ägypter selbst scheinen in ihren Sitten und Gebräuchen die normalen Gewohnheiten der Menschheit umgekehrt zu haben. So gehen die Frauen zum Markt und treiben Handel, während Männer im Hause sitzen und weben.

M7 *Der Grieche Herodot über die Ägypter (5. Jahrhundert v. Chr.)*

> Die Frau ist … nicht von bestimmten Berufen ausgeschlossen: In der Verwaltung sind „Schreiberinnen" und „Vorsteherinnen" belegt und wir kennen auch eine Schatzmeisterin. Aus all diesen Titeln folgt auch, dass der Schulbesuch Mädchen nicht vorenthalten war.

M8 *Frauenberufe im alten Ägypten (Ausstellungskatalog)*

M9 *Die Familie Ipy (Grabmalerei, 1290 v. Chr.)*

1. Beschreibe die Tätigkeiten der Bauern und die Arbeitsgeräte (M4).
2. Berichte, welche Maßnahmen die Ägypter ergriffen, damit die Bevölkerung immer genügend zu essen hatte. (Text, M3, M4).
3. Beschreibe die Bedeutung von Bier und Brot (M3).
4. Die Bauern ernährten auch die Beamten, Handwerker und Kaufleute mit ihrer Ernte. Erläutere, warum dies für die Arbeitsteilung in der ägyptischen Gesellschaft von Vorteil war.
5. Beschreibe die Stellung der Frau in der ägyptischen Gesellschaft.
6. Zeige anhand von M6 und M9, dass Mann und Frau im alten Ägypten gleichgestellt waren.

Alltag im alten Ägypten

M1 *Querschnitt durch das Haus eines reichen ägyptischen Ehepaares (um 1500 v. Chr.)*

M2 *Haus eines reichen Ägypters aus Schlammziegeln (altägyptische Malerei)*

Wohnen in Lehmhütten und Steinhäusern

Es gab nur wenige große Städte in Ägypten. Die meisten Menschen wohnten in Dörfern in einfachen Häusern aus getrocknetem Nilschlamm. Die Häuser der reichen Leute hatten Ställe, Gärten und größere Vorratsräume. Innen waren die Wände in hellen Farben angemalt und der Boden mit bunten Fliesen ausgelegt. Da die Häuser nur kleine Fenster besaßen, die wenig Sonnenstrahlen einließen, waren sie innen angenehm kühl.

1 Beschreibe das Haus reicher Ägypter (M1).

2 a) Erkläre, woran du das Hausbesitzerpaar erkennen kannst.
b) Nenne die Tätigkeiten, die in diesem Haus von Dienern ausgeübt werden.

Wohnen im Wandel der Geschichte

In der Geschichte der Menschheit haben sich die Lebensumstände immer wieder gewandelt. Diese Veränderungen wirkten sich auch auf die Wohnkultur aus. Bauweise, Baumaterialien sowie Größe und Form der Wohnstätten geben uns heute Informationen darüber, wie die Menschen zu ihrer Zeit gelebt haben.

M1 *Zelt aus der Altsteinzeit (Nachbau)*

M2 *Haus aus der Jungsteinzeit (Nachbau)*

In der **Altsteinzeit** lebten die Menschen als Jäger und Sammler. Um ausreichend Nahrung zu finden, mussten sie häufig umherziehen. Diese Lebensweise zwang sie, Unterkünfte zu errichten, die sie schnell aufbauen und wieder abbauen konnten. Sie benutzten dafür einfache Materialien wie Äste, Zweige, Tierfelle oder Knochen. Diese erhielten sie aus ihrer Umgebung und von den Tieren, die sie erjagten.

In der **Jungsteinzeit** wurden die Menschen sesshaft. Sie lebten in Dörfern und betrieben Ackerbau und Viehzucht. Weil die Menschen an einem Ort blieben, konnten sie feste Häuser errichten. Im Gebiet des heutigen Deutschlands bauten sie meist einstöckige Häuser mit starken Holzbalken, Lehmwänden und Dächern aus Schilf.

In Ägypten entwickelte sich 3000 v. Chr. eine Hochkultur. Die Menschen bauten nicht nur einfache oder mehrstöckige Wohnhäuser aus Lehmziegeln, sondern auch Tempel und Pyramiden aus Stein. Geschickte Baumeister und Handwerker errichten Gebäude, die wir noch heute bestaunen können.

M3 *Ägyptische Häuser in traditioneller Lehmbauweise*

1 a) Beschreibe die Behausungen in M1, M2 und M3.
b) Vergleiche die verschiedenen Wohnformen.

2 Schildere, wie sich die Wohnbedingungen bis zu den Ägyptern entwickelt haben (Text).

3 Erkläre, warum die Menschen die Bauweise ihrer Behausungen veränderten.

4 Bewerte, ob diese Veränderungen einen Fortschritt darstellen.

Die Schrift – Grundlage des Wissens

M1 *Schreiber*

> **Hieroglyphen**
> Die um 3000 v. Chr. von den Ägyptern entwickelten Schriftzeichen werden Hieroglyphen genannt, das heißt „heilige Zeichen". Im Laufe der Jahrtausende verlernten die Menschen, die Schrift zu lesen. Erst im 19. Jahrhundert entschlüsselte ein Wissenschaftler aus Frankreich die Bilderzeichen.

Geheimsache Hieroglyphen

Für viele Aufgaben brauchten die Ägypter schriftliche Aufzeichnungen. Sie mussten Abgaben notieren, Listen über die Vorräte führen und die Befehle des Pharaos richtig weitergegeben. Außerdem hielten die Ägypter mithilfe der Schrift ihr Wissen fest, um es an ihre Nachkommen weiterzugeben.

Die Schriftzeichen notierten die Schreiber mit Tusche auf Papyrus, eine Art Papier. Oft wurden die Hieroglyphen auch in Stein gemeißelt. In dieser Form ist uns ein Teil der alten ägyptischen Schriften bis heute erhalten geblieben.

Die ägyptische Schrift gilt als die älteste der Welt. Die Hieroglyphen waren Bildzeichen, die sich zur Schrift entwickelt haben. Zunächst bedeutete zum Beispiel das Bild „Mund" auch Mund. Später erhielt es weitere Bedeutungen: reden, essen, lachen. Schließlich wurde es auch für den Buchstaben „R" benutzt. So entstanden über 700 Hieroglyphen für Buchstaben, Silben und Begriffe. Schreibregeln gab es nicht, selbst die Schreibrichtung war nicht festgelegt. Die Vokale a, e, i, o und u wurden oft nicht mitgeschrieben.

1 Erkläre, wofür die Ägypter die Schrift benötigten. Schlage auch auf Seite 48/49 nach. Stelle eine Liste zusammen.

2 Beschreibe, wie sich die ägyptische Schrift entwickelte.

3 a) Schreibe deinen Namen in Hieroglyphen. Benutze auch ein Deutzeichen wie in M2.
b) Verfasse in Hieroglyphen eine kurze Mitteilung an eine Mitschülerin oder einen Mitschüler.
c) Tauscht eure Mitteilungen und entschlüsselt den Text.

4 Vergleiche die Hieroglyphen mit unserer heutigen Schrift. Beurteile die Vor- und Nachteile dieser Bildzeichenschrift.

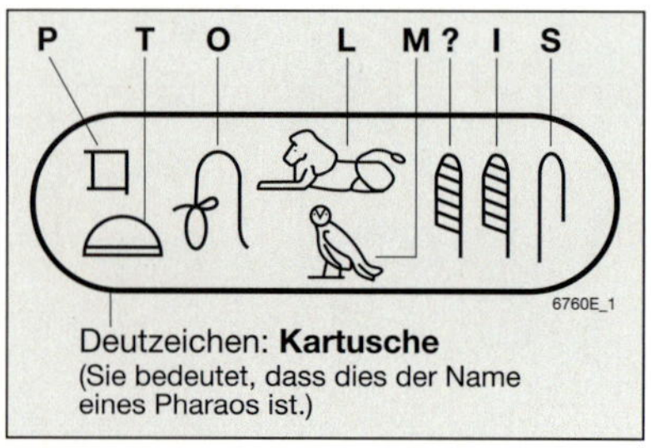

M2 *Namenskartusche des Ptolemaios*

Buchstabe	Zeichen	Bedeutung	Buchstabe	Zeichen	Bedeutung
a		Geier	n		Wasser
b		Bein	o		Seil
c		Tierbauch mit Zitzen	p		Stuhl
d		Hand	q		Abhang
e		Arm	r		Mund
f		Schlange	s, x, z		gefalteter Stoff
g		Krug	t		Brot
h		Hof	u, v, w		Wachtel
i, j, y		Schilfblatt			
k		Korb	Deutzeichen:		
l		Löwe	Pharao	Mann	Frau
m		Eule			

5703E_3

M3 *Ägyptisches Alphabet*

Wir stellen Papyrus her

Die Ägypter stellten ihr Schreibmaterial aus der Papyruspflanze her. Sie wächst noch heute in Ägypten und wird ungefähr zehn Meter hoch. Um Papyrus herzustellen, entfernten die Ägypter die Blätter der Pflanze und die Rinde des Stängels. Nur das Mark der Pflanze blieb übrig und wurde weiterverarbeitet.

Es ist erstaunlich, wie leicht du selbst Papyrus anfertigen kannst. Diese Seite zeigt dir, wie es geht.

M1 *Papyruspflanze*

Du benötigst:
Papyrusstängel, einen stumpfen Stein, ein Küchenmesser, Wasser, ein Holzbrett, Küchentücher und Zeitungspapier.

Hinweis: Papyrusstängel bekommst du zum Beispiel in einem Blumengeschäft. Sollte es schwierig werden, echte Papyruspflanzen zu besorgen, kannst du auch Zyperngras nehmen.

1. Schritt:
Trenne die Grasbüschel ab. Schäle die Stängel so, dass nur das Mark übrig bleibt.

2. Schritt:
Schneide das Mark so dünn wie möglich in Streifen und lege sie einen Tag lang in Wasser.

3. Schritt:
Nach dem Wässern legst du zwei Lagen Streifen quer übereinander auf das Holzbrett. Lege die Streifen möglichst dicht. Achte darauf, dass sie nicht überlappen.

4. Schritt:
Decke das Material mit einem saugfähigen Küchentuch ab.

5. Schritt:
Klopfe die Fläche Stück für Stück mit einem stumpfen Stein oder einem breiten Hammer ab. Hier brauchst du etwas Fingerspitzengefühl. Durch das Klopfen sollen sich die Fasern des Papyrus miteinander verbinden, ohne durchtrennt zu werden.

6. Schritt:
Wenn das Papyrus zusammenhält, kannst du ihn mit dem Messer vorsichtig vom Untergrund lösen. Zum Trocknen legst du deinen Papyrus mehrere Tage zwischen die Zeitungsblätter. Um es zu pressen, kannst du zum Beispiel ein Buch darauf legen.

7. Schritt:
Nach dem Trocknen kannst du dein Papyrusblatt beschreiben. Da wässrige Farben leicht verlaufen, solltest du mit ölhaltigen Farben arbeiten.

Ägyptische Kunst

M1 *Ein Ochse wird geopfert (ägyptisches Relief)*

Kunst für das Jenseits

In Ägypten diente die Kunst fast ausschließlich der Verehrung der Verstorbenen und der Götter. Sie verdeutlicht die Vorstellung der Ägypter vom Jenseits. Statuen des Pharao oder einer Gottheit in Tempeln sollten die Macht des Pharaos oder des Göttlichen für die Lebenden bewahren. Viele Kunstgegenstände wurden den Toten auch mit ins Grab gelegt, zum Beispiel bemalte Vasen, Schmuck und Statuen.

Die Ägypter stellten neben Wandmalereien die meisten Bilder als Relief dar. Dabei wurde um die Figuren herum die Oberfläche abgetragen, sodass die Darstellungen aus dem Stein herausstanden. Manchmal wurden die Umrisse der Figuren auch in die Oberfläche hineingeritzt. Um ihre Wirkung zu erhöhen, bemalten die Ägypter die Reliefs häufig mit Farbe.

So gleichförmig wie die Figuren in den Reliefs sind die Plastiken der Ägypter. Sie zeigen eine Person nicht naturgetreu, sondern stellen nur symbolisch dar, was die Person verkörpern soll, zum Beispiel den Beruf oder die Stellung in der Gesellschaft.

Maler und Bildhauer wurden in Ägypten eher als Handwerker angesehen, weniger als Künstler. Sie schufen ihre Werke für einen Auftraggeber nach bestimmten Vorgaben und Plänen.

M2 *Vorlage für ein Wandgemälde*

M3 *Pharao Ramses II. (ägyptische Plastik)*

1 Erkläre, was ein ägyptisches Relief ist (M1, Text).
2 Beschreibe, wie Figuren in den Wandgemälden und Plastiken der Ägypter dargestellt wurden (Text).
3 a) Wählt in der Klasse Schüler aus, die ein ägyptisches Relief nachstellen. Die anderen beschreiben genau. Achtet auf die Stellung von Kopf, Schultern, Hüften, Beinen und Füßen.
   b) Erkläre, welche Schwierigkeiten bei der Darstellung dieser Figuren auftauchen.
   c) Zeichne selbst ein Bild nach ägyptischem Vorbild.
4 Erkläre, mit welchen Hilfsmitteln die ägyptischen Maler ihre Figuren zeichneten (M2, Text).
5 Prüfe, ob du den Figuren auf dieser Seite ein Alter zuordnen kannst. Begründe, deine Überlegungen.

Ein Bild beschreiben

M1 *Ägyptisches Wandbild (Nachzeichnung). Das Relief stammt aus Abu Simbel, dem großen Tempel von Ramses II., der im 13. Jahrhundert v. Chr. erbaut wurde. Es zeigt Ramses II. (Mitte), wie er den Göttern Amun, sich selbst als vergöttlichtem Pharao und der Göttin Mut afrikanische Gefangene bringt.*

Die Farben in der ägyptischen Kunst

Grün: Fruchtbarkeit, Leben
Schwarz: Trauer, Tod, Auferstehung
Gold: Sonne, Fleisch der Götter
Rot: Blut, Feuer, Gefahr
Blau: Himmel, Göttliches
Weiß: Helligkeit, Freude, (Hintergrundfarbe)

Braun: Hautfarbe der Männer
Gelb: Hautfarbe der Frauen

1. Schritt: Erste Eindrücke sammeln
- Beschreibe, wie das Bild auf dich wirkt.
- Trage zusammen, was dir als erstes auffällt.
- Formuliere eine eigene Überschrift für das Bild.

2. Schritt: Das Bild genau beschreiben
- Erfasse die Einzelheiten.
- Beschreibe, was genau dargestellt wird. Worum geht es?
- Benenne auffällige Punkte.
- Beschreibe Vorder- und Hintergrund, links und rechts.
- Beschreibe Farben, Helligkeit und Stimmung des Bildes.
- Ermittle die Art des Bildes (Foto, Zeichnung usw.).
- Lies die Zusatzinformationen (Über-/Unterschrift) zu dem Bild. Gibt es Informationen, wer das Bild gemacht hat?

3. Schritt: Das Bild einordnen
- Vergleiche die genauen Informationen mit deinen ersten Eindrücken.
- Ordne das Bild in die historische Zeit ein. Welche Informationen gibt das Bild über die Zeit?
- Prüfe, ob das Bild eine Meinung wiedergibt.

1 Beschreibe M1 mit den oben gegebenen Hinweisen. Notiere dir Einzelheiten und stelle die Beschreibung in der Klasse vor.

Die Pyramiden

Die Grundfläche der Cheopspyramide (230 x 230 m) entspricht der Größe von 7–8 Fußballfeldern. (Sie) besteht aus ungefähr 2 300 000 Steinblöcken … Eine durchschnittliche Pyramide muss ungefähr 5 400 000 Tonnen wiegen. Ein mittelgroßer Steinquader wiegt etwa so viel wie zwei Autos (2,5 t). Der größte einzelne Steinblock wiegt ca. 285 Tonnen – genau so viel wie 200–250 Autos …

M1 *Rekordverdächtig: Pyramide (Sachbuch, 1998)*

Wohnungen für die Ewigkeit

Die Ägypter glaubten, dass ein Pharao nach seinem Tod weiterlebte und für seine Untertanen sorgte. Deshalb errichteten sie eine Pyramide, die seinen Leichnam und seinen wertvollen Besitz schützte.

Man schätzt, dass der Bau einer Pyramide ungefähr 30 Jahre dauerte. Viele Pyramiden sind höher, als viele heutige Kirchen.

Die Wissenschaftler gehen davon aus, dass an einer Pyramide viele **Sklaven** gearbeitet haben, aber auch speziell ausgebildete Handwerker. Während der Nilflut wurden sie von den Bauern unterstützt. Insgesamt waren ungefähr 25 000 Menschen am Bau beteiligt – in den Steinbrüchen, beim Transport der Steinblöcke und auf der Baustelle. Allein 5000 Bäcker und Köche versorgten die Arbeiter. Durch ihre Arbeit für den Pharao wollten sich die Bauern und Arbeiter seine Unterstützung im Jenseits sichern.

Über den Pyramidenbau gibt es jedoch keine Aufzeichnungen. Die Ägypter hielten ihn für einen Dienst an den Göttern, also für etwas Einmaliges, für das sich jede Beschreibung verbot.

1 Die Pyramiden waren ursprünglich außen glatt und strahlend weiß. Beschreibe ihren Zustand heute (M3, 44/45).
2 Berichte, welche und wie viele Personen beim Pyramidenbau beteiligt waren (Text).
3 Erkläre, warum die Pyramiden gebaut wurden (Text).
4 Begründe, wieso wir heute so wenig über den Pyramidenbau wissen (Text).
5 Stelle Vermutungen an, welche Funktion die weiteren Grabkammern und die Geheimgänge hatten (M2)?

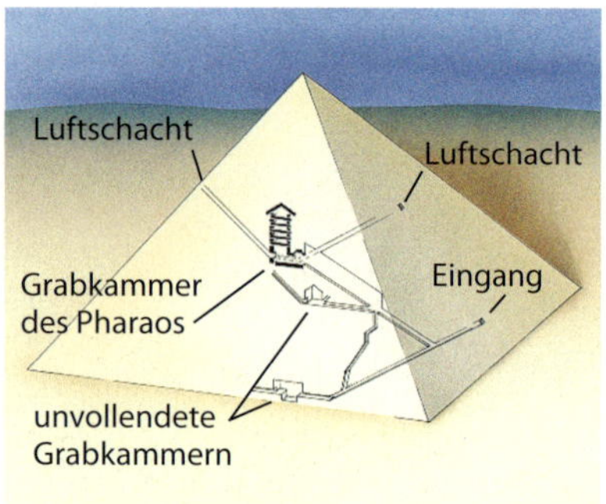

M2 *Ein Blick in die Cheopspyramide*

M3 *Die großen Pyramiden von Giseh. Sie sind die Grabstätten der Pharaonen Mykerinos, Chepren und Cheops. Sie sind über 4500 Jahre alt. (heutiges Foto)*

Bildquellen geschichtlich einordnen

Bilder geben uns Informationen über eine vergangene Zeit. Wenn sie direkt aus dieser Zeit stammen, sind es historische Bildquellen. Sie verraten uns viel über die Zeit, in der sie entstanden sind.

Häufig sind jedoch aus einer bestimmten Zeit keine Bilder erhalten. Deshalb finden wir in Büchern über Geschichte auch andere Darstellungen, in denen Informationen über die Vergangenheit vermittelt werden. Sie sind nachträglich in einer späteren Zeit entstanden. Oft geben sie nur spätere Sichtweisen und Theorien wieder, die Wissenschaftler oder Künstler von der vergangenen Zeit hatten. Sie werden historisierende Darstellungen genannt.

1. Schritt: Das Bild beschreiben
- Beschreibe die beiden Bilder mithilfe der Schritte auf Seite 59.

2. Schritt: Das Bild untersuchen
- Lies die Bildunterschrift sorgfältig. Suche nach Hinweisen über die Zeit, in der das Bild entstanden ist.
- Untersuche, wie der Künstler das Bild gemalt hat. Vergleiche zum Beispiel die Abbildung der Menschen mit den Darstellungen, die du aus anderen Bildern der Ägypter kennst. Finde Gemeinsamkeiten, die zeigen, ob das Bild aus dem alten Ägypten stammt.

3. Schritt: Das Bild geschichtlich einordnen
- Zeige auf, ob das Bild aus der gleichen Zeit stammt wie das Ereignis, das es zeigt, oder ob es erst viel später entstanden ist.

1 Beschreibe die Abbildungen M1 und M2. Unterscheide zwischen historischer Originalquelle und nachträglich angefertigter Darstellung. Begründe deine Entscheidung.

2 Beurteile, welches Bild dich zuverlässiger darüber informiert, wie die Ägypter schwere Lasten transportierten.

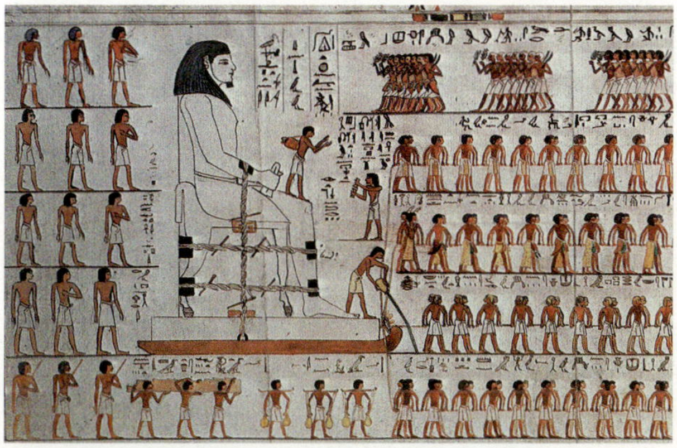

M1 *Die Darstellung aus dem 19. Jh. v. Chr. zeigt, wie die Ägypter eine riesige Steinfigur fortbewegten.*

M2 *Die Zeichnung aus dem Jahr 1908 macht deutlich, wie sich der Künstler die Bauarbeiten an einer Pyramide vorstellte.*

Leben für das Jenseits

M1 *Uschebtis-Figuren, die im Jenseits an Stelle des Toten schwere Arbeiten verrichten sollten.*

Gräber in der Wüste

Die Ägypter richteten ihr ganzes Leben auf die Zeit nach dem Tod aus. Alle Menschen sparten für ihr Begräbnis. Viele Könige und Reiche ließen sich gewaltige Gräber bauen. Darin wurden sie oft mit ihren Ehefrauen bestattet. Sie glaubten daran, unsterblich zu sein und im Jenseits weiterzuleben.

In den Grabkammern konnten Archäologen viele Gegenstände finden wie zum Beispiel Kleidung, Krüge, Körbe oder Spiele. An den Wänden schmücken Bilder aus dem Alltagsleben die Grabkammern. Die Ägypter glaubten an die magische Kraft der Bilder. Dort ist dargestellt, wie Menschen auf dem Feld und in der Werkstatt arbeiten, Nilpferde jagen, Brot backen und Bier brauen, denn die Toten sollten im Jenseits keine Not leiden. Andere Bilder zeigen den Weg der Toten zu den Göttern im Jenseits.

1 Berichte, welche Bedeutung der Tot für die Ägypter hatte (Text).
2 Erkläre, warum sich in ägyptischen Grabkammern viele Gegenstände und Wandmalereien finden lassen (Text, M2).
3 Beschreibe die Grabkammer in M2. Welche Szene zeigt die Wandmalerei?

M2 *Grabkammer des Pharao Tutenchamun – die beiden linken Figuren sind Osiris und der Pharao*

Mumifizierung

Nach dem ägyptischen Glauben musste ein toter Körper erhalten bleiben, damit seine Seele im Jenseits einen Wohnort hatte. Die Ägypter entwickelten daher besondere Methoden, einen Leichnam zu mumifizieren. Sie entfernten die inneren Organe, trockneten den Körper aus und behandelten ihn mit chemischen Stoffen. Danach wurde der Leichnam mit Binden umwickelt. Dies sollte den Körper vor Verwesung schützen. Viele Mumien sind bis heute erhalten geblieben.

M3 *Nasenlochtrichter*

M4 *Mumie von Pharao Ramses II. (1213 v. Chr. gestorben)*

M5 *Hilfsmittel für die Mumifizierung: Gefäße für Eingeweide und ein Bronzemesser*

Sie holen zuerst mit einem gebogenen Eisen einen Teil des Gehirns durch die Nasenlöcher heraus. Den Rest lösen sie mithilfe (von Säuren) auf, die sie in den Schädel gießen. (Danach schneiden sie) mit einem scharfen Stein den Bauch (auf), entleeren die Bauchhöhle und spülen sie mehrfach aus. Darauf füllen sie den Leib mit reinen zerstoßenen Kräutern und nähen ihn wieder zu. Danach legen sie die Leiche in Salz, 70 Tage lang. Nach dieser Zeit waschen sie den Toten und umwickeln ihn mit Binden … Nun legen sie (die Leiche) in einen hölzernen Sarg von Menschengestalt und verschließen ihn.

M6 *Der Grieche Herodot über die Mumifizierung (5. Jahrhundert v. Chr.)*

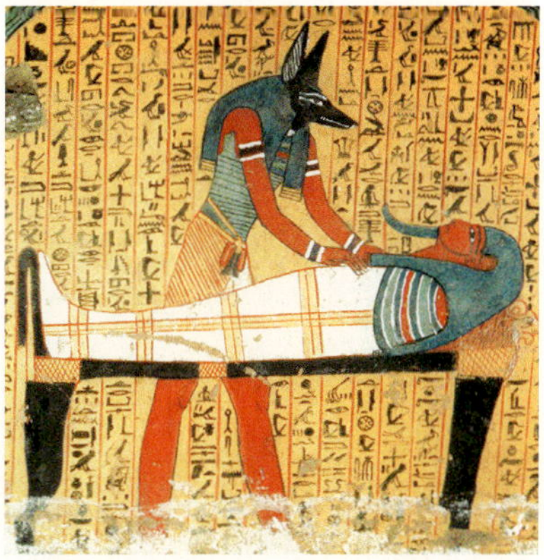

M7 *Priester mit Schakal-Maske bei der Einbalsamierung einer Mumie.*

4 Beschreibe, wie die Toten in Ägypten mumifiziert wurden (Text, M6).
5 Ordne die Abbildungen M3, M4, M5 und M7 den Beschreibungen in M6 zu.
6 Erkläre, warum die Toten bei den Ägyptern mumifiziert wurden.

Das Totengericht

> Seid gegrüßt, ihr Götter in den Grüften …
> Ich bin rein, ich bin rein! …
> Nichts Böses kann mir zustoßen in diesem Lande, in der Halle der vollständigen Wahrheit, denn ich kenne die Namen dieser Götter, die in ihr sind.

M1 *Spruch aus einem Totenbuch*

Vor dem Gericht der Götter

Wie konnten die Menschen im alten Ägypten das ewige Leben nach dem Tod erlangen? Sie glaubten, dass sie dafür auf ihrer Reise ins Totenreich Prüfungen bestehen mussten. Der Weg führte durch Tore und über Flüsse. Sie begegneten Torwächtern, Göttinnen und Göttern. Deren Namen, Aufgaben und wichtige Aussprüche musste jeder kennen. Daher wurde den Toten alles aufgeschrieben, aufgemalt und ins Grab gelegt.

Wenn die Toten alle Prüfungen bestanden hatten, kamen sie in die jenseitige Welt. Dort ging es ihnen besser als im Leben. Die Ägypter glaubten, dass dort selbst der ärmste Mensch ein Stück Land bekam. So konnte jeder das ewige Leben glücklich beginnen.

In dem Totenbuch des wohlhabenden Schreibers Hunefer ist das Totengericht dargestellt. Es galt als die wichtigste Station der Reise. Hier wurde mithilfe einer Waage geprüft, ob der Tote ein Leben im Sinne der Götter geführt hatte.

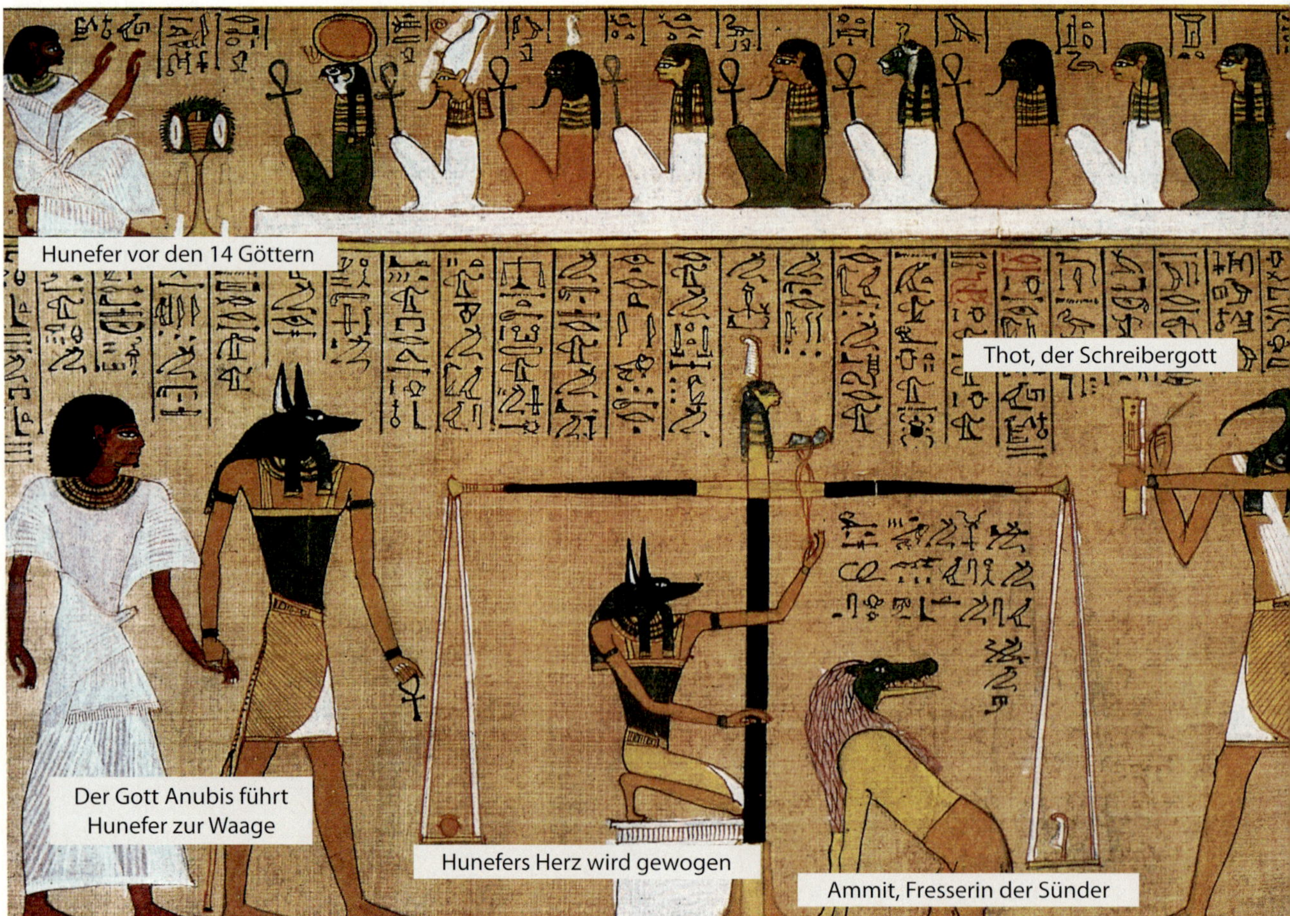

M2 *Das Totengericht – Ausschnitt aus dem Totenbuch des Schreibers Hunefer (13. Jahrhundert v. Chr.)*

Die Göttinnen und Götter sorgten nach Ansicht der Ägypter für das Gleichgewicht der Welt. Sie wiesen den Menschen ihren Platz in der Gesellschaft zu. Viele Götter wurden wie Menschen mit Tierköpfen dargestellt. Jede Gottheit besaß bestimmte Eigenschaften und führte bestimmte Tätigkeiten aus.

1 Betrachte in M2 zuerst den Bereich links oben, dann schaue von der linken zur rechten Seite. Hunefer (im weißen Gewand) erscheint dreimal auf diesem Bild.
   a) Beschreibe die Stationen Hunefers auf dem Weg ins Jenseits.
   b) Beschreibe das Aussehen und die Aufgaben der Götter.

2 a) Vermute, was Hunefer vor den 14 Göttern des Gerichts erzählen könnte (M1, M3).
   b) Auf der Waage liegen Hunefers Herz und eine Feder. Die Feder war für die Ägypter ein Zeichen für Wahrheit. Hunefers Herz ist leichter als die Feder. Erkläre, was das bedeutet.

3 Prüfe, welche Regeln aus M3 auch heute noch gelten könnten.

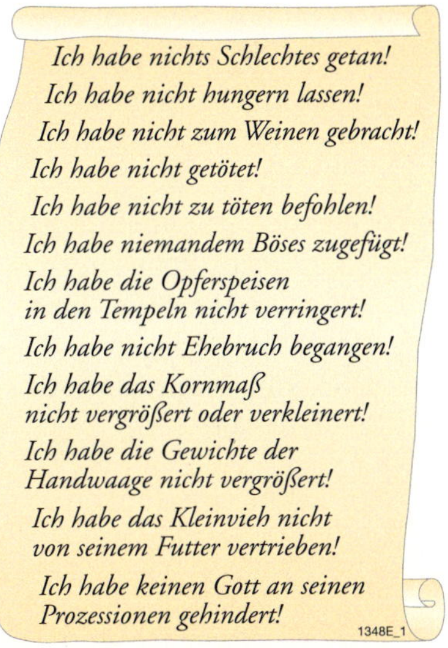

M3 *Lebensregeln Hunefers*

Hast du den Durchblick?

1. Wichtige Darstellungsform in der ägyptischen Kunst
2. Befehlüberbringer des Pharaos
3. Jahreszeit der Überschwemmung
4. Stelle in der Wüste mit Wasser
5. Grundnahrungsmittel der Ägypter
6. Pflanze zur Papierherstellung
7. Längster Fluss der Welt
8. Berühmter Pharao
9. Höchster ägyptischer Gott im Jenseits

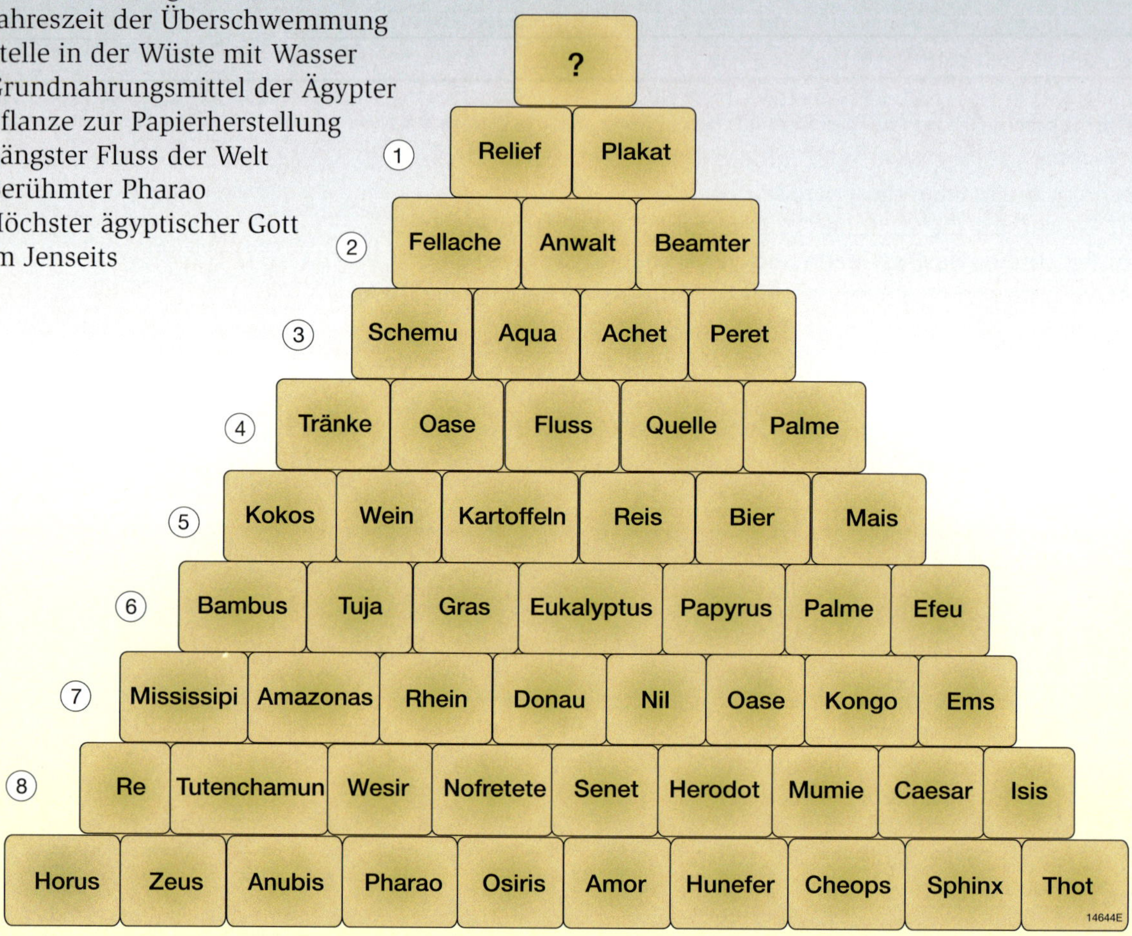

1 Pyramidenrätsel
Löse das Rätsel zur ägyptischen Geschichte. In den Steinblöcken findest du die Antworten zu den nummerierten Fragen.

2 Hieroglyphenrätsel
Übersetze den Satz mit Hilfe der Tabelle auf Seite 56.

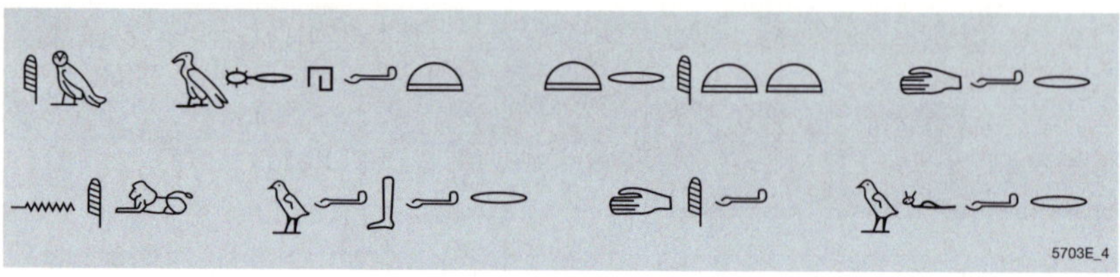

Grundbegriffe

Bewässerungssystem
Flussoase
Gesellschaftspyramide
Hieroglyphen
Hochkultur
Mumie
Nil
Pharao
Pyramide
Totengericht
Vorratshaltung

3 Pyramidenbaurätsel
Hier hat der Zeichner nicht richtig aufgepasst. In diesem Bild haben sich fünf Fehler eingeschlichen. Finde und erkläre die Fehler!

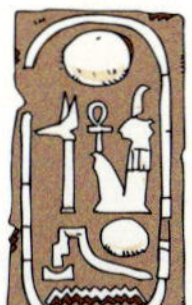

Erste Schriftzeichen
Entstehung des ägyptischen Reichs

Pyramiden

Kulturelle Blütezeit

Größte Ausdehnung des ägyptischen Reichs

30 v. Chr. Römer erobern Ägypten

3000 v. Chr. | 2500 | 2000 | 1500 | 1000 | 500 | Chr. Geb | 500

Römisches Stadthaus – Germanisches Dorf

Die Anfänge Roms

M1 *Die Lage Roms*

An den Ufern des Tiber

Rom war viele Jahrhunderte lang die reichste, mächtigste und größte Stadt im ganzen Mittelmeerraum. Von hier aus wurde das Römische Reich regiert. Wir wissen heute, dass es seit ungefähr 1000 v. Chr. einige Dörfer auf sieben Hügeln am Fluss Tiber gab.

Schiffe konnten bis zu dieser Stelle auf dem Tiber fahren. Der Fluss war auch gut zu überqueren, weil sich in der Flussmitte eine kleine Insel befand. Bauern, Handwerker und Händler der Gegend konnten hier ihre Waren miteinander tauschen. So entstand aus Hirten- und Bauerndörfern ein Handelsplatz. Dieser war mit Mauern umgeben. Dorthin flüchteten die Menschen bei Überfällen von Piraten und Räubern.

Im Laufe der Zeit wuchsen weitere benachbarte Dörfer mit dem Handelsplatz zu einer größeren Siedlung heran. Um 750 v. Chr. war daraus eine Stadt geworden: Rom.

1 Beschreibe das Dorf (M2).
2 Begründe, warum die Lage Roms günstig war (M1, M2, Text).

M2 *Nachbildung eines der Dörfer, aus denen Rom entstand*

Die Sage von der Gründung Roms

Die Einwohner der Stadt glaubten an die Sage, dass die Brüder Romulus und Remus im Jahr 753 v. Chr. die Stadt gegründet haben. Der Sage nach zeugte der römische Kriegsgott Mars mit der Königstochter Rhea Silvia Zwillinge: Romulus und Remus.

M3 *Wölfin aus Bronze (um 500 v. Chr.) – die Figuren von Romulus und Remus wurden erst 1477 hinzugefügt.*

Als Säuglinge wurden sie von ihrem herrschsüchtigen Onkel in einem Korb auf dem Fluss Tiber ausgesetzt. So wollte er die beiden Kinder töten, um die Königsherrschaft für sich zu gewinnen. Das Körbchen trieb jedoch ans Ufer und eine Wölfin hörte das Wimmern und Weinen der Kinder. Sie zog sie an Land und säugte sie. So fand sie ein Schafhirte. Er und seine Frau nahmen die Kinder auf. Als junge Männer erfuhren sie von ihrer wahren Abstammung. Sie besiegten ihren Onkel und erhielten ihr Königreich zurück. Am Ort ihrer Rettung aus dem Tiber sollte eine prächtige Stadt entstehen. Romulus wollte zum Schutz der wenigen Häuser der Siedlung Gräben ziehen und Wälle aufschütten. Auch sollte der neue Ort nach ihm den Namen Roma erhalten. Remus beteiligte sich jedoch nicht an der Arbeit. Um seinen Bruder zu ärgern und zu verspotten, hüpfte er immer wieder über die kleinen Hindernisse. Da wurde Romulus sehr wütend und erschlug in bitterem Zorn seinen Bruder Remus.
So begann nach dieser Erzählung die Geschichte Roms am 21. 04. 753 vor Christus mit einem Brudermord.

M4 *Die Sage von der Gründung Roms (Sachbuchtext)*

i Sagen
Sagen sind Geschichten, die im Laufe der Vergangenheit mündlich weitererzählt worden sind. Sie berichten oft über ein tatsächliches Ereignis, das aber im Laufe der Zeit mit erfundenen Begebenheiten ausgeschmückt wurde.

M5 *Die Aussetzung von Romulus und Remus (heutige Zeichnung)*

3 Erläutere, warum die Erzählung von Romulus und Remus eine Sage ist (M4, i-Kasten).
4 Erkläre, warum die Römer eine Wölfin aus Bronze hergestellt haben.
5 Fertige eine Zeichnung von einem der Ereignisse an, von denen in M4 berichtet wird. Gib deiner Zeichnung eine Überschrift.

Das Leben im antiken Rom

Rom – Weltstadt des Altertums

Rom war das Zentrum des Reiches. Hier traf man Menschen aus allen Gegenden der damals bekannten Welt: Britannier aus dem heutigen England, Gallier aus dem heutigen Frankreich, Ägypter, Griechen, Germanen, schwarzhäutige Afrikaner. Sie alle brachten ihre Bräuche, Religionen und Traditionen mit. In Rom konnte man die ganze Vielfalt des Reiches finden.

① Circus Maximus: Stadion für Wagenrennen (250 000 Zuschauer); ② Kaiserpaläste: von hier aus regierten Kaiser das Römerreich; ③ Wasserleitung (Aquädukt): versorgte einen Teil der Wohnhäuser und Badehäuser (Thermen) mit frischem Quellwasser, dieses floss durch einen steinernen Kanal oben auf dem Aquädukt; ④ Kolosseum: hier kämpften die Gladiatoren (dies waren meist Sklaven, die um Leben und Tod kämpften); ⑤ Thermen: öffentlicher Ort der Reinigung, Erholung und Treffpunkt; eine Art Freizeitbad; ⑥ Forum Romanum: Fest- und Marktplatz, Tempelbezirk; ⑦ Jupitertempel: Jupiter war der höchste Gott der Römer, Kaiser verglichen sich gern mit ihm; ⑧ Marcellus-Theater: 20 000 Sitzplätze, Aufführung von lustigen und traurigen Theaterstücken; ⑨ Tiber: Fluss, Verbindung zum Mittelmeer, wichtiger Verkehrsweg.

M1 *So könnte die Millionenstadt Rom zur Kaiserzeit ausgesehen haben (heutiges Modell).*

Freizeit in Rom

Eine Million Menschen lebten und arbeiteten in Rom im 1. Jahrhundert n. Chr. Es gab Tempel für viele verschiedene Götter und Religionen, Paläste, Theater, Rennbahnen, Einkaufsmöglichkeiten, Märkte und anderes mehr. Die Menschen besuchten Gladiatorenkämpfe, Tierhetzen, Theateraufführungen und Konzerte. Man konnte bei den beliebten Wagenrennen auch Wetten abschließen. Häufig gab es große Feste zu Ehren von Göttern oder erfolgreichen Feldherren. Große Bibliotheken waren für alle zugänglich. In der größten Stadt der damaligen Welt fanden die Menschen viele Freizeitmöglichkeiten.

① Haupteingang, Männerbad, ② Umkleideraum, ③ Kaltwasserbad, ④ Warmluftraum, ⑤ Heißraum, Frauenbad, ⑥ Umkleideraum, ⑦ Kaltwasserbad, ⑧ Warmluftbad, ⑨ Heißraum, ⑩ Öfen mit Wassertanks, ⑪ Schwimmbad, ⑫ Umkleideraum, ⑬ Toiletten, ⑭ Hof, ⑮ Läden

M2 *Modell einer Therme*

Thermen

Thermen waren große Freizeit- und Badeeinrichtungen, in denen sich bis zu 5000 Menschen gleichzeitig aufhalten konnten. Das Eintrittsgeld war so gering, dass sich alle Menschen einen Besuch in den Thermen leisten konnten.

1 a) Schildere deinen Eindruck von der Stadt Rom (M1).
b) Stelle mindestens drei Unterschiede zu einer heutigen Stadt fest.

2 Vergleiche die Thermen der Römer mit den Erlebnisbädern heute (M2).

3 a) Vervollständige folgende Tabelle in deinem Heft. Finde mindestens vier weitere Punkte, die du vergleichst.

	Rom	meine Stadt/Gemeinde
Bibliothek	ja	ja
Theater	ja	nein

b) Diskutiert, ob ein großes Freizeitangebot für euch wichtig ist.

M3 *Gladiatoren*

M1 *Modell eines Wohnblocks*

Wohnen und Arbeiten in Rom

M2 *Aquädukt*

Die meisten Menschen im antiken Rom konnten sich keine eigenen Häuser leisten. Sie wohnten in großen Mietshäusern. Diese hatten bis zu fünf Stockwerke. In so einem Mietshaus konnten 400 Menschen wohnen. Toiletten gab es nicht in den Wohnungen. Stattdessen benutzten die Bewohner Gemeinschaftstoiletten außerhalb der Häuser. Wasser mussten sie von den öffentlichen Brunnen holen.

Rom wurde durch mehrere Wasserleitungen (Aquädukte) mit Frischwasser aus den umliegenden Bergen versorgt. Bis zu einer Milliarde Liter Wasser kamen so jeden Tag in die Stadt. Wenn längere Zeit kein Regen fiel, trennte man zuerst die Privathäuser von den Wasserleitungen, dann die Thermen. So konnten die öffentlichen Brunnen auch bei Trockenheit mit Wasser versorgt werden.

In den zur Straße offenen Läden konnte man Lebensmittel kaufen, sich die Haare schneiden lassen und vieles mehr. Werkstätten und Arbeitsräume befanden sich hinter den Läden. Abends wurden die Geschäfte zur Straße hin mit Holzplatten verschlossen.

M3 *Laden eines Messerschmieds*

M4 *Fleischerladen: An den Wandhaken hängen Fleischstücke.*

① Eingang, ② Laden, ③ Atrium, ④ Regenbecken, ⑤ Hausaltar, ⑥ Empfangsraum, ⑦ Wohn-, Schlaf- und Wirtschaftsräume, ⑧ Speiseraum, ⑨ Garten und Säulenhalle, ⑩ Keller, ⑪ Presse

M5 *Typisches Haus einer vornehmen Familie (heutiges Modell)*

In einem römischen Stadthaus

Im Stadthaus eines reichen Römers gelangte man zuerst in eine offene Halle, das Atrium. Eine Öffnung im Dach und ein Wasserbecken sorgten für eine angenehme Raumtemperatur. Um das Atrium waren Räume für Personal und Vorräte angeordnet. Im hinteren Teil des Hauses lagen Ess-, Wohn-, Empfangs-, Gäste- und Schlafzimmer der Familie, die mit kostbaren Mosaikfußböden ausgelegt waren. Auch ein kleiner Garten trug zum Wohlbefinden der Bewohner bei.

1 Beschreibe die Wohnbedingungen in einem römischen Mietshaus (Text, M1).

2 Erkläre, wozu ein Aquädukt diente (Text, M2).

3 Begründe, warum bei Trockenheit zuerst die Privathäuser vom Wasserzufluss getrennt wurden (Text).

4 Beschreibe die in M3 und M4 dargestellten Szenen.

5 Schildere als Besucherin oder Besucher den Rundgang durch ein vornehmes römisches Stadthaus (M5).

6 Berichte über Gemeinsamkeiten und Unterschiede zwischen dem Wohnen damals und heute.

Die römische Familie

Unser Wort „Familie“ stammt vom lateinischen „familia“. Aber für die Römer war eine „familia“ etwas anderes als für uns. Nicht nur die Eltern und ihre Kinder gehörten dazu, sondern alle Menschen, die in einem Haushalt lebten.

Der Vater hatte das Recht, über die Angehörigen seiner „familia“ zu bestimmen. Er sorgte auch dafür, dass die Opfer für die Götter am Hausaltar eingehalten wurden. Seine Frau bestimmte über den Haushalt. Sie beaufsichtigte die Sklavinnen und **Sklaven**. Eine Römerin ging selten aus dem Haus, um Freundinnen zu besuchen, einzukaufen oder in Bäder oder das Theater zu gehen. Frauen durften keine wichtigen Ämter übernehmen.

Im Gegensatz dazu verbrachten die Männer die meiste Zeit des Tages außerhalb des Hauses bei der Arbeit oder in den Thermen. Dort trafen sie Freunde, trieben Sport und badeten. Zum Abendessen, der wichtigsten Mahlzeit, kehrten sie nach Hause zurück.

Ärmere römische Familien besaßen keine Sklaven, aber auch bei ihnen hatte der Vater das Sagen und die Mutter leitete und kontrollierte den Haushalt.

Hausgötter
In allen römischen Häusern gab es einen Hausaltar, an dem die Hausgötter verehrt wurden. Die Römer glaubten, dass die Hausgötter die Familie beschützten. Jeder Tag begann damit, dass das Familienoberhaupt Lebensmittel oder Blumen auf den Hausaltar legte.

1 Beschreibe die römische Familie (M1).
2 Stelle die Aufgaben des Vaters und der Mutter in einer römischen „familia“ zusammen (Text, M1).
3 Erkläre, woran du erkennst, dass die Religion für die Römer eine wichtige Rolle spielte (Text, i-Kasten).

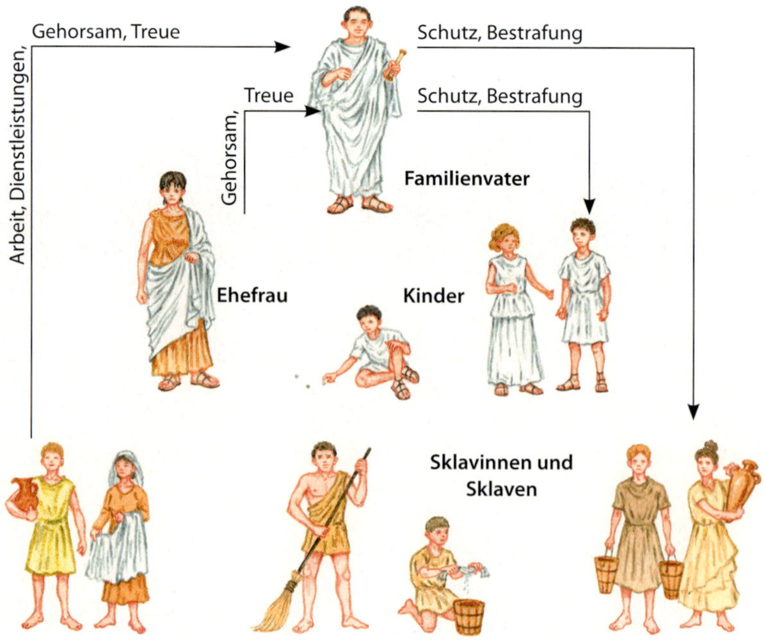

M1 *Römische „familia“*

Sklaven im Römischen Reich

Die Römer führten viele Kriege. Gefangen genommene Menschen machten sie zu Sklaven. Ein römischer Feldherr versklavte zum Beispiel einmal an einem einzigen Tag 150 000 Menschen.

Am schlimmsten erging es den Sklaven, die in den Bergwerken arbeiteten. Sie mussten unter Tage schuften, bekamen kaum Pausen und die Aufseher schlugen sie. Nur wenige überlebten längere Zeit die unmenschlichen Arbeitsbedingungen. Auch die Sklaven in der Landwirtschaft mussten auf den großen Gütern hart arbeiten. Viele Sklaven wurden „ausgeliehen" und verdienten Geld für ihren Besitzer. Ein Teil des Geldes durften sie häufig behalten. In den Häusern reicher Römer wurden Haussklaven als Verwalter, Lehrer, Köche, Pförtner, Putzkräfte und anderes beschäftigt. Sie wurden meistens gut behandelt.

Die Kinder von Sklaven waren ebenfalls Sklaven. Ihr Besitzer konnte sie ohne Zustimmung der Eltern verkaufen. Manchmal war es einem Sklaven möglich, frei zu werden. Entweder bestimmte sein Besitzer, wann er freigelassen wurde oder der Sklave konnte sich freikaufen, wenn er genügend Geld gespart hatte.

Man schätzt, dass um Christi Geburt etwa 250 000 Sklaven in Rom lebten. Die Wirtschaft war auf die Sklaven angewiesen.

M2 *Sklaven machen Musik.*

4 Berichte, in welchen Bereichen Sklaven arbeiteten (M2–M4, Text).

5 a) Erkläre, wie ein Mensch zum Sklaven wurde (Text).

b) Berichte, wie ein Sklave die Freiheit bekommen konnte.

6 Überprüfe folgende Aussage: „Die römische Wirtschaft war von der Arbeit der Sklaven abhängig."

M3 *Sklaven bei der Weinherstellung*

M4 *Sklaven bei der Olivenernte*

Mit Geschichtskarten arbeiten

Karten gibt es nicht nur in Erdkunde, sondern auch im Fach Geschichte. Geschichtskarten zeigen, wie sich Staaten entwickelt haben oder welche Zustände es zu einer bestimmten Zeit in einem Gebiet gab.
So arbeitest du mit einer Geschichtskarte:

Der Ausschnitt zeigt das Gebiet rund um …

1. Schritt: Ausschnitt der Karte einordnen
- Welches Gebiet zeigt die Karte (Kontinent, Land, Region, Stadt)?
- Für welchen historischen Zeitraum ist die Karte gültig?

Auf der Karte sind die Erwerbungen der Römer auf dem Weg zur …

2. Schritt: Inhalte der Karte erfassen
- Was bedeuten die einzelnen Farben und Zeichen?
- Welches geschichtliche Ereignis oder welche Entwicklung ist dargestellt?

Die Karte gibt die Entwicklung des Römischen Reiches zwischen … und … wieder.

3. Schritt: Karte beschreiben und auswerten
Jetzt fasst du die Ergebnisse der Reihe nach zusammen. Gehe schrittweise vor und schreibe alles in einem kurzen Text auf. Notiere dir Stichworte, wenn du mündlich arbeitest.

1 Werte die Karte M1 nach den oben genannten Schritten aus.

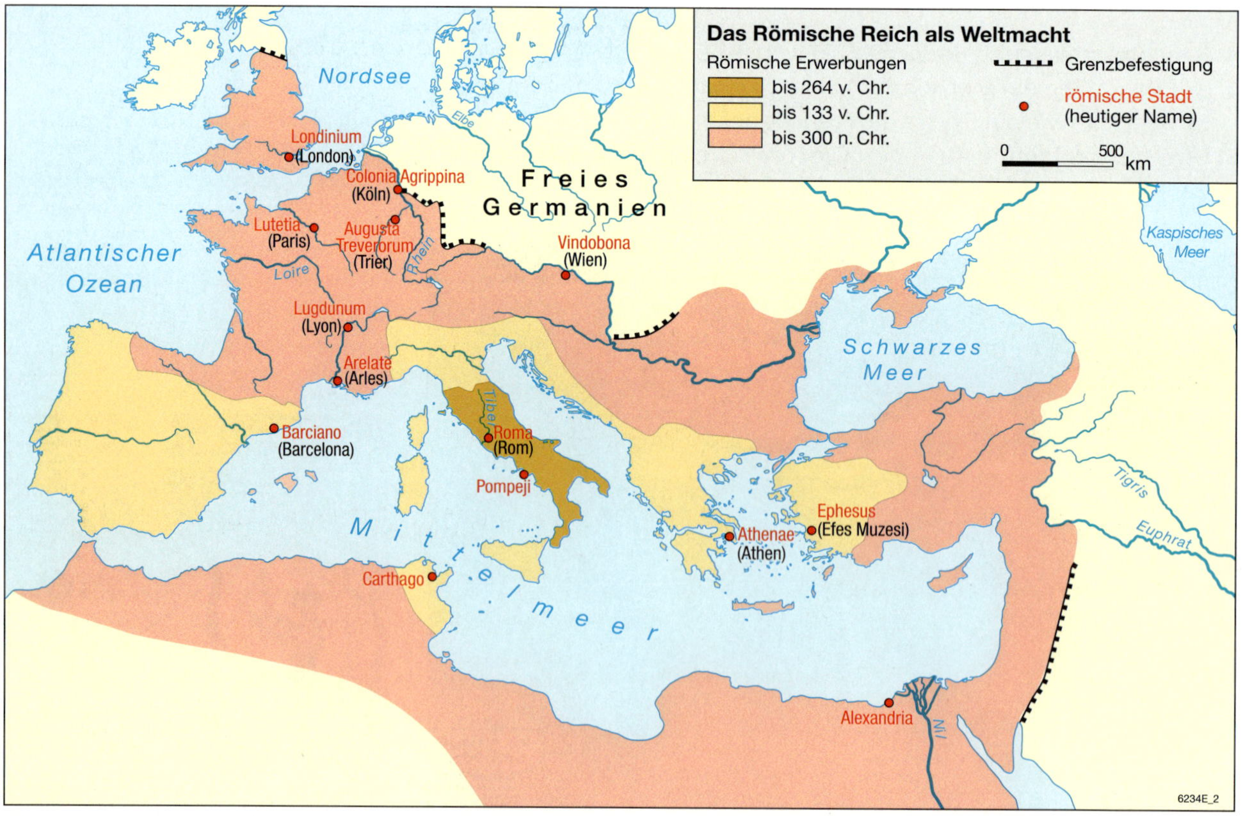

M1 *Die Ausbreitung des Römischen Reiches*

Wirtschaft und Handel

Wirtschaft im Römischen Reich

Die Menschen in der Millionenstadt Rom brauchten viele Dinge: Lebensmittel wie Getreide, Fisch, Olivenöl, Wein und Rohstoffe wie Metalle, Holz und Stoffe. Auch Handwerkserzeugnisse wie Geschirr aus Ton, Gläser und Metallwerkzeuge wurden gebraucht. Aus dem ganzen Reich wurden die benötigten Dinge nach Rom geschafft. Die meisten Transporte gingen über das Meer. Der Seetransport war billiger und über längere Strecken schneller. So brauchten Segelschiffe von Ostia, dem Hafen Roms, nach Alexandria in Ägypten 15 Tage. Natürlich konnte die Reisezeit auch länger oder kürzer sein, je nachdem, ob der Wind günstig war oder nicht.

Auf den Märkten in der Provinz gab es noch den Tauschhandel. Im Fernhandel und in den großen Städten benutzten die Menschen Münzen aus Kupfer, Bronze, Silber oder Gold.

M1 *Römisches Frachtschiff*

1 Werte die Karte M2 aus. Wende die Schritte von Seite 78 an.

2 Beschreibe M1 und erkläre mithilfe des Textes und M2, warum die meisten Waren auf dem Wasser transportiert wurden.

3 Finde auf der Karte M2 die Gegenden, aus denen das Metall für die römischen Münzen stammte.

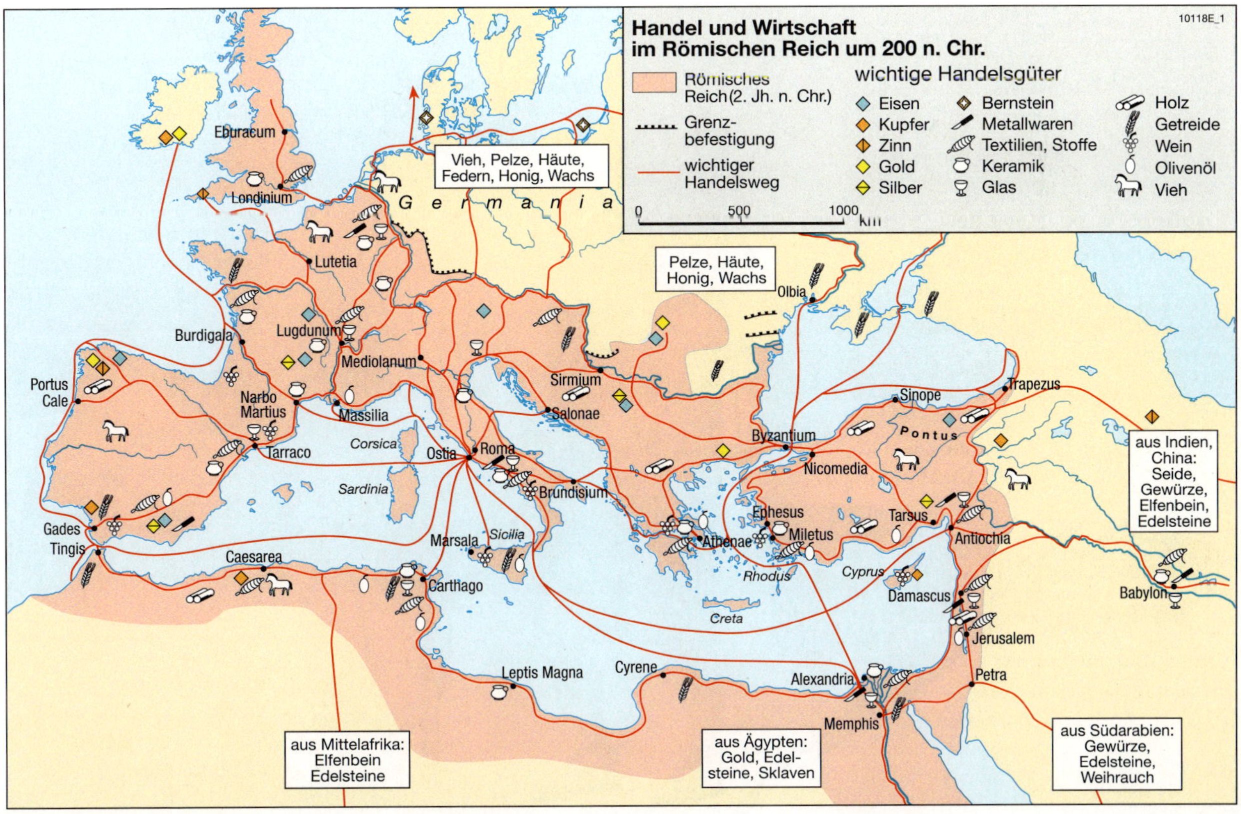

M2 *Wirtschaft und Handel im Römischen Reich*

M1 *Die Via Appia ist die älteste römische Straße.*

Erobern und sichern

Die Römer unterwarfen mit ihren gut ausgebildeten Soldaten viele Völker. In Italien schlossen sie mit den besiegten Völkern Bündnisverträge ab. Außerhalb Italiens richteten sie in den eroberten Gebieten Provinzen ein. Aufstände wurden blutig niedergeschlagen und die Überlebenden als Sklaven verkauft. Viele Länder wurden von ihnen verwüstet und viele Soldaten fanden den Tod.

Die Römer führten ab 100 v. Chr. eine Berufsarmee ein. Die römischen Berufssoldaten nennt man Legionäre. Seit der **Kaiserzeit** mussten sie sich für einen bestimmten Zeitraum zum Kriegsdienst verpflichten (20 Jahre). Nach dem Ende ihrer Militärzeit erhielten die Soldaten einen Bauernhof, um ihren Lebensunterhalt zu sichern. Sie durften anschließend auch heiraten und lebten als angesehene Bürger.

Mit ihrer starken Armee eroberten die Römer andere Länder. Später schützten die Legionäre das Reich vor Angriffen. Dabei half ihnen das ausgezeichnete Straßennetz, auf dem die Soldaten schnell marschieren konnten. Die Straßen im Römischen Reich waren etwa 80 000 Kilometer lang. Sie waren gepflastert und in regelmäßigen Abständen gab es Rasthöfe für Reisende und Stationen für einen Pferdewechsel.

> **i Provinzen**
> Provinzen sind Gebiete, die von den Römern erobert und verwaltet wurden. Viele Provinzen wurden ausgeraubt. Die erpresste Beute machte Rom zur prächtigsten Stadt der Antike.

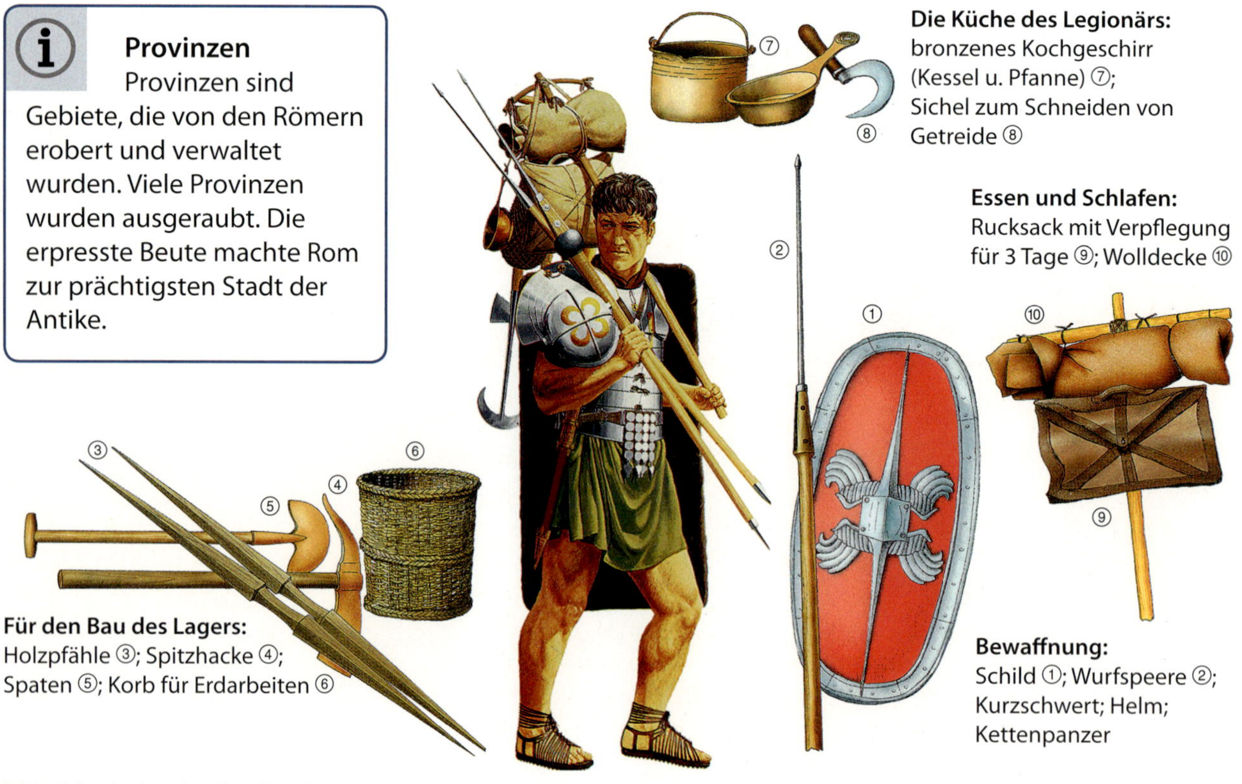

M2 *Römischer Legionär mit seiner Ausrüstung*

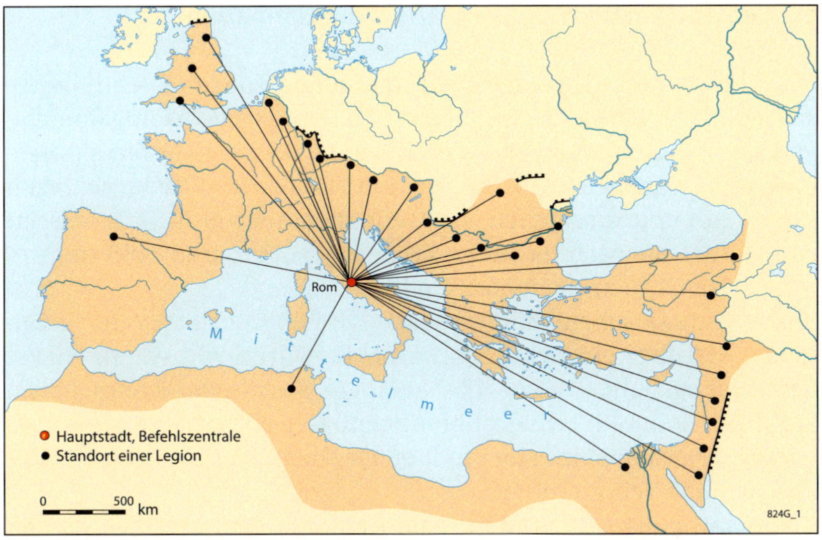

M3 *Verteilung der römischen Legionen*

Als Räuber der Welt durchwühlen die Römer nun auch das Meer, nachdem sich ihren Verwüstungen kein Land mehr bietet. Stehlen, Morden, Rauben nennen sie (die Römer) mit einem falschen Namen „Herrschaft". Die von ihnen geschaffene Wüste bezeichnen sie als „Frieden". Unsere Kinder werden zum Sklavendienst herangezogen. Unsere Frauen und Schwestern haben sie vergewaltigt. Unsere Leiber und Hände werden unter Schlägen gebraucht, um durch Wälder und Sümpfe Straßen zu bauen.

M4 *Rede eines Fürsten, der von den Römern besiegt wurde. (Wiedergegeben vom römischen Geschichtsschreiber Tacitus)*

Romanisierung
Die Menschen in den Provinzen nahmen im Laufe der Zeit Sprache, Sitten und Kultur der Römer an. Sie fühlten sich nicht mehr als Unterworfene, sondern als Bürger des Reiches.

Wir sind das Volk, das Krieg führt für die Freiheit anderer, damit nirgends ungerechte Herrschaft besteht, sondern überall Recht und Gesetz.

M5 *Ein römischer Geschichtsschreiber (um 9 n. Chr.)*

1 a) Beschreibe den römischen Legionär und seine Ausrüstung (M2).
b) Schildere, wofür der Soldat die verschiedenen Ausrüstungsgegenstände benötigte (M2).

2 Erkläre, warum die römischen Soldaten so erfolgreich waren (Text, M1–M3).

3 Erläutere, warum die römischen Straßen für das Militär wichtig waren (Text, M1).

4 a) Beschreibe die Verteilung der Legionen (M3).
b) Erkläre, warum die Römer Grenzbefestigungen bauten.
c) Prüfe, ob die Verteilung der Legionen ein Hinweis auf eine Romanisierung in den Provinzen ist (i-Kasten, M3).

5 a) Berichte, was der Fürst über die römische Herrschaft erzählt (M4).
b) Arbeite heraus, wie der Fürst über die Römer dachte (M4).

6 Nenne den Grund, den der römische Geschichtsschreiber in M5 anführt, weshalb die Römer Krieg führten.

7 Bewerte die Aussage des römischen Geschichtsschreibers (M5).

Die Germanen

Menschen damals in Deutschland – die Germanen

Als die Römer Gebiete am Rhein eroberten, stießen sie auf unbekannte Völker. Diese Menschen besaßen eine gemeinsame Sprache und sie glaubten an dieselben Götter. Die Römer nannten sie Germanen.

Den Römern erschienen die Germanen sehr groß. Wir wissen heute, dass die Männer meist zwischen 1,70 m und 1,80 m groß waren. Die Frauen erreichten 1,60 bis 1,65 m.

Die germanischen Männer trugen Kniebundhosen oder lange Hosen, darüber einen kurzen Kittel. Er wurde von einem Gürtel zusammengehalten. Auch das kostbare Kurz- oder Langschwert aus Eisen konnte hier befestigt werden. Gegen die Kälte schützten sich die Menschen mit einer großen Decke, die man wie einen Umhang um die Schultern trug.

Die germanischen Frauen hatten ein Untergewand aus Leinen mit einem Gürtel. Die Decke um die Schultern wurde von kostbaren Fibeln zusammengehalten. Fibeln waren kunstvolle Broschen. Je wertvoller die Fibeln waren, desto größer war der Reichtum der Frau und desto angesehener war sie.

M1 *Germanenstämme*

> Die äußere Erscheinung ist bei allen dieselbe. Wild blickende blaue Augen, rötliches Haar und große Gestalten, die allerdings nur zum Angriff taugen … In jedem Haus wachsen die Kinder nackt und schmutzig zu diesem Körperbau, zu dieser erstaunlichen Größe heran.

M2 *Tacitus über die Germanen (um 100 n. Chr.)*

1 Nenne die germanischen Stämme
   a) die im freien Germanien siedelten (M1).
   b) die im Römischen Reich lebten (M1).
   c) die im heutigen Niedersachsen wohnten (M1).

2 Schreibe je fünf Dinge auf, die zur Kleidung oder zur Ausrüstung einer germanischen Frau oder eines germanischen Mannes gehörten (M4, Text).

3 a) Beschreibe die Gegenstände in M3 und M5.
   b) Suche sie in der Zeichnung M4 und erkläre, wozu sie gebraucht wurden.

4 Beschreibe die Germanen aus der Sicht eines Römers (M2).

M3 *Germanisches Langschwert*

M4 *Ein germanisches Paar*

M5 *Germanisches Schmuckstück*

Die Germanen

M1 *Ein germanisches Dorf (heutige Zeichnung)*

Leben in Germanien

M2 *Germanische Bautechnik (heutige Zeichnung)*

In Germanien war das Klima kühler und feuchter als heute. Dichte Urwälder, große Moore und Flüsse mit versumpften Ufern waren überall zu finden. Neben Wildschweinen, Hirschen und Rehen kamen auch Wölfe, Bären und Auerochsen in den Wäldern vor.

Inmitten dieser Wildnis lebten die Germanen auf ihren Höfen, in kleinen Siedlungen und Dörfern in Großfamilien zusammen. Die großen Hallenhäuser von etwa 6 Metern Breite und 20 Metern Länge dienten Mensch und Tier als Unterkunft. Beim Hausbau wurden zuerst schwere Holzbalken senkrecht nebeneinander gestellt, dann die Zwischenräume mit geflochtenen Zweigen gefüllt und mit Lehm abgedichtet. Auf die Holzbalken kam ein Dach aus Schilf oder Stroh: Fenster gab es nicht. Das Licht fiel durch kleine Löcher im Giebel, die „Windaugen" (engl. window), ins Haus.

Der als Stall genutzte Teil wurde oft durch eine Querwand vom Wohnteil abgetrennt. Die Einrichtung der Häuser war sehr einfach. Den wichtigsten Teil bildete die Herdstelle, von der der Rauch durch das „Windauge" abzog. An der Wand waren Sitz- und Schlafbänke. Ein Stuhl diente als Ehrensitz für den Hausherrn. Auf dem gestampften Lehmboden standen Tongefäße für die Vorräte. Auch einen Webstuhl für die Herstellung der Stoffe gab es. Verderbliche Lebensmittel lagerte man kühl in kleinen Grubenhäusern. Das Getreide kam in Speicher, die auf Pfählen standen. Ein brusthoher Zaun schützte vor den wilden Tieren des Waldes.

M3 *Eine germanische Familie in ihrem Haus (heutiger Nachbau in Leijre/Dänemark)*

Fast alles, was die Familie zum Leben brauchte, wurde auf den Höfen selbst hergestellt: Aus Flachs und Wolle fertigten die Germanen Kleidung, aus Ton und Lehm formten sie Schüsseln und Krüge, aus Leder stellten sie Schuhe her.

Die Männer eines Stammes trafen sich regelmäßig um über Krieg und Frieden zu entscheiden, Streitfälle zu schlichten und Verbrechen zu bestrafen. Diese Versammlungen heißen Thing.

Über weniger wichtige Angelegenheiten diskutieren die Anführer, über wirklich wichtige alle (freien Männer) ... Sie (die Germanen) treffen sich ... entweder bei Neumond oder Vollmond ... Sie setzen sich mit ihren Waffen zusammen, wie es ihnen gefällt. ... Wenn ein Antrag (ihnen) nicht gefällt, lehnen sie ihn durch Murren ab, wenn er (ihnen) aber gefällt, schlagen sie die Framen (Speere) zusammen: die ehrenvollste Art und Weise der Zustimmung ist, mit den Waffen zu loben.

M4 *Tacitus über das Thing (Germania 11)*

1 Beschreibe das germanische Haus und seine Einteilung (M1–M3).
2 Erkläre, warum man ein germanisches Haus auch „Wohnstall" nennt (Text, M2).
3 a) Nenne die Materialien, die die Germanen beim Hausbau benutzten (Text, M1, M2).
b) Nenne Einrichtungsgegenstände (Text, M3).
4 Berichte über die Ernährung der Germanen (i-Kasten).
5 a) Erläutere, wozu sich die Germanen beim Thing trafen (M4).
b) Berichte, wie ein Thing ablief (M4).
6 Prüfe, welche Waren sich die Germanen durch Handel beschaffen mussten. Ziehe hierfür auch die Karte M2 auf Seite 79 hinzu.

i **Die Germanen**

Die Germanen waren Ackerbauern und Viehzüchter. Sie bauten hauptsächlich Gerste, daneben auch Hafer, Hirse, Weizen und Roggen an. Kohl und Rüben sowie Erbsen und Bohnen bereicherten den Speisezettel. Außerdem sammelten die Menschen Beeren, Pilze, Obst, fingen Fische und aßen das Fleisch von Wild- und Haustieren. Zu den Haustieren gehörten Schweine, Ziegen, Schafe, Geflügel und Rinder. Pferde benutzten die Germanen für den Krieg und nicht für die Landwirtschaft.

Ein Museum besuchen

M1 *In Museen könnt ihr Interessantes erforschen …*

M2 *… und vieles selbst ausprobieren.*

www.deutsche-museen.de

In einem Museum werden interessante Gegenstände gesammelt und für die Besucher ausgestellt und erklärt. Ein Museum dient somit der wissenschaftlichen Forschung und der Bildung, aber auch der Unterhaltung. Es gibt Museen für Kunst, für Geschichte, für Autos oder für Alltagsgegenstände wie Uhren oder Puppen.

Wenn ihr einen Museumsbesuch plant, könnt ihr euch an den folgenden Schritten orientieren. Sie gelten für alle Museumsbesuche.

1. Schritt: Vor dem Museumsbesuch
Legt ein Thema fest, das ihr näher untersuchen wollt. Erkundigt euch, welches Museum für euer Thema am besten geeignet ist. Stellt fest, wann das Museum geöffnet ist, wie teuer der Eintritt ist und wie ihr es erreichen könnt (mit dem Zug oder dem öffentlichen Nahverkehr). Fragt nach Angeboten für Schulklassen und lasst euch Prospekte, Flyer usw. zuschicken. Stellt mithilfe des Materials Aufgaben für euren Museumsbesuch zusammen.

2. Schritt: Während des Besuchs
Während eures Museumsbesuchs beantwortet ihr eure vorbereiteten Fragen. Diese könnten zum Beispiel sein: Aus welcher Zeit stammen die Dinge in der Ausstellung? Aus welchen Materialien wurden sie gefertigt? Wozu dienten sie? Ihr könnt auch Ausstellungsstücke abzeichnen oder – wenn erlaubt – fotografieren.

3. Schritt: Nach dem Museumsbesuch
Nach dem Besuch könnt ihr eine kleine Ausstellung machen: Benutzt dazu die Prospekte, Flyer, eure Aufzeichnungen, Zeichnungen und Fotos. Stellt eine Wandzeitung her.

M3 *Museen in Niedersachsen (eine Auswahl)*

Römer und Germanen

Vor 2000 Jahren: Die Germanen besiegen die Römer

Die Römer versuchten, auch das Gebiet zwischen Rhein und Elbe zu beherrschen. Im Jahr 9 n. Chr. marschierte der römische Befehlshaber Varus mit 18000 Legionären und vielen Hilfstruppen östlich des Rheins durch Germanien. Er wollte einige germanische Aufstände niederschlagen.

Beim heutigen Kalkriese in der Nähe von Osnabrück kam es jedoch zu einer Schlacht, in der die Germanen das römische Heer besiegten. Der Cheruskerfürst Arminius führte die Germanen an und lockte die Römer in einen Hinterhalt. In dem Gelände um Kalkriese zog sich das Heer über mehrere Kilometer auseinander. Dort griffen die germanischen Krieger die Römer an verschiedenen Stellen an. In einer mehrtägigen Schlacht vernichteten sie die drei römischen Legionen. Es gab nur wenige Überlebende. Mit dem Sieg der Germanen blieb der Rhein bis zum Ende des Römischen Reiches die Grenze.

M1 *Maske eines römischen Soldaten*

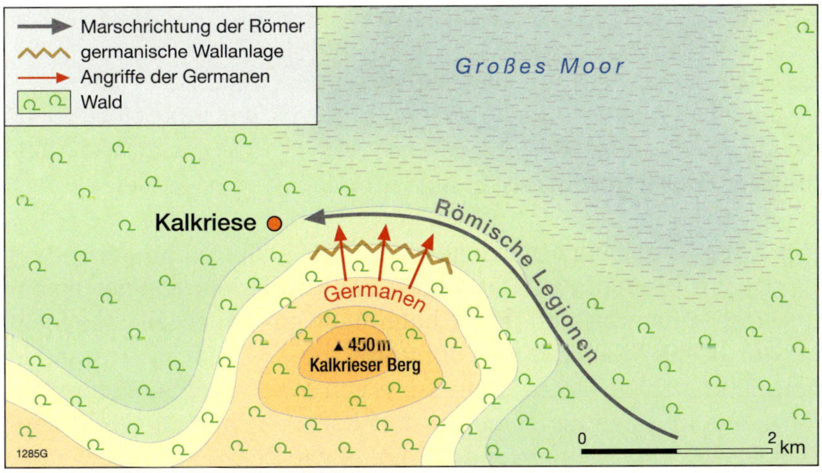

M2 *Karte des Schlachtgeländes*

M3 *Ausgrabung auf dem Schlachtfeld*

Viele Jahrhunderte lang fragten sich die Menschen, wo diese Schlacht stattgefunden hatte. Dann entdeckte ein Freizeitforscher 1989 Münzen in Kalkriese. Keine war nach dem Jahr 9 geprägt worden. Ausgrabungen bestätigten: Der Ort der Schlacht war gefunden.

1 Beschreibe den Ort der Varusschlacht (M2).

2 Begründe, warum Arminius den Hinterhalt beim heutigen Kalkriese gelegt hatte.

3 Beschreibe die Ausgrabungen (M3). Nutze die Informationen von Seite 20/21.

4 Erkläre, welchen Unterschied es gemacht hätte, wäre die Elbe die Grenze des Römischen Reichs gewesen.

Varusschlacht im Osnabrücker Land, Museum und Park Kalkriese, Venner Straße 69, 49565 Bramsche-Kalkriese,
Tel.: 0 54 68 / 9 20 40
Fax: 05 4 68 / 92 04 45
www.kalkriese-varusschlacht.de

M1 *Begegnungsstätte Limes*

M2 *Limeswachtturm (Nachbau)*

Friedliche Begegnung am Limes

Der Limes war eine Grenzbefestigung. Er sollte verhindern, dass Germanen Überfälle auf das Gebiet des Römischen Reiches machten. Der Limes war drei Meter hoch, teils aus Holz, teils aus Stein gebaut. Einige Meter hinter dem Wall befand sich in Abständen von 500 bis 1000 Metern eine Kette von Wachtürmen. Von jedem Turm aus mussten die beiden benachbarten Türme zu sehen sein. Das war für die Weitergabe der Signale wichtig.

Aber nicht alle Germanen waren Feinde der Römer. Am Limes entwickelte sich ein lebhafter Tauschhandel zwischen Römern und Germanen. Die Römer brauchten Honig, Wachs, Felle, **Sklaven** und blondes Frauenhaar für Perücken. Die Germanen bekamen dafür römischen Schmuck, Töpfe, Glasbecher und Silbergeschirr.

Viele Germanen arbeiteten auch für die Römer, vor allem als Soldaten für die Hilfstruppen. Bei ihrer Rückkehr berichteten sie von den wunderbaren Dingen, die sie gesehen hatten: gepflasterte Straßen, Badeanstalten und prächtige Städte. Nach und nach übernahmen die Menschen vor allem in den römischen Provinzen die Lebensart und Sprache der Eroberer.

1 Beschreibe M1.
2 Begründe, auf welcher Seite des Limes Germanien ist, auf welcher das Römische Reich? Ziehe auch M2 hinzu.

M1 *Von den Römern übernommen (heutige Zeichnung)*

Der Handel zwischen den Römern und Germanen hatte zur Folge, dass beide Kulturen nicht nur Waren tauschten, sondern auch Wörter aus der fremden Sprache übernahmen. So finden wir im Deutschen viele Wörter, die aus der lateinischen Sprache stammen.

Auch in unserer Zeit bereichern sich fremde Kulturen. Ganz selbstverständlich gehören heute Pizza, Hamburger und Döner zu unserem Essen dazu. Viele Menschen wissen nicht, dass diese Speisen ursprünglich aus anderen Ländern stammen.

Auch Ideen wandern von Kultur zu Kultur und beeinflussen das Verhalten von Menschen. So denken immer mehr Menschen in aller Welt an den Umweltschutz. Auch die Rechte von Kindern finden immer mehr Beachtung. Viele Menschen in Deutschland kaufen mit Absicht Waren von Kleinbauern in Afrika und Asien, um die Menschen dort zu unterstützen.

1 a) Beschreibe, welchen Einfluss die römische Lebensart auf die Menschen in den Provinzen hatte (M1).
b) Nenne die Dinge, die die Römer mitbrachten (M1).

2 Trage mindestens zehn Wörter aus deinem Sprachgebrauch zusammen, die ihre Herkunft in einer anderen Sprache haben:

Wort	Herkunftssprache
Parfüm	Französisch

3 Suche weitere Beispiele, bei denen sich die Kulturen der Welt gegenseitig bereichern. Denke dabei an Tourismus, Handel usw.

Alltag in der Provinz

M1 *Deutsche Städte römischen Ursprungs*

Römische Städte in Germanien

Die Römer legten in Germanien Städte nach römischem Vorbild an. Auch Köln erhielt im Jahre 50 n. Chr. das römische Stadtrecht. Etwa 15 000 Römer und Einheimische lebten hier friedlich zusammen.

Die einheimischen Handwerker lernten viele neue Techniken von den Römern. Sie passten sich dem römischen Geschmack an, entwickelten aber auch einen eigenen Stil. Kölner Erzeugnisse aus Ton, Glas, Metall und Leder waren berühmt. Sie wurden an Germanen und bis ins heutige Holland, England und Italien verkauft.

Ein Besuch in einer Stadt stellte für die Menschen aus der Umgebung einen Höhepunkt dar. Hier gab es Theater und Unterhaltung, man konnte bei Festen zuschauen und mitmachen und die Götter in großen Tempeln verehren. Auch die Verwaltung hatte ihren Sitz in den Städten. Auf den Märkten kauften die Menschen Waren von Handwerkern, die sie nicht selbst herstellen konnten. Fernhändler brachten Luxusgüter wie Pfeffer und andere Gewürze in die Städte der Provinz Germanien.

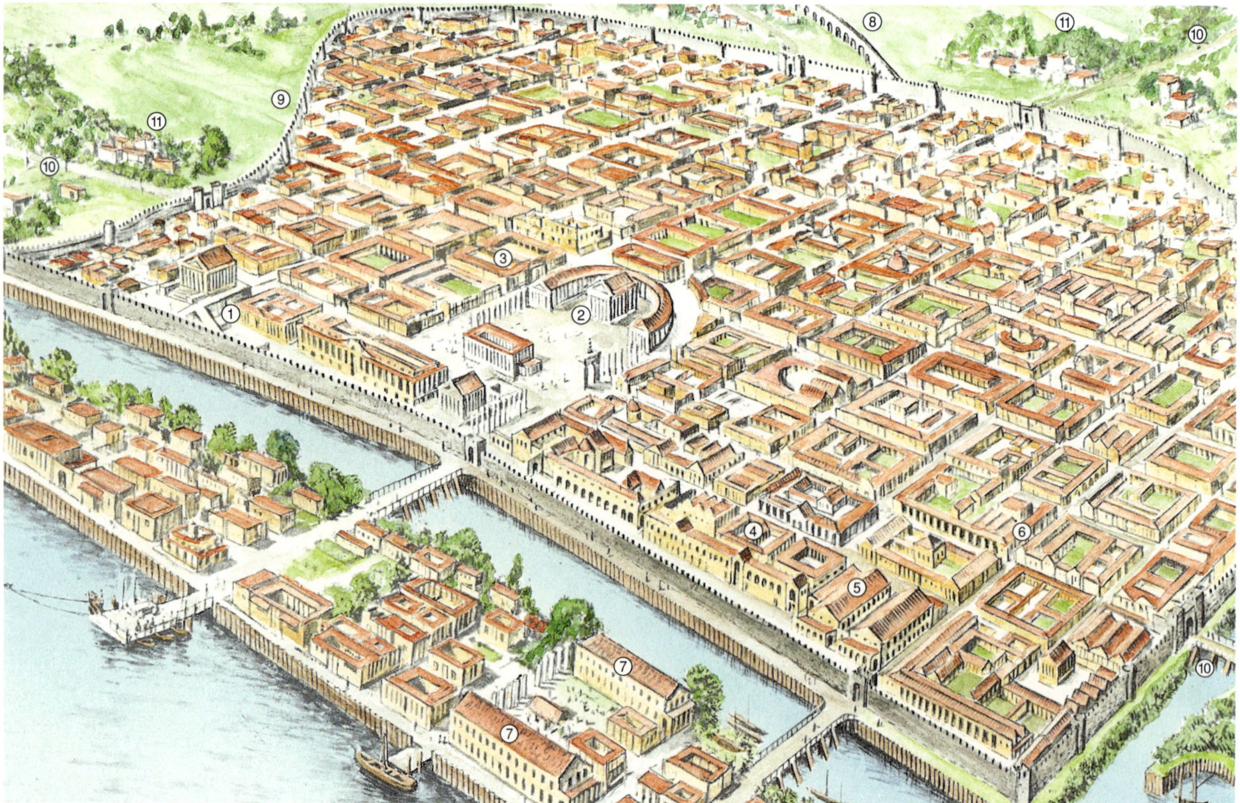

① Tempelberg, ② Marktplatz (Forum), ③ Badehäuser, ④ Gericht, ⑤ Getreidespeicher, ⑥ Nordtor, ⑦ Lagerhallen, ⑧ Wasserleitung aus der Eifel, ⑨ Stadtmauer, ⑩ Verbindungsstraßen, ⑪ Werkstätten

M2 *Das römische Köln um 200 n. Chr. (heutige Modellzeichnung)*

Ursula aus Colonia grüßt ihre Kusine Mini in Rom! ... Vati hat von Mutti, die ja aus einer (germanischen) Familie stammt, viel gelernt. Er kann das gut gebrauchen, denn er geht auf Handelsfahrt über den Rhein zu den Germanen, die nicht kultiviert sind wie die Ubier, sondern richtige Barbaren sind. Das (Reisen) ist sehr mühsam, denn auf der anderen Rheinseite gibt es keine Straßen wie bei uns im Römischen Reich. Vati bringt Pelze, Bernstein und langes blondes Haar von den Germaninnen mit, das bei euch in Rom zu Perücken verarbeitet wird. Für die Waren, die er bei den Germanen kauft, bezahlt er entweder mit römischem Geld, das auch die Germanen gerne nehmen, oder er verkauft ihnen Dinge, die er von hier mitnimmt, vor allem Gläser und Tonfiguren ... Übrigens lässt sich bei den Germanen auch Wein ganz gut verkaufen, obwohl sie lieber Bier trinken ...
Geschrieben am neunten Tag des Monats Januar im Jahre 883 nach Gründung der Stadt Rom (09.01.130)

M3 *Brief aus dem römischen Köln (Jugendbuchauszug)*

Leben auf dem Land

Die meisten Menschen lebten auf dem Lande. Sie ernährten sich überwiegend von dem, was sie anbauten und züchteten: Getreide, Oliven, Gemüse, Obst, Schafe, Rinder, Pferde und Geflügel. Mit den Römern kamen viele neue Obst- und Gemüsesorten nach Germanien: Kirschen, Pflaumen, Pfirsiche, Weintrauben, Mangold, Gurken, Spargel.

Bauernfamilien bewirtschafteten ihren eigenen Hof oder pachteten Grund und Boden von reichen Grundherren. Daneben gab es große Landgüter, auf denen meistens **Sklaven** arbeiteten. Die Gutshöfe befanden sich häufig in der Nähe von Städten, um dort die Waren zu verkaufen. Viele Höfe wurden von ehemaligen römischen Soldaten bewirtschaftet, die sie nach ihrer Militärzeit in den Provinzen erwarben.

Durch das Zusammenleben der Römer und Germanen und durch den gegenseitigen Austausch entstand ein neuer Lebensstil.

M4 *Gläser, Schalen und Schmuck aus römischen Städten und Gutshöfen in Süddeutschland*

1 Prüfe, ob die Verteilung der Städte in M1 beweist, dass der Rhein die römische Grenze zu Germanien darstellte.
2 Beschreibe das römische Köln (M2).
3 a) Nenne fünf Dinge, die dir beim Betrachten von M2 auffallen.
b) Zähle auf, welche Dinge es auch in einer heutigen Stadt gibt.
4 Erkläre, warum Städte in den Provinzen wichtig waren (Text).
5 Zeige auf, mit welchen Waren Ursulas Vater handelte (M3).
6 Berichte über das Leben auf dem Land in der Provinz Germanien.

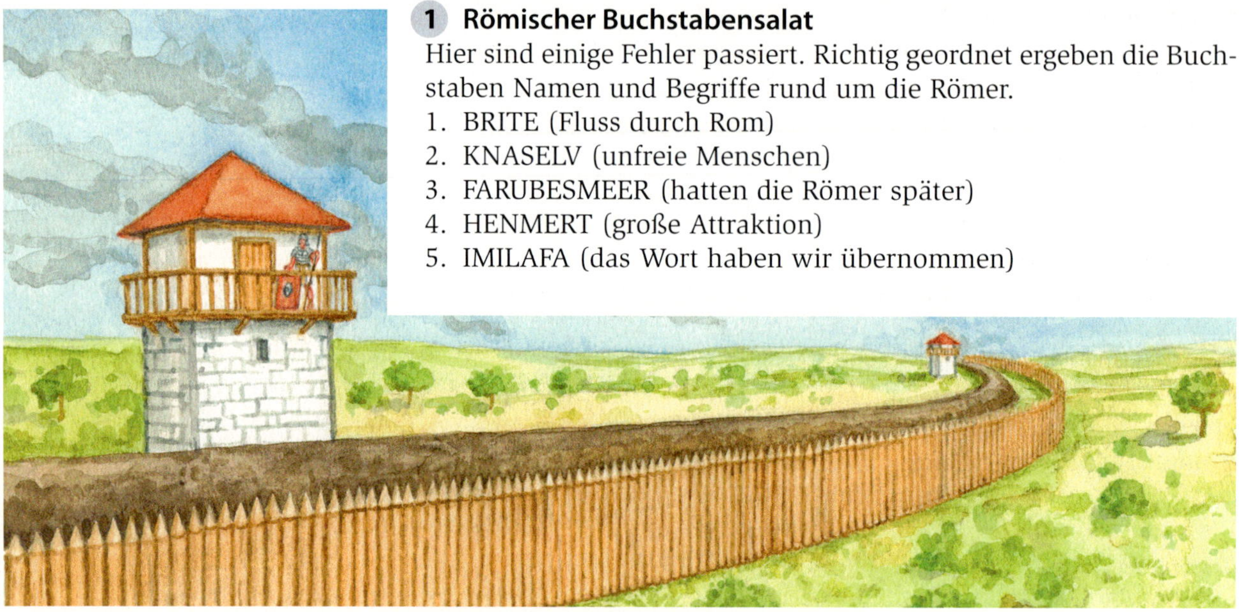

1 Römischer Buchstabensalat

Hier sind einige Fehler passiert. Richtig geordnet ergeben die Buchstaben Namen und Begriffe rund um die Römer.

1. BRITE (Fluss durch Rom)
2. KNASELV (unfreie Menschen)
3. FARUBESMEER (hatten die Römer später)
4. HENMERT (große Attraktion)
5. IMILAFA (das Wort haben wir übernommen)

2 Germanischer Buchstabensalat

Hier sind einige Fehler passiert. Richtig geordnet ergeben die Buchstaben Namen und Begriffe rund um die Germanen.

1. WERTSCHLANG (trug der germanische Krieger)
2. BLEIF (gehörte zur Kleidung)
3. NACKEBRAUER („Beruf“ der meisten Germanen)
4. MILES (Ort des Handels)
5. RÄLLEHUNHASE (Heim für Mensch und Tier)

3 Fülle die Lücken

Schreibe die folgenden Sätze in deine Mappe. Füge dabei jeweils den richtigen Begriff ein.

a) Rom ist auf sieben … erbaut.
b) Eine … berichtet über die Gründung Roms.
c) Die großen Wasserleitungen nannte man ….
d) Die römischen Soldaten hießen ….
e) Die Mietshäuser in Rom besaßen bis zu … Stockwerke.
f) Zum Warentransport über See benutzte man ….
g) … spielten eine wichtige Rolle in der römischen Wirtschaft.
h) Gewürze erhielten die Römer durch den ….
i) Die Badeanstalten in Rom hießen ….
j) Licht fiel in die Privathäuser der reichen Römer durch das ….
k) Am Limes trafen sich Römer und …, um Handel zu treiben.
l) Die Versammlungen der Germanen hießen ….
m) Die Germanen lebten vom … und der ….

4 Was gehört zu wem?

Ordne die Begriffe entweder den Römern oder den Germanen zu!
Fibel – Windauge – Langschwert – Stadthaus – Wagenrennen – Haussklaven – Arminius – Legion – Thing – Hausgötter – Varus

5 Weltstadt Rom

Der römische Händler Flavius erzählt seinem germanischen Geschäftspartner Odwin von der berühmten Stadt Rom.
Finde heraus, an welchen Stellen Flavius ein wenig übertreibt.

„Lieber Odwin, du wirst es kaum glauben, aber Rom ist eine gewaltige Stadt. Dort gibt es riesige Tempel und Paläste. Durch die ganze Stadt ziehen sich Aquädukte, die Wasser von weit entlegenen Gebirgsquellen in die Stadt bringen. Ein Teil des Wassers ist für unsere Thermen. Neben Schwimmbädern gibt es dort Whirlpools und Saunen. Zur Unterhaltung kann man in Theater, Kinos oder Konzerte gehen. Besonders gern gehen wir Römer zu Wagenrennen und Tierhetzen, aber auch Boxen und Sumo-Ringen ist sehr beliebt."

Grundbegriffe

Germanen
Legion
Limes
Provinz
Römisches Reich
Sklaven
Thermen
Thing

6 Wahr oder falsch?

Entscheide, welche Aussagen richtig und welche falsch sind.

a) Ein Schaf soll Romulus und Remus gesäugt haben.
b) Öffentliche Büchereien gab es schon in Rom.
c) In Rom konnte man auch Indianer treffen.
d) Bei Trockenheit mussten als erste die armen Römer Durst leiden.
e) Die Kinder von Sklaven waren ebenfalls Sklaven.
f) Die Straßen im Römischen Reich waren asphaltiert.
g) Bei den Germanen lebten Menschen und Tiere unter einem Dach.
h) Köln wurde von Römern gegründet.

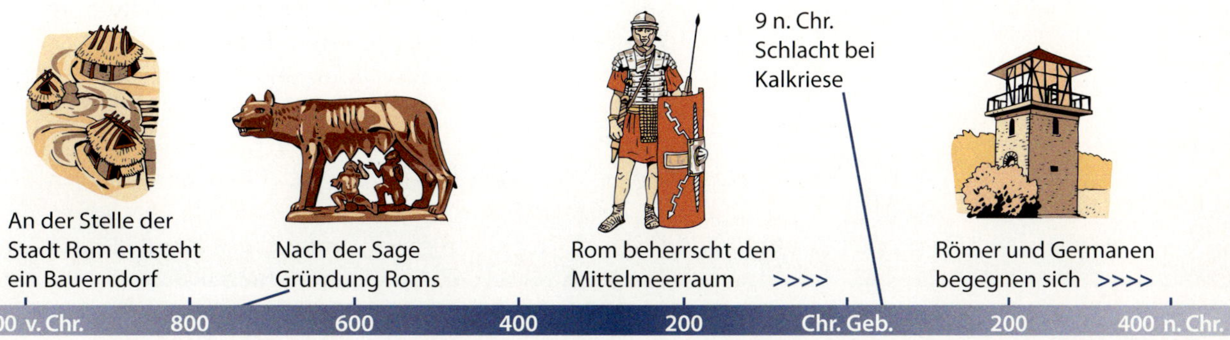

Markttag in der Stadt – Bauern bei der Feldarbeit

Die Ständeordnung

Als Mittelalter bezeichnen wir die Zeit zwischen 500 und 1500 nach Christus. In dieser Zeit gehörte jeder Mensch einem Stand an. Es gab drei Stände: Geistliche, Adlige sowie Bauern und Bürger. Die Kirche lehrte, dass Gott das so wollte.

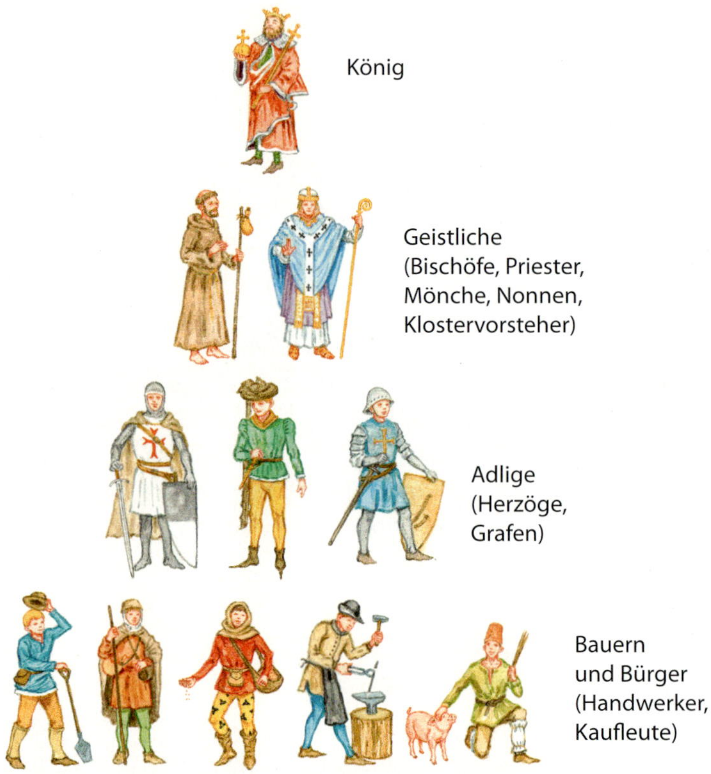

M1 *Ständeordnung im Mittelalter (heutige Zeichnung)*

> Gott hat jenen, für die die Freiheit nicht passt, in großer Barmherzigkeit die Knechtschaft auferlegt … Die einen hat er zu **Knechten**, die anderen zu Herren gemacht.

M2 *Bischof Burchard von Worms über die Ständeordnung*

> Das Haus Gottes ist dreigeteilt: Die einen beten, die anderen kämpfen, die dritten endlich arbeiten. Diese drei … können nicht getrennt werden. Die Dienste des einen sind die Bedingung für die Werke der beiden anderen. Jeder trachtet danach, das Ganze zu unterstützen.

M3 *Der Bischof von Laon zur Ständeordnung (1016)*

1 Nenne die drei Stände im Mittelalter (Text).
2 Erkläre die mittelalterliche Ständeordnung. Benutze dazu die Zeichnung und die Äußerung des Bischofs von Laon (M1, M3).
3 a) Gib den Inhalt der Quelle M2 mit eigenen Worten wieder.
b) Erläutere, wen Bischof Burchard mit Herren und Knechten meint.

M4 *Lehensmann wählt zwischen zwei Lehensherren – Ast und Fahne sind Symbole für ein Lehen. (Gesetzessammlung, 14. Jh.)*

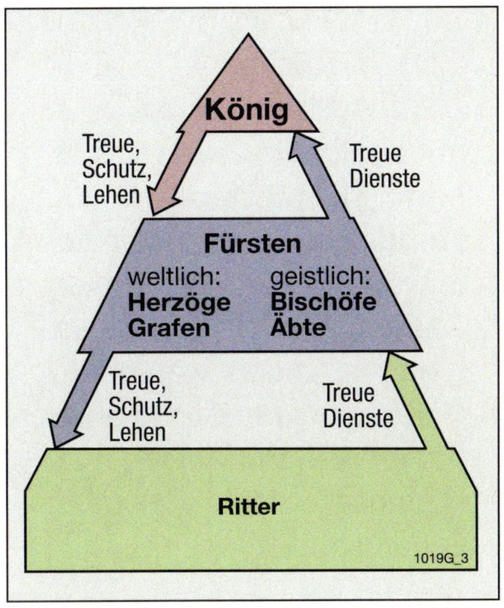

M5 *Das Lehenswesen*

Das Lehenswesen

Der König war für die Verwaltung und den Schutz des Landes zuständig. Hierbei unterstützten ihn die weltlichen und geistlichen Fürsten. Dafür bekamen sie vom König Land geliehen, mit Burgen, Dörfern und Bauern darin. Man nannte dieses Land Lehen.

Starb ein Fürst, bekam der König zunächst das Lehen zurück. In späterer Zeit durften die weltlichen Fürsten das Land an ihre Söhne vererben. Zudem konnten sie Teile des Landes an Ritter weiterverleihen. Diese leisteten dann für die Fürsten Kriegsdienste. Dieses Leihen und Weiterverleihen von Land nennt man Lehenswesen.

Geistliche und weltliche Fürsten

Geistliche nennt man alle Personen, die ein kirchliches Amt ausüben. Die Inhaber der höchsten kirchlichen Ämter, die Bischöfe und Äbte, waren die geistlichen Fürsten. Wie die weltlichen Fürsten herrschten sie über Gebiete und Städte, die ihnen vom König verliehen wurden. Die weltlichen Fürsten übten keine kirchlichen Ämter aus.

Der Graf fragte den zukünftigen Lehensmann, ob er ohne Vorbehalt sein Mann werden wolle, und dieser antwortete: „Ich will es." Alsdann umschloss der Graf die zusammengelegten Hände des anderen mit seinen Händen (Handgang), und sie besiegelten den Bund durch einen Kuss. Zweitens gab der (Lehensmann) mit folgenden Worten sein Treueversprechen: „Ich verspreche bei meiner Treue, von nun an dem Grafen Wilhelm treu zu sein, aufrichtig und ohne Trug (Lüge)." Drittens bekräftigte er sein Versprechen durch einen Eid.

M6 *Bericht, wie der Graf von Flandern ein Lehen vergibt*

4 Erkläre mit eigenen Worten das Lehenswesen (Text, M5).
5 Beschreibe die Darstellung einer Lehensvergabe (M4).
6 a) Ordne die bei der Lehensvergabe beschriebenen und gezeigten Handlungen in der richtigen Reihenfolge:
Eid, Kuss, Treueversprechen, Handgang (M5, M6).
b) Erkläre die Bedeutung der einzelnen Handlungen.

Menschen in Dörfern

Hörige
Hörige waren abhängig von einem Grundherrn. Sie mussten ihm Frondienste (Herrendienste) leisten und Abgaben zahlen. Die Abgaben wurden Zehnt genannt. Zudem waren die Hörigen an den Grund und Boden des Grundherrn gebunden. Sie durften das Land nicht verlassen.

Die Grundherrschaft

Im Mittelalter lebten die meisten Bauern als Hörige eines Grundherrn. Wenn der Grundherr es wollte, konnte er seinen Besitz mitsamt den Hörigen verkaufen oder verschenken.

Die hörigen Bauern waren dem Grundherrn zu Treue und Gehorsam verpflichtet. Sie mussten Abgaben an ihn leisten und Dienste für ihn verrichten. Zudem durften sie nicht ohne seine Erlaubnis wegziehen oder heiraten. Ihre Kinder wurden als Hörige geboren.

Der Grundherr hatte gegenüber seinen Hörigen ebenfalls Pflichten. Er musste die Bauern im Kriegsfall beschützen und in seine Burg lassen. In Notzeiten wie zum Beispiel bei Missernten, Überschwemmungen oder Heuschreckenplagen musste er ihnen helfen. Dann konnte er auf Abgaben verzichten oder Nahrungsmittel verteilen. Außerdem war er Richter in seinen Dörfern.

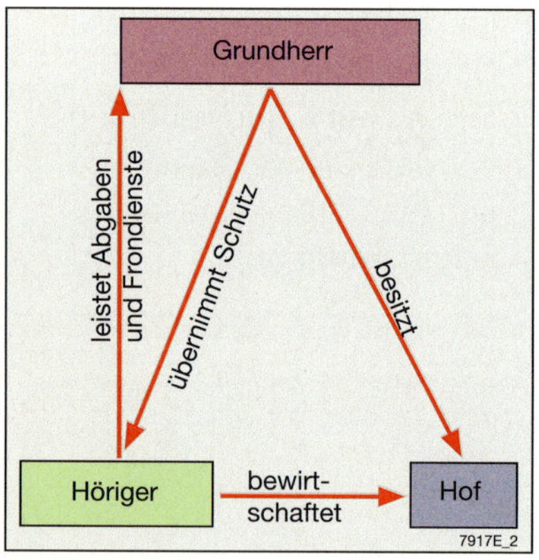

M1 *Die Grundherrschaft*

M2 *Frondienste, Abgaben und Vorschriften höriger Bauern*

1 Übertrage M1 in deine Mappe. Zeichne passende Bilder dazu.
2 Ordne die Frondienste, Abgaben und Vorschriften für die Hörigen in eine Tabelle ein (M2).
3 Bewerte folgende Aussage: „Die Grundherrschaft hatte für die Bauern gute und schlechte Seiten."

M3 *Arbeiten der Bauern im Frühling, Sommer, Herbst und Winter (Gemälde, um 1480)*

Arbeiten im Lauf der Jahreszeiten

Bauern bildeten im Mittelalter den größten Teil der Bevölkerung. Sie produzierten fast alles selbst, was sie zum Leben brauchten: Nahrung, Kleidung und Haushaltsgegenstände. Besonders die Nahrungsherstellung war vom Lauf der Jahreszeit abhängig. Schließlich konnte nicht in jedem Monat gesät oder geerntet werden.

4 Die Bäuerinnen und Bauern haben jeden Monat eine andere Arbeit verrichtet (M3). In M4 sind ihre Tätigkeiten genannt.
a) Ordne Monate und Tätigkeiten in eine Tabelle.
b) Erkläre, warum die Arbeit der Bauern an die Jahreszeit gebunden war.

Schafe scheren – Weinreben schneiden – Gras mähen – auf die Jagd reiten – Getreide dreschen – Getreide mähen – Herbstaussat säen – Mist auf die Felder austragen – Schweine zur Mast in den Wald treiben – den Boden aufhacken – ein Schwein schlachten – Weintrauben auspressen

M4 *Tätigkeiten der Bauern*

Ein Rollenspiel durchführen

Ein Rollenspiel bietet die Möglichkeit, sich in eine andere Person und manchmal in eine andere Zeit hineinzuversetzen. Wenn du in eine Rolle schlüpfst, spielst du eine fremde Person. Du versuchst dabei in einer bestimmten Situation, ihre Gedanken und Äußerungen nachzuempfinden. Das kann dir helfen, Dinge aus einem anderen Blickwinkel zu sehen oder verschiedene Lösungen für Probleme auszuprobieren.

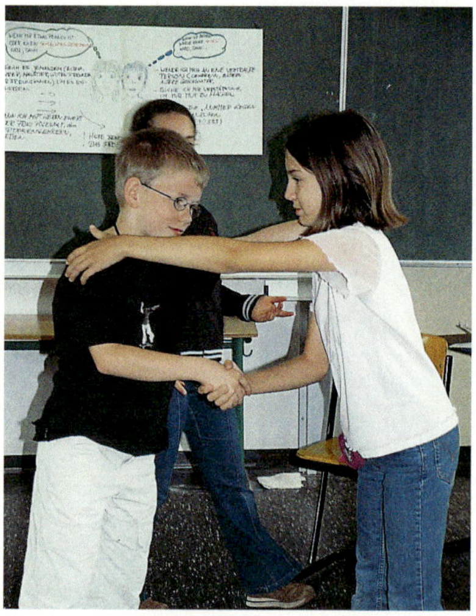

M1 *Im Rollenspiel*

1. Schritt: Vorbereitung des Rollenspiels
- Für das Rollenspiel benötigt ihr Rollenkarten, wie ihr sie zum Beispiel auf Seite 101 findet. Diese Karten müsst ihr in der Klasse verteilen.
- Lest eure Rollenkarten und überlegt euch, welche Ansichten oder Handlungen für die Person auf eurer Karte passend sind.
- Wählt für euer Rollenspiel eine der vorgegebenen Situationen aus und überlegt, wie sich eure Person verhalten würde.
- Für verschiedene Situationen könnt ihr euch auch in Gruppen aufteilen.
- In der Regel werden nicht alle in der Klasse mitspielen können. Überlegt euch also Aufgaben für die Zuschauer. Mögliche Beobachtungsaufgaben können sein:
  - Welche Personen spielen mit?
  - Wie spielt jeder seine Rolle?
  - Wie entwickelt sich die Handlung?
  - Wie endet die Szene?
  - Passt die Szene in die damalige Zeit?
  - Gibt es ein Ergebnis?

M2 *Einfrieren einer Szene*

2. Schritt: Durchführung des Rollenspiels
- Spielt eure Szene.
- Achtet auf Gesichtsausdruck und Körperhaltung.
- Wer nicht selbst spielt, beobachtet das Spiel mit Hilfe der verteilten Aufgaben.
- Manchmal ist es sinnvoll, eine Szene oder einen Teil davon zu wiederholen. Bei Situationen mit Problemen könnt ihr so verschiedene Lösungsmöglichkeiten erproben.
- Auch das „Einfrieren" einer Szene kann helfen, bestimmte Dinge wie zum Beispiel eine Körperhaltung genauer anzuschauen. Wenn ihr das wollt, ruft ein Zuschauer „Stopp" und alle Spielenden müssen „erstarren".

3. Schritt: Auswertung des Rollenspiels
- Die Spielenden berichten, was sie während des Spiels erlebt und gefühlt haben. Welchen Verlauf nahm die Handlung? Wie ging das Spiel aus?
- Die Zuschauenden beantworten die Beobachtungsaufgaben und werten diese aus.

Wir spielen ein Rollenspiel

Auf dieser Seite findet ihr ein Rollenspiel zur Grundherrschaft im Mittelalter. Probiert es aus und nehmt dabei die Anweisungen der Seite 100 zu Hilfe.

1 Macht zunächst eine Kopie dieser Seite. Schneidet dann die Karten aus.
2 Verteilt die Karten in der Klasse. Ihr könnt auch Personen und deren Eigenschaften ergänzen. Reichen die Karten trotzdem nicht aus, könnt ihr einige Rollen doppelt besetzen.
3 Macht euch mit euren Rollen vertraut.
4 Wählt für euer Rollenspiel eine der Situationen ①–④ aus.

Du bist **Kuno,** höriger Bauer in Burenfeld. Du hast ein hartes Leben. Die Feldarbeit ist anstrengend und ständig sind Abgaben zu leisten. Du glaubst aber, dass das Gottes Wille ist.

Du bist **Hermann** von der Heide, adeliger Grundherr des Dorfes Burenfeld. Du fürchtest ständig, dass deine Bauern nicht ihren Verpflichtungen nachkommen. Deshalb bist du sehr streng.

Du bist **Hildegard,** Kunos Frau. Du findest, dass die Forderungen des Grundherrn ungerecht sind, denn er selbst tut fast nie etwas für seine Bauern.

Du bist **Irmtraut,** Kunos Tochter. Als Kind eines Hörigen bist du auch hörig. Du liebst Joachim. Durch die Heirat mit ihm könntest du frei werden.

① In der Nähe von Burenfeld soll Wald gerodet werden und ein neues Dorf entstehen. Den Siedlern werden Land und größere Freiheiten versprochen. Dafür muss das Land von ihnen gerodet werden. David spricht mit seiner Familie über das Angebot.

② Kuno muss seinem Grundherrn eine Gans abliefern. Der Weg dorthin dauert zu Fuß allerdings mehrere Stunden. Kuno bespricht mit seiner Familie, ob er sich tatsächlich auf den Weg machen soll.

③ Lothar und Kuno möchten ihre Kinder Irmtraut und Joachim verheiraten. Kuno ist ein Höriger, er braucht daher die Erlaubnis des Grundherrn. Deshalb gehen beide Familien zu Hermann von der Heide.

④ In Burenfeld herrscht eine Dürre. Da es nicht genug zu essen gibt, bitten die Bauern den Grundherrn um Hilfe.

M1 *Spielsituationen*

Du bist **Lothar,** freier Bauer in Burenfeld. Obwohl dein Leben als Freier unsicherer ist als das der Hörigen, möchtest du nicht mit ihnen tauschen.

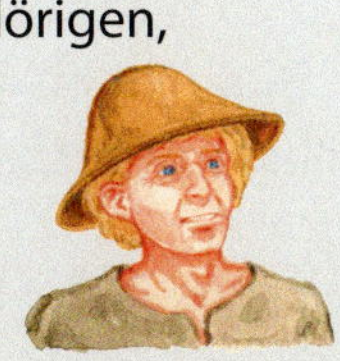

Du bist **Joachim,** Lothars ältester Sohn. Deine Zukunft ist gesichert, denn du wirst eines Tages den Hof deines Vaters erben. Du liebst Irmtraut.

Du bist **David,** der zweite Sohn Lothars. Da Joachim den Hof erben wird, bist du mit deinen Zukunftsaussichten unzufrieden.

Fortschritt in der Landwirtschaft

Allmende
Mit dem Begriff Allmende bezeichnet man Wälder, Weiden, Brachland und Gewässer in der Umgebung eines Dorfes. Die Allmende gehörte allen Gemeindemitgliedern und konnte von ihnen allen genutzt werden.

Die Dreifelderwirtschaft

Die Ackerfläche wurde unter den Bauern eines Dorfes aufgeteilt. Jedes Jahr wurde nur eine Hälfte bestellt. So konnte sich der Boden auf der anderen Hälfte erholen. Dies nannte man Zweifelderwirtschaft. Hierbei waren die Erträge sehr gering.

Um 800 n. Chr. lernten die Bauern, dass manche Getreidesorten auch im Herbst gesät werden können. Sie teilten ihre Anbauflächen daher in drei Felder. Ein Feld wurde mit Wintergetreide bestellt, das zweite mit Sommergetreide. Das dritte Feld blieb unbepflanzt: Es lag brach. Im folgenden Jahr wurde gewechselt und im dritten wieder.

Diese **Dreifelderwirtschaft** erzielte bessere Erträge und die Feldarbeit war gleichmäßiger im Jahr verteilt. Trotzdem blieb die Landwirtschaft im Mittelalter eine unsichere Angelegenheit: Durch Dürrezeiten oder Unwetter wurde oft die ganze Ernte vernichtet. Dann mussten die Menschen hungern.

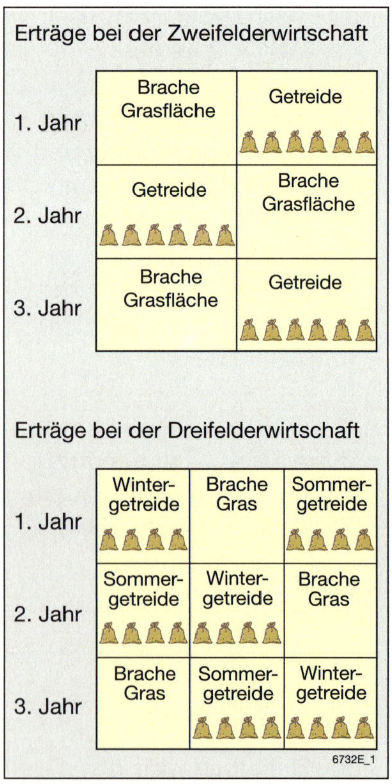

M3 *Erträge der Zweifelderwirtschaft und der Dreifelderwirtschaft im Vergleich*

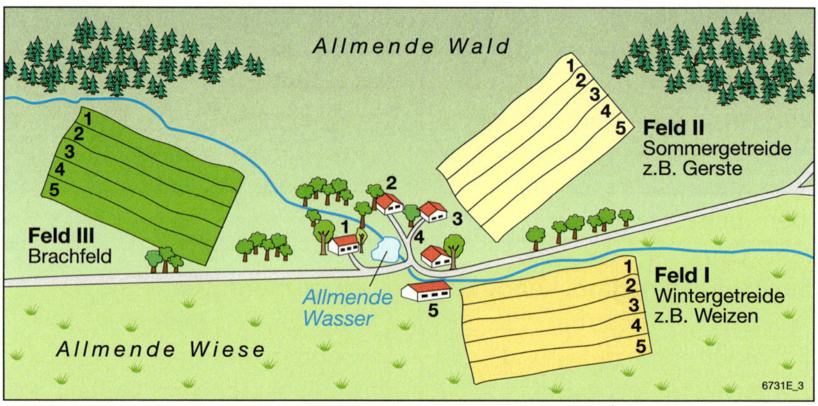

M1 *Dorf mit Dreifelderwirtschaft (heutige Kartenskizze)*

M2 *Nutzung eines Feldes bei der Dreifelderwirtschaft*

1 a) Beschreibe die Darstellung M1.
b) Erkläre, warum die drei Felder jeweils fünf Teile haben.

2 Beschreibe die Nutzung eines Feldes (M2).

3 Erläutere, wie die Dreifelderwirtschaft funktionierte (M1, M2).

4 Vergleiche die Erträge bei der Zweifelderwirtschaft und der Dreifelderwirtschaft (M3).

5 Begründe, warum es trotz der Fortschritte in der Landwirtschaft im Mittelalter oft zu Hungersnöten kam.

Verbesserungen durch neue Züchtungen

Die Dreifelderwirtschaft war für viele Jahrhunderte die wichtigste Erneuerung in der Landwirtschaft. Noch bis etwa 1700 arbeiteten die Bauern ganz ähnlich wie im Mittelalter. Doch dann begannen große Veränderungen. Es gelang Pflanzenarten und Tierrassen zu züchten, die sehr ertragreich und widerstandsfähig waren. Die neu gezüchtete Guernsey-Kuh zum Beispiel gab mehr Milch, sie widerstand vielen Krankheiten und wurde älter als Kühe anderer Rassen.

M1 *Guernsey-Kuh*

Technischer Fortschritt

Mithilfe von Maschinen wie Traktoren oder Mähdreschern kann ein Bauer heute deutlich mehr ernten als ein Bauer im Mittelalter. Die meisten Betriebe in der Landwirtschaft sind auch viel größer als damals. Vor allem in den letzten 60 Jahren sind kleinere Bauernhöfe selten geworden. Das liegt daran, dass große Betriebe mit modernen Maschinen kostengünstiger produzieren können.

Viele moderne Bauernhöfe haben sich auf die Haltung von Tieren spezialisiert. Riesige Stallanlagen machen es möglich, eine große Zahl von Tieren auf kleinem Raum zu halten. Man spricht hier von Massentierhaltung. Für die Landwirte hat das den Vorteil, dass sie günstig Fleisch und Milch produzieren können. Dafür haben die Tiere in diesen Betrieben kaum Bewegungsfreiheit, sie leben nicht artgerecht. Zudem produzieren viele Tiere auch viel Kot und Urin. Diese werden oft als **Gülle** zum Düngen der Felder genutzt, dort versickert die Gülle und verschmutzt das Grundwasser.

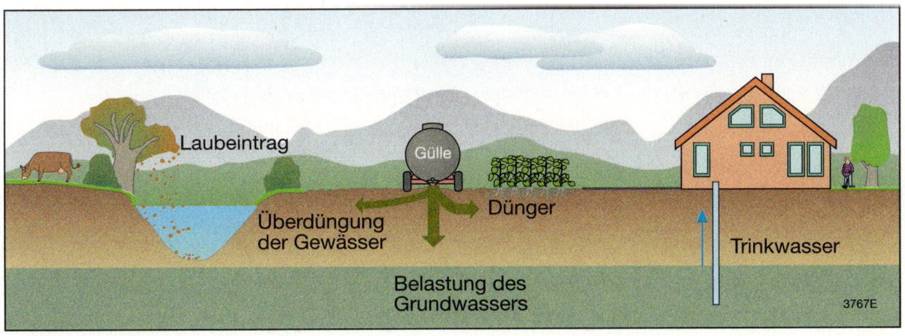

M2 *Gülle und Umwelt*

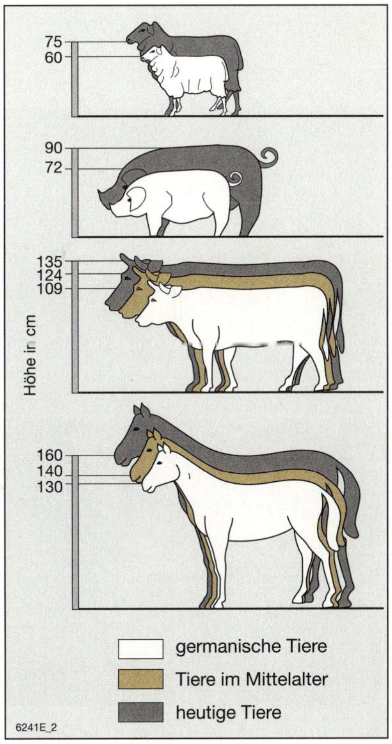

M3 *Tiere werden größer*

1 Erkläre, welche Vorteile es hatte, neue Pflanzen- und Tierrassen zu züchten (Text, M3).

2 Prüfe, welche der Arbeiten in M3 von Seite 99 heute mit Maschinen erledigt werden.

3 Erkläre, warum ein Bauer heute mehr Menschen ernähren kann als früher (Text, M2, M3).

4 Nimm Stellung zu folgender Aussage: „Der Fortschritt in der Landwirtschaft hat auch Probleme mit sich gebracht."

Das Christentum im Mittelalter

Der christliche Glauben

Im Mittelalter waren die Menschen in Europa sehr religiös. Ob Könige oder Bauern, Ritter oder Bürger: Alle waren Christen. Nur in manchen Städten lebte eine kleine jüdische Minderheit.

Die Christen waren davon überzeugt, dass ihre Seele nach ihrem Tod im Jenseits weiterlebt. Sie glaubten auch, dass man dort für seine guten Taten belohnt und für seine schlechten Taten bestraft wird. Der Himmel wartete auf diejenigen, die nach Gottes Geboten gelebt hatten. Wer schwer gesündigt hatte, kam in die Hölle.

Da der Tod im Mittelalter durch Krankheiten, Hunger und Kriege jederzeit drohte, bemühten sich die Menschen um ein gottgefälliges Leben. Die Aufgabe der Kirche war es, die Menschen zu einem solchen gottgefälligen Leben anzuleiten. Der Priester der Gemeinde war der wichtigste Geistliche für die einfachen Menschen. Er übernahm die Seelsorge und gewährte den Menschen Trost und Hilfe. Er war für Taufen, Hochzeiten und Beerdigungen zuständig. Natürlich leitete er auch die Gottesdienste an Sonn- und Feiertagen. Die Kirche war in Dörfern und Städten das höchste Gebäude und ein weithin sichtbares Zeichen der allgemeinen Frömmigkeit.

M1 *Lüneburg mit seinen Kirchen (Stadtansicht von 1444)*

M2 *Prachtvolle Kirche in Braunschweig*

Die Macht der Kirche

Die große Frömmigkeit der Menschen zeigte sich auch in vielen Spenden für die Kirche. Deshalb wurde die Kirche im Mittelalter sehr reich. Manche Geistliche waren mächtige Grundherren.

Im Laufe der Jahrhunderte wurde die Kirche zu einer bedeutenden Einrichtung, die auch auf die Politik Einfluss nahm. Der Papst in Rom, das Oberhaupt aller Christen in Europa, war zeitweise sogar mächtiger als Könige und Kaiser.

1 Beschreibe die Bedeutung des Glaubens im Mittelalter (Text, M1).
2 Berichte, wovor sich die Christen im Jenseits fürchteten (M3).
3 Erläutere die verschiedenen Aufgaben, die die Kirche im Mittelalter übernahm: Seelsorge, Grundherrschaft, politischer Einfluss.

M3 *Die Qualen der Hölle (Abbildung aus dem 12. Jh.)*

Pilgerfahrten

Als besondere Form frommer Taten galten die Wallfahrten. Dies waren Fußwanderungen zu heiligen Stätten, die meist sehr beschwerlich waren. Die Pilger hofften zum Beispiel, dass sie durch die Reise von einer Krankheit geheilt oder dass ihnen ihre Sünden vergeben würden. Andere begaben sich allein aus reiner Frömmigkeit auf eine Pilgerfahrt.

4 a) Errechne mit Hilfe deines Atlas die Strecke für eine Wallfahrt von Braunschweig nach Rom.
b) Wie lange war ein Pilger unterwegs, wenn er pro Tag 30 Kilometer zurücklegte?

5 Erkläre, warum die Menschen im Mittelalter viele Wallfahrten unternahmen.

M4 *Pilgerstraßen in Europa*

Leben im Kloster

Ein Leben nach strengen Regeln

Im Kloster konnten sich Männer und Frauen ganz auf ihren Glauben konzentrieren. Hier lebten sie abgeschieden von der Welt nach strengen Regeln. Schon 529 n. Chr. hatte der Mönch Benedikt von Nursia Klosterregeln aufgestellt.

M1 *Dieser Anfangsbuchstabe einer Klosterhandschrift zeigt Mönche beim Holzhacken.*

Kapitel 3: … Keiner darf im Kloster dem Willen seines eigenen Herzens folgen.
Kapitel 6: Reden und Lehren kommen dem Meister zu, Schweigen und Hören dem Jünger (Schüler).
Kapitel 7: Der Mönch sei nicht nur im Herzen demütig, sondern seine ganze Körperhaltung werde zum ständigen Ausdruck seiner Demut … Das heißt: Beim Gottesdienst, … im Kloster, im Garten, unterwegs, auf dem Feld, wo er auch sitzt, geht oder steht, halte er sein Haupt immer geneigt und den Blick zu Boden gesenkt.
Kapitel 33: Keiner habe etwas als Eigentum, überhaupt nichts, kein Buch, keine Schreibtafel, keinen Griffel, gar nichts.

M2 *Regeln der Benediktiner (Auswahl)*

Aufgaben der Klöster

Klöster waren nicht nur Orte der strengen Frömmigkeit. Sie hatten darüber hinaus auch vielfältige andere Aufgaben. Da schon Benedikt gefordert hatte, dass jeder Mönch lesen und schreiben können soll, fand in vielen Klöstern Schulunterricht statt. Mönche, die das Schreiben besonders gut erlernt hatten, waren dafür zuständig, die Bibel und auch andere Bücher kunstvoll abzuschreiben.

Zudem waren Mönche und Nonnen in der Krankenpflege tätig. Sie kannten viele Rezepte für die Herstellung von Arznei aus Heilpflanzen. Da es im Mittelalter noch keine Krankenhäuser gab, wurden die Kranken oft in den Klöstern untergebracht und behandelt.

Klöster waren auch in wirtschaftlicher Hinsicht von Bedeutung. Die Mönche rodeten Wälder und legten Felder an. Dabei machten sie viele Entdeckungen und Erfindungen, die auch den Bauern zugute kamen. So wurde zum Beispiel die **Dreifelderwirtschaft** zuerst in den Klöstern erprobt.

M3 *Mönch in der Schreibstube*

1 Berichte, welche Regeln für das Leben im Kloster galten (M2).
2 Erkläre, wie die Regeln halfen, dass sich Nonnen und Mönche ganz auf ihren Glauben konzentrieren konnten.
3 Nenne die Aufgaben, die die Klöster für die Menschen außerhalb der Klöster übernahmen (Text).
4 Prüfe die Aussage: „Die Klöster waren für die mittelalterliche Gesellschaft von herausragender Bedeutung."

Ein idealer Bauplan für ein Kloster

Im frühen 9. Jahrhundert wurde dem Kloster St. Gallen in der Schweiz ein bedeutendes Geschenk gemacht: ein Bauplan für ein vollkommenes Kloster. Der Plan war genau auf die Regeln des Benedikts abgestimmt, ist aber nie vollständig umgesetzt worden.

> Das Kloster soll so angelegt sein, dass sich alles Nötige innerhalb des Klosters befindet. Wasser, Mühle, Garten , Werkstätten. – Alle Gäste sollen wie Christus aufgenommen werden, besonders Glaubensgenossen und Pilger. Für Arme soll immer Kleidung bereitliegen. … Die Sorge für die Kranken muss vor und über allem stehen: Man soll ihnen so dienen als wären sie wirklich Christus. … Die kranken Brüder sollen einen eigenen Raum haben und einen eigenen Pfleger, der Gott fürchtet und ihnen sorgfältig und eifrig dient. Man biete den Kranken, sooft es ihnen gut tut, ein Bad an. … Sind Handwerker im Kloster, können sie in aller Demut ihre Tätigkeit ausüben, wenn der Abt es ihnen erlaubt.

M4 *Aus den Klosterregeln Benedikts von Nursia*

Kleines Lexikon

Abort: Toilette
Aderlass: Behandlungsmethode, bei der Patienten Blut entnommen wurde
Äußere Schule: Schule für Kinder aus der Umgebung des Klosters
Gesinde: Hausangestellte
Kufer: stellt Fässer her
Paradies: Vorbau an mittelalterlichen Kirchen
Refektorium: Speisesaal
Spital: Krankenhaus
Tenne: Boden einer Scheune, auf dem nach der Ernte das Getreide gedroschen wurde

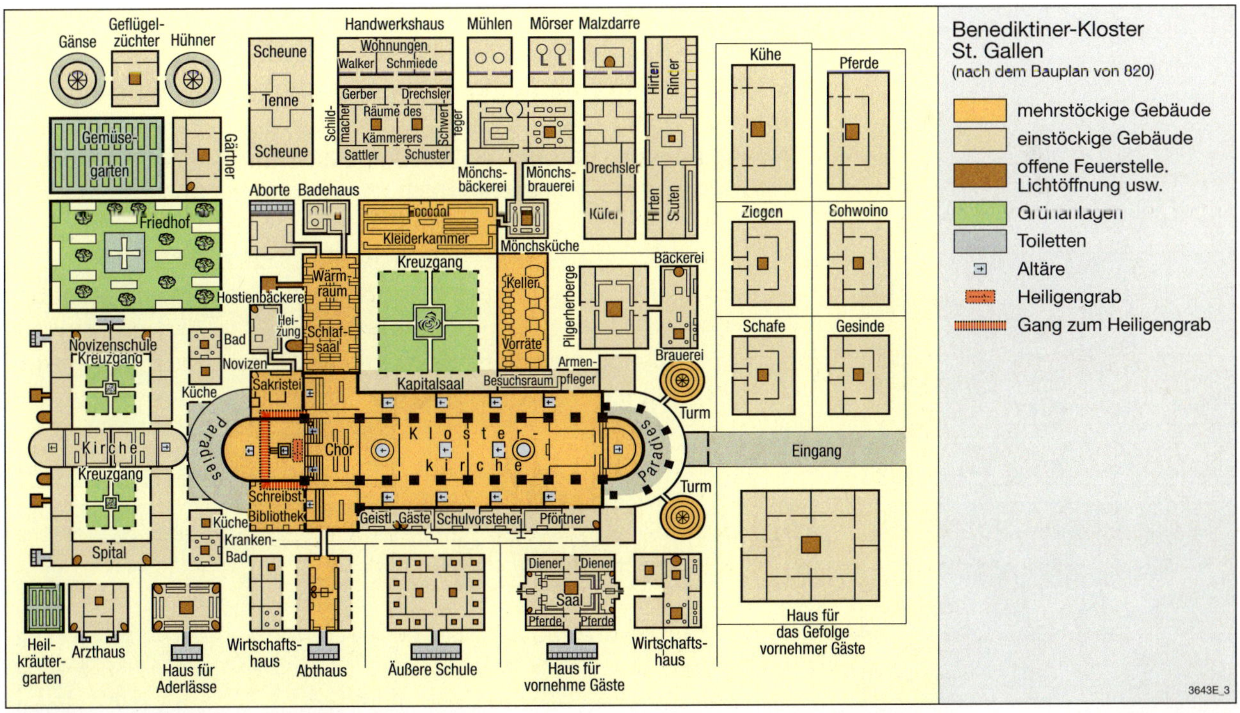

M5 *Der St. Gallener Klosterplan (Grundriss)*

5 Vergleiche die Quelle M4 mit dem Klosterplan M5. Welche Vorstellungen Benedikts erkennst du im Grundriss wieder?

Städte werden gegründet

Das Städtewesen erblüht

Die Römer hatten auf dem Gebiet des heutigen Deutschlands schon prächtige Städte gebaut, zum Beispiel Trier und Köln. Diese Städte verfielen aber mit dem Untergang des Römischen Reiches. Erst ab etwa 1000 n. Chr. entstanden zahlreiche neue Städte, viele davon auch im heutigen Niedersachsen.

Wenn ein adliger Grundherr eine Stadt gründete, hatte er vor allem wirtschaftliche Interessen. Denn als Stadtherr verdiente er an den Handels**zölle**n und an den Abgaben der Stadtbewohner. Aber auch für Kaufleute und Handwerker war eine Stadt vorteilhaft. Sie suchten Käufer für ihre Waren und sichere Lagerplätze. Weil es früher keine Polizei gab, waren sie dankbar für den Schutz vor Räubern durch sichere Stadtmauern. Die meisten Städte entstanden deshalb entweder an Orten, die für den Handel besonders günstig lagen, oder dort, wo es besonders sicher war.

Die Bauern der Umgebung waren ebenfalls für die Städte wichtig. Innerhalb der Stadtmauern war für Landwirtschaft kaum Platz. Die Bauern produzierten die Nahrungsmittel, die die Stadtbewohner brauchten.

1 a) Beschreibe mithilfe der Abbildung M1, wo im Mittelalter Städte entstanden.
b) Nenne die jeweiligen Vorteile dieser Plätze.

2 Erkläre, für wen eine Stadtgründung welche Vorteile mit sich brachte (Text).

3 Nenne für jedes Beispiel aus M1 zwei passende Städte aus der Deutschlandkarte hinten im Buch.

M1 *An diesen Stellen wurden im Mittelalter Städte gegründet. Die Endungen vieler Städtenamen geben einen Hinweis darauf, an welchen dieser Plätze die Städte errichtet wurden; zum Beispiel -burg, -berg, -furt, -brücken.*

Eine Textquelle verstehen

Wenn wir uns mit Geschichte beschäftigen, begegnen uns häufig historische Texte. Sie berichten zum Beispiel über Personen oder Ereignisse. Hier lernst du, wie du diese Quellen verstehen kannst.

1. Schritt: Den Inhalt der Quelle verstehen
- Lies den Text ruhig und langsam durch. Manche Texte musst du mehrmals lesen, um sie zu verstehen.
- Wenn der Text in einem Dialekt oder altem Deutsch geschrieben ist, lies ihn dir laut vor. Viele Wörter versteht man so besser.
- Schreibe Wörter heraus, die du nicht kennst. Frage deine Mitschüler oder Lehrer nach ihrer Bedeutung. Schlage unbekannte Begriffe in einem Wörterbuch nach.
- Punkte ... im Text bedeuten, dass hier Wörter ausgelassen wurden. Wörter in Klammern ( ) sind eingefügt worden, um die Quelle verständlicher zu machen.

2. Schritt: Quellen erfassen und einordnen
Beantworte die folgenden W-Fragen. Beachte, dass sich nicht alle Fragen für jede Quelle beantworten lassen.
- Welche Quelle liegt vor – zum Beispiel eine Urkunde, ein Gesetz oder ein Bericht über ein Ereignis?
- Wer hat die Quelle geschrieben? Ist er/sie mit den Personen in der Quelle bekannt, befreundet, verfeindet?
- Wann wurde der Text geschrieben? War es gleich nach dem Ereignis oder deutlich später?
- Was berichtet die Quelle? Was ist ihre wichtigste Aussage?
- Wie berichtet der Verfasser/die Verfasserin? Als Beteiligter, Augenzeuge oder vom Hörensagen? Ist er/sie parteiisch oder nicht?

Es sei bekannt, dass ich, Konrad (Herzog von Zähringen), auf meinem eigenen Besitz im Jahre des Herrn 1120 einen Markt (Freiburg) eingerichtet habe. Jedem Kaufmann habe ich ein Hausgrundstück gegeben und bestimmt, dass (davon) ein Schilling Zins (Abgabe) gezahlt werden soll ...

1. Allen denen, die zu meinem Markt kommen, gewähre ich Frieden und Schutz ...

3. Allen Kaufleuten der Stadt wird der Zoll erlassen ...

11. Jeder ... darf sich hier frei und unbehelligt niederlassen. Wer aber über Jahr und Tag in der Stadt gewohnt hat, ohne dass irgendein Herr ihn als seinen Leibeigenen (Unfreier) gefordert hat, der genießt von da an ... die Freiheit.

M1 *Gründungsurkunde der Stadt Freiburg (1120 n. Chr.)*

M2 *Kaufhaus am Freiburger Markt (heutiges Foto)*

1 Untersuche die Quelle M1 nach den oben genannten Schritten.
2 Diskutiert die Aussage: „Stadtluft macht frei" (M1).

Stadtrat und Stadterkundung

Die mittelalterliche Stadt

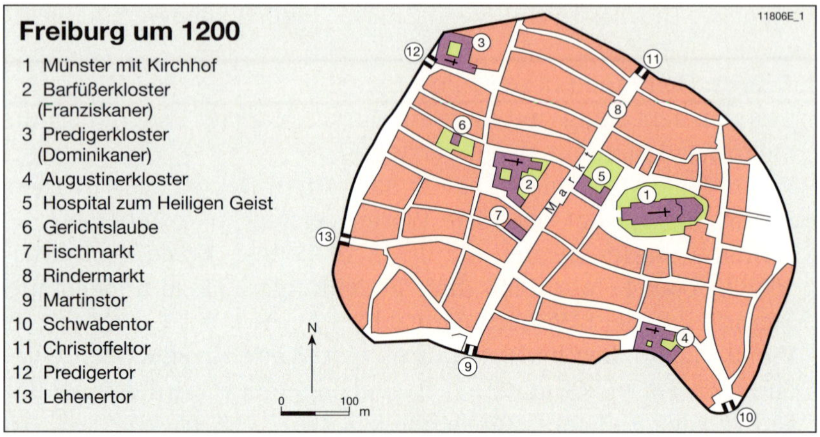

M1 *Grundriss der Stadt Freiburg im Jahr 1200*

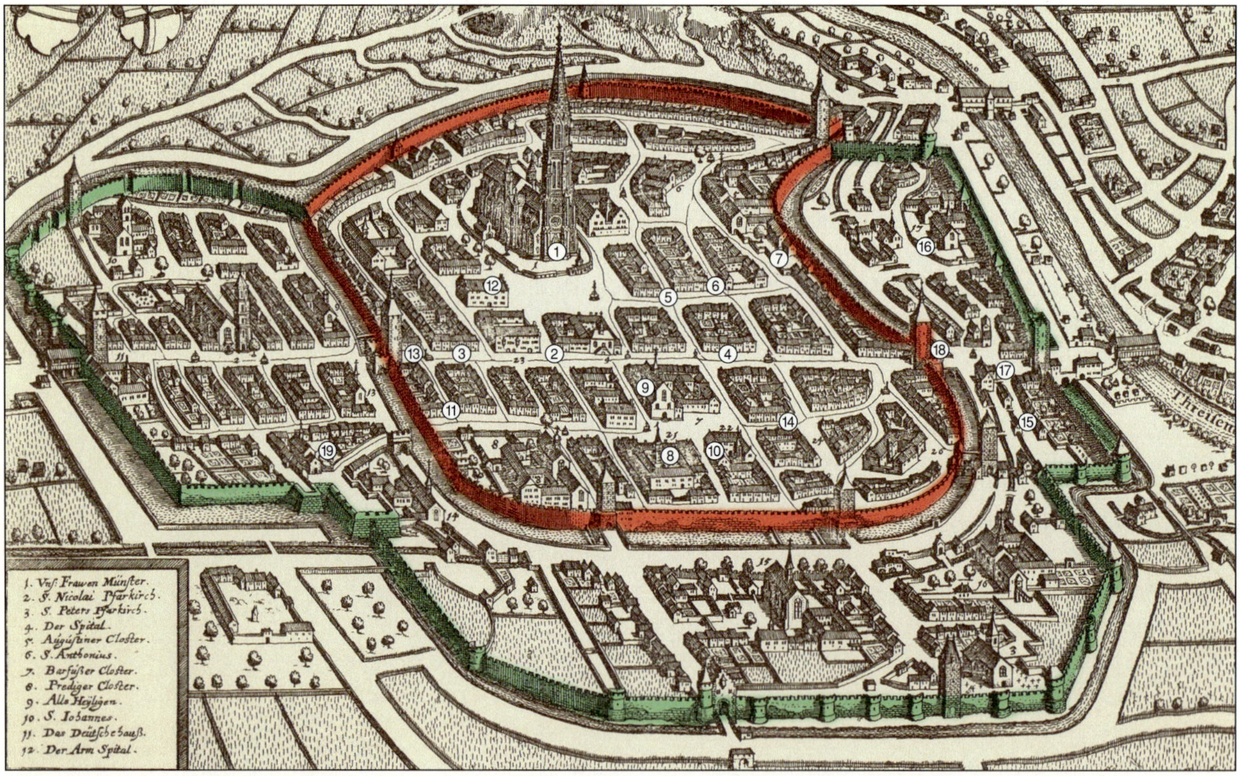

① Münster, ② Hauptmarkt, ③ Rindermarkt, ④ Fischmarkt, ⑤ Schusterstraße, ⑥ Salzstraße, ⑦ Gerberau, ⑧ Rathaus, ⑨ Barfüßerkloster (Franziskanerkloster) mit der Kirche St. Martin, ⑩ Alte Universität, ⑪ Weberstraße, ⑫ Kornhaus, ⑬ Synagoge, ⑭ Judengasse, ⑮ Metzgerau, ⑯ Fischerau, ⑰ Holzmarkt, ⑱ Martinstor, ⑲ Arme-Leute-Hospital

M2 *Blick auf Freiburg 1644 (rot: Stadtbefestigung um 1200; grün: spätere Erweiterungen)*

1 Beschreibe den Grundriss der Stadt Freiburg von 1200 (M1).

2 Vergleiche M1 mit M2. Was hat sich verändert?

Wir suchen mittelalterliche Spuren

M1 *Eine Stadt im Mittelalter (heutige Zeichnung)*

1 Auf dem Bild M1 seht ihr eine typische mittelalterliche Stadt. Überlegt euch einen Stadtnamen. Zeichnet für diese Stadt ein Stadtwappen. (Das Wappen oben rechts ist das von Stadtoldendorf.)

2 Bildet Kleingruppen und schreibt für die Stadt einen Stadtführer. Beginnt am südlichen Tor und besichtigt die Stadt im Uhrzeigersinn. Achtet auf wichtige Gebäude, Straßennamen und sonstige Dinge, die erwähnenswert sind.
Wenn man die Stadt durch das südliche Tor betritt, sieht man auf der rechten Seite der Marktstraße den Schmiedswinkel. Hier leben und arbeiten …

3 Erstellt einen historischen Stadtführer für euren Heimatort oder eine nahe gelegene Stadt. Informationen über die Geschichte des Ortes bekommt ihr im Heimat- oder Stadtmuseum oder im Stadtarchiv. Versucht, auf folgende Fragen Antworten zu finden:
- Gibt es noch Reste der Stadtmauer?
- Findet ihr den mittelalterlichen Marktplatz?
- Ist das alte Rathaus noch erhalten?
- Welche Straßennamen deuten noch heute darauf hin, dass hier früher bestimmte Handwerker lebten?
- Wie sieht das Stadtwappen aus?

Menschen in Städten

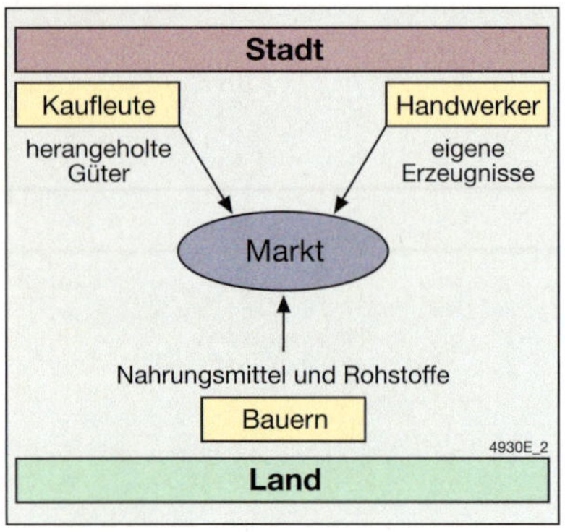

M1 *Treffpunkt Markt*

Versorgung der Stadtbewohner

In den Städten des Mittelalters war regelmäßig Markttag. Weil der Markt meistens einmal die Woche stattfand, nennen wir solch einen Markt auch heute noch Wochenmarkt. Hier konnten die Stadtbewohner sich mit allen Gütern des täglichen Bedarfs versorgen. Je größer die Stadt war desto mehr Marktplätze hatte sie.

Der Stadtherr erhielt für alle verkauften Waren Abgaben. Er verdiente also am Markt. Damit für alle die gleichen Regeln galten, erließ er eine Marktordnung. Darin wurde zum Beispiel vorgeschrieben, welche Qualität die Waren haben mussten und welche Strafen denjenigen drohten, die gegen die Regeln verstießen.

M2 *Elle am Altstadtrathaus in Braunschweig (heutiges Foto)*

Wir verordnen ferner, dass außerhalb des öffentlichen Marktes kein Verkauf stattfinden darf. Wer dagegen verstößt, soll der Stadt 6 Schillinge geben und dem Richter 60 Pfennige zahlen. Hat er kein Geld, so wird ihm die Hand abgeschlagen …
Wir ordnen ferner an, dass zwei gute und mittelgroße Würste für 1 Pfennig verkauft werden. Sie dürfen nur aus reinem Schweinefleisch hergestellt werden. Von krankem Fleisch dürfen keine Würste gemacht werden. Wer dagegen verstößt, soll 1 Pfund Pfennige zahlen und für die Dauer eines Jahres vom Handwerk ausgeschlossen werden …

Lotterbuben (Faulenzer) aller Art und fahrende Schüler mit langem Haar halten wir fern. Die Leute, die sie über eine Nacht hinaus beherbergen, verurteilen wir zu 1 Pfund Pfennige.
(1 Pfund Pfennige = 240 Pfennige = 8 Schillinge)

M3 *Marktordnung Herzog Heinrichs für Landshut (1256)*

Die Stadtbewohner kauften zwar auf dem Markt viele Lebensmittel ein, aber viele hielten sich auch Geflügel oder sogar ein Schwein. In ihren Gärten bauten sie Gemüse und Kräuter an.

Die Armen aßen jeden Tag Brei aus Gemüse und Getreide. Dazu gab es dunkles Brot. Gewürzt wurde mit Kräutern aus dem eigenen Garten, zum Süßen diente Honig. Nur die Reichen leisteten sich regelmäßig Fleisch und mehrgängige Mahlzeiten. Übliche Getränke waren Dünnbier, Wein und Most.

M4 *Stadtgärten (Buchmalerei um 1400)*

1 Erkläre das Schaubild „Treffpunkt Markt“ (M1).

2 a) Gib die Regeln, der Landshuter Marktordnung mit eigenen Worten wieder (M3).
b) Erkläre, warum diese Regeln vom Herzog festgeschrieben wurden.

3 Diskutiert, warum das Maß „Elle“ öffentlich am Markt in Braunschweig ausgestellt wurde (M2).

Die städtische Gesellschaft

Die mächtigsten Bürger der mittelalterlichen Stadt waren die Patrizier. So nannte man die reichen Leute. Nur die Patrizier und die Handwerker hatten das volle **Bürgerrecht**. Sie wählten den Rat der Stadt. Frauen hatten kein Wahlrecht.

Alle Einwohner mit Bürgerrecht leisteten den Bürgereid. Damit versprachen sie, den Stadtfrieden zu wahren und die Stadt bei einem Angriff zu verteidigen. Das Bürgerrecht war zudem mit der Pflicht verbunden, Steuern an die Stadt zu zahlen. Dafür hatten die Bürger das Recht, vor dem Stadtgericht zu klagen. Als Bürger war man auch dazu berechtigt, in der Stadt ein Grundstück zu erwerben.

Tagelöhner, Hilfsarbeiter und Dienstboten besaßen kein Bürgerrecht. Sie konnten nicht wählen und daher auch ihre Interessen nicht vertreten. Unter ihnen standen noch diejenigen, die für einen mittelalterlichen Menschen keinen ehrbaren Beruf ausübten. Sie hießen deshalb „unehrliche Leute". Das waren zum Beispiel die Henker und Totengräber, aber auch die Nachtwächter und Wundärzte. Sie wohnten an der Stadtmauer oder außerhalb der Stadt. Dennoch galten sie als Stadtbewohner und hatten deshalb Anspruch auf Schutz in der Stadt.

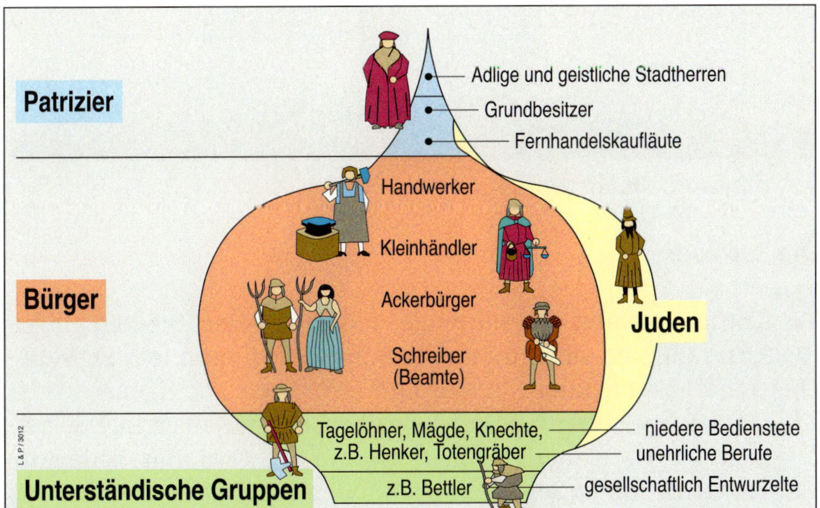

M5 *Aufbau der mittelalterlichen Stadtgesellschaft (heutige Zeichnung)*

M6 *Mittelalterliche Stadtbewohner (heutige Zeichnungen)*

4 Erkläre mithilfe des Schaubildes M5, welche verschiedenen Bevölkerungsgruppen es in der mittelalterlichen Stadt gab.

5 Ordne die Stadtbewohner aus M6 den Bevölkerungsgruppen im Schaubild M5 zu.

6 Notiere die Rechte und Pflichten der Bürger:

Rechte	Pflichten
- Wahl des Rates	

Patrizier und Zünfte

M1 *Tanzfest der Patrizier im Augsburger Rathaus (Gemälde, um 1500)*

M2 *Patrizier und Arme (Gemälde, um 1480)*

Die Patrizier

Die Patrizier waren die führende Schicht in den Städten. Ihren Reichtum nutzten sie, um ihre Stadt zu verschönern und zu bereichern. Sie schmückten Kirchen und gründeten auf eigene Kosten Krankenhäuser. Allerdings taten sie das nicht nur aus reiner Selbstlosigkeit. Im Mittelalter war man davon überzeugt, dass jede gute Tat nach dem Tod im Jenseits belohnt wird. So hofften die Patrizier, durch Großzügigkeit leichter in den Himmel zu kommen.

Zu den Patriziern zählten neben den Großkaufleuten auch die Vertreter des Stadtherrn und Adlige, die in der Stadt lebten. Wer nicht Patrizier war, konnte nur sehr schwer Zutritt zu dieser Gruppe erlangen. Geheiratet wurde meistens nur untereinander. Die Eltern verlobten ihre Kinder oft schon als Neun- oder Zehnjährige.

1 Beschreibe die Patrizier in M1.

2 a) Nenne die Aufgaben, die reiche Patrizier übernahmen.
b) Erkläre, warum sie das taten.

Handwerk und Zünfte

Die Handwerker einer Stadt schlossen sich zu Zünften zusammen. Jeder Beruf hatte seine eigene Zunft, in der die Mitgliedschaft Pflicht war. Die Zunftmitglieder regelten die Ausbildung und die Prüfungen. Außerdem legten sie Löhne, Qualität und Preise der Waren fest. Nur Zunftmitglieder durften in der Stadt ihren Beruf ausüben. Die Zunft bestimmte, wie viele Meister sich in der Stadt niederlassen durften, damit alle Handwerker genug verdienten.

Zünfte waren auch im Privatleben wichtig. Ihre Mitglieder feierten gemeinsam. Dabei lernte man oft den zukünftigen Ehepartner kennen. Wurde ein Mitglied krank oder zu alt, um seinen Beruf weiter auszuüben, half die Zunft häufig durch Geldzuwendungen weiter. Wenn ein Handwerker starb, kümmerte sich die Zunft um seine Familie.

Die Handwerker arbeiteten und lebten in einem Haus. Die Gesellen wohnten bei ihren Meistern. Die Handwerker einer Zunft hatten ihre Häuser oft in derselben Straße. Für Versammlungen, Feste und die Verwaltung hatten die Zünfte eigene Gebäude in der Stadt, die Zunfthäuser.

M3 *Zunfthäuser am Hildesheimer Marktplatz: Bäcker (links) und Knochenhauer (rechts)*

> Es sei allen kundgetan, dass wir eine Bruderschaft der Goldschmiede gegründet haben. ... Jährlich soll man einen Meister und fünf Beisitzer wählen, die vereidigt werden und dieses Amt annehmen müssen. Wenn nötig, sollen sie jederzeit Gold und Silber untersuchen können. Wer schlechteres Material als vorgesehen verwendet, zahlt Buße und muss alle schlechten Stücke entzweischlagen. ... Kein Goldschmied soll heimlich verkaufen, sondern offen zur Straße hin, sodass niemand betrogen wird. ... Wenn ein Bruder einen Lehrjungen anstellt, soll er ihm einen Monat Probezeit geben. ... Wenn ein Goldschmied nach Köln kommt und sich keiner dieser Regeln unterwirft, dann wird ihm verboten, dazuzugehören. ... Weiterhin zahlt Buße: Wer bei der Beerdigung eines Bruders nicht teilnimmt ... .

M4 *Zunftregeln der Kölner Goldschmiede (1357)*

3 Zeige auf, welche Aufgaben eine Zunft hatte (Text, M4).
4 Diskutiert in der Klasse, für wen die Zünfte Vorteile und für wen Nachteile hatten.
5 Ordne die Zunftzeichen M5 passenden Berufen zu.
6 Entwickelt selbst Zunftzeichen für die Berufe Schuhmacher und Hutmacher. Vergleicht eure Ergebnisse in der Klasse.
7 Im Mittelalter entstanden die Familiennamen. Überprüft, wer in eurer Klasse Vorfahren aus einer mittelalterlichen Handwerkerfamilie hat.

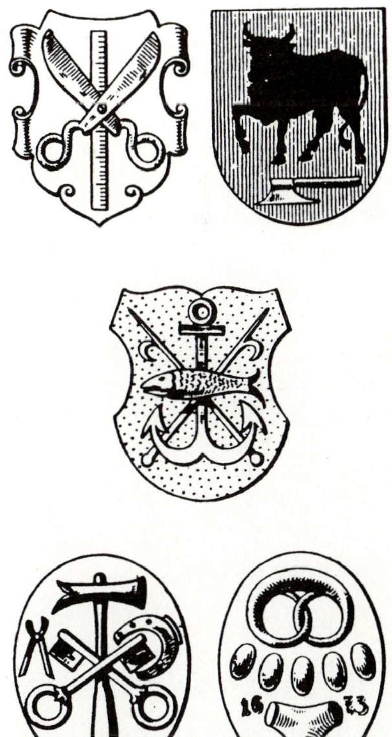

M5 *Zunftzeichen aus dem Mittelalter*

Wer hat die Macht in der Stadt?

Kämpfe um Mitbestimmung

Zunächst legte der Stadtherr das Stadtrecht fest. Dort waren die Rechte und Pflichten der Bürger aufgeschrieben.

Die Patrizier wollten in der Stadt mitbestimmen und kämpften gegen den Stadtherrn. Oft vertrieben sie ihn. Dann gründeten sie einen Rat, der alle wichtigen Entscheidungen fällte. An der Spitze der Stadt stand nun ein Bürgermeister.

Bald forderten auch die Handwerker und kleinen Kaufleute das Recht auf Mitbestimmung. Nicht immer gelang es ihnen, die Patrizier zurückzudrängen, doch oft waren sie erfolgreich. Manchmal wurden die Patrizier sogar völlig entmachtet. In den meisten Fällen teilten sich Patrizier und Handwerker die Macht in der Stadt.

Im Jahr 1384 wurde die Stadt Lübeck durch etliche Zünfte verraten. Diese ... hatten Folgendes vor: Wenn sich am St. Lambertstag (15.09.) morgens der ganze Rat der Stadt versammelte, so sollten vierzig von ihnen aufs Rathaus ziehen und den Rat erschlagen. Vor St. Lambert wurde der Rat gewarnt, denn Gott wollte nicht zulassen, dass die gute Stadt verraten würde. So wappneten sich die Ratsherren und Kaufleute, ritten und beschirmten (verteidigten) die Stadt. (Die Aufrührer des Aufstandes wurden ergriffen und hingerichtet.) Danach mussten alle Zünfte ... schwören, dass sie dem Rat und der Stadt treu sein wollten.

M1 *Aus der Chronik von Lübeck (14. Jahrhundert)*

M2 *Aufständische plündern das Haus eines reichen Kaufmanns (Buchmalerei, 14. Jh.)*

M3 *Ratsversammlung in Augsburg 1368: Vertreter der Zünfte überbringen dem Rat ihre Forderungen. (Malerei, 14. Jh.)*

Der Rat der Stadt

Patrizier und Handwerker wollten Mitglieder des Stadtrates werden, weil dieser viele wichtige Angelegenheiten regelte. So entschied der Rat über die Aufnahme neuer Bürger oder über Ordnungsmaßnahmen. Bestimmungen des Rates betrafen oft das tägliche Leben der Stadtbewohner. So konnte der Rat zum Beispiel anordnen, welche Art von Kleidern die Bürger tragen durften oder wann es ihnen erlaubt war, festliche Kleidung anzuziehen.

Außerdem übte der Rat die Gerichtsbarkeit in der Stadt aus. Er war zuständig für das Richten sowohl von kleineren Vergehen als auch von schweren Verbrechen. Der Rat konnte geringe Strafen erteilen und den Verurteilten zum Beispiel an den Pranger stellen, aber auch körperliche Strafen bis hin zur Todesstrafe festschreiben.

M4 *Pranger in Celle*

Item (so) hat der Rat seit langen Jahren zum Besten der Allgemeinheit der Stadt beschlossen, dass derjenige, der eine Hochzeit feiert, nicht mehr Gäste zu den Mahlzeiten am Abend und Morgen haben darf als zu dreißig Schüsseln, zu jeder Schüssel zwei Personen und auf den zweiten Abend zu fünfzehn Schüsseln. Man soll auch zu diesen Mahlzeiten nicht mehr Gerichte reichen als des Abends vier und des Morgens fünf Gerichte und man darf acht Aufwärter (Kellner) haben und zwei Paar Spielleute und eine Frau zum Kuchenbacken und nicht mehr.

M5 *Hochzeitsverordnung des Hildesheimer Rates (1428)*

Wie wichtig der Rat einer Stadt war, konnte man auch an der Entwicklung der Rathäuser sehen. In ihnen saßen der Stadtrat, der Bürgermeister und das Stadtgericht. Stets war das Rathaus das größte und eindrucksvollste Gebäude am Markt. Kein Privathaus durfte ähnlich prachtvoll sein.

1 a) Nenne die drei Phasen, in denen sich häufig die Herrschaft in einer Stadt entwickelte (Text).
b) Begründe, welche Phase in M3 dargestellt wird.

2 a) Fasse die Aussagen der Quelle M1 zusammen.
b) Begründe, auf welcher Seite der Autor von M1 steht.
Tipps zur Bearbeitung von Quellen findest du auf Seite 109.

3 Beschreibe das Ereignis, das in M2 dargestellt ist.

4 Berichte, was der Rat in einer Stadt alles regelte (Text).

5 Erkläre, wozu es eine Verordnung wie M5 gab.

6 Auch heute greift der Stadtrat noch in unseren Alltag ein.
Ihr könnt selbst einmal versuchen, Stadtrat zu sein:
Bildet Arbeitsgruppen und erarbeitet Vorschriften für die Eröffnung einer Diskothek in der Innenstadt.

M6 *Rathaus in Duderstadt (heutiges Foto)*

Menschen am Rand der Gesellschaft

Bettler, Arme, Kranke und Alte

M1 *Personen, die auf Unterstützung ihrer Mitmenschen angewiesen waren. (Stiche nach einer mittelalterlichen Vorlage)*

Wer im Mittelalter keine Arbeit hatte oder krank wurde, musste von Ersparnissen leben. Kinder versorgten ihre alten Eltern. Wer keine Familie hatte, musste oft betteln gehen. Außenseiter wie zum Beispiel Behinderte oder Spielleute waren deshalb häufig arm.

Bettler gehörten zur untersten Bevölkerungsgruppe. Trotzdem waren auch sie ein Teil der Gesellschaft. Sie gaben den Reichen die Möglichkeit, ihre Barmherzigkeit zu zeigen. Es galt als christlich, für Bedürftige zu sorgen. Vor allem die Kirche und die Stadt kümmerten sich um Arme, Alte und Kranke.

> Wir Ratsherren der Stadt Hildesheim ... machen bekannt, dass wir ... ein Haus gestiftet haben, in das man arme Sieche (Kranke) aufnehmen soll, die auf dem Kirchhof und auf der Straße ohne Herberge liegen, die soll man darin speisen und beherbergen ... Man soll ... in diesem Haus des Heiligen Geistes armen, reisenden Leuten Herberge geben ...

M2 *Ordnung für das Heilig-Geist-Hospital in Hildesheim (1334)*

M3 *Krankensaal in Paris (Holzschnitt, 1506)*

Juden in der mittelalterlichen Stadt

In mittelalterlichen Städten nahmen die Juden eine Sonderrolle ein. Sie galten nicht als Bürger.

Im Mittelalter war nur den Juden Zinsnahme erlaubt. Christen verliehen ihr Geld in der Regel nicht, da es ihnen verboten war, Zinsen zu nehmen. Deshalb holten viele Stadtherren gern Juden in die Städte. So gab es für die Stadtherren und die Stadtbewohner die Möglichkeit, sich Geld zu leihen. Die Juden blieben aber immer eine kleine Minderheit. So lebten im 11. Jahrhundert in ganz Deutschland etwa 20 000 Juden.

Als ich Speyer in eine Stadt verwandelte, glaubte ich die Ehre unseres Ortes noch zu vergrößern, wenn ich die Juden zusammenführte. Ich siedelte sie also außerhalb … des Wohnbereiches der übrigen Bürger an und umgab sie mit einer Mauer … Innerhalb ihres Wohnviertels und außerhalb bis zum Schiffshafen selbst gab ich ihnen das Recht, Gold und Silber frei zu wechseln und alles Beliebige zu kaufen und zu verkaufen; und dieselbe Freiheit gab ich ihnen im ganzen Stadtgebiet … Für nächtliche Wachen, Verteidigung und Befestigungsarbeiten haben sie nur innerhalb ihres Gebietes zu sorgen.

M4 *Schutzbrief des Bischofs für die Juden in Speyer (1084)*

Die Juden werden ausgegrenzt

Im Laufe der Zeit verschlechterten sich die Beziehungen zwischen Juden und Christen. Die Juden wurden nicht nur in eigene Wohnbezirke gedrängt, sondern sie sollten sich auch in ihrer Kleidung von der christlichen Bevölkerung unterscheiden. So mussten sie in manchen Städten einen spitzen Hut tragen, den „Judenhut“, oder ihre Kleidung mit einem gelben Ring kennzeichnen.

1 Die Menschen in M1 müssen betteln gehen. Nenne die Gründe.
2 Erkläre, warum reiche Menschen den Armen geholfen haben (Text).
3 Berichte über die Ordnung für das neu gegründete Spital in Hildesheim (M2).
4 a) Beschreibe das mittelalterliche Spital in M3.
b) Vergleiche das Spital mit einem heutigen Krankenhaus.
5 Berichte, was du erfährst über:
a) die Wohnsituation,
b) die Berufsmöglichkeiten,
c) die Rechte und Pflichten der Juden in der Stadt.
6 Beschreibe, wie die Juden ausgegrenzt wurden (Text, M5, M6).

Zinsen

Wenn man sich bei Banken Geld leiht, muss man nicht nur die Summe zurückbezahlen, die man bekommen hat. Darüber hinaus bezahlt man einen Preis dafür, dass man sich das Geld leihen durfte. Diesen Preis nennt man Zinsen. Sie werden heutzutage in Prozent der Leihsumme angegeben. Leihst du dir zum Beispiel 100 Euro zu einem Zinssatz von 8 %, dann musst du 108 Euro zurückzahlen.

M5 *Jude mit Judenhut*

M6 *Eine jüdische Händlerin*

Hast du den Durchblick?

1 Buchstabensalat

In den folgenden Sätzen zur mittelalterlichen Geschichte sind die Buchstaben von wichtigen Wörtern durcheinander geraten. Findest du heraus, wie die Wörter tatsächlich heißen müssen? Schlage im Kapitel nach, wenn du dir nicht sicher bist.

a) Im Mittelalter lebten alle Menschen innerhalb der NORDGENÄTSNUD.
b) Die GINÖHRE mussten dem Grundherrn den HETZN abgeben.
c) Mit der TERLIWECHTES wurde man in den Ritterstand aufgenommen.
d) KWADHERREN und RIZAPRETI kämpften um das Sagen in der Stadt.
e) Die Hanse war ein TUNTSDEBÄD, der LANDHERNEF betrieb.

2 Richtig oder falsch?

In die Äußerungen der mittelalterlichen Personen haben sich ein paar Fehler eingeschlichen. Findest du sie? Suche die entsprechenden Stellen und schreibe die Seitenzahl heraus. Schreibe dann die berichtigten Äußerungen in deine Mappe.

Ich bin höriger Bauer und muss auf dem Land meines Grundherren hart arbeiten. Im Augenblick säe ich gerade. Das mache ich immer in der ersten Woche eines Monats.

Das Klosterleben ist wirklich anstrengend! Jeden Tag wird gefeiert. Nur gut, dass ich so viel Ersparnisse habe. Sonst könnte ich mir die hohen Preise hier gar nicht leisten.

Patrizierin zu sein, macht auch keinen Spaß mehr. Immer muss ich hier am Kiosk stehen und Wasser verkaufen, weil unsere Familie so arm ist. Wäre ich bloß bei meinem Vater auf dem Bauernhof geblieben!

Ich bin Schmied und stelle verschiedenste Nägel und Werkzeuge her. Leider sind wir Handwerker in der Stadt eine Minderheit und alle ziemlich arm. Deshalb werden wir wohl niemals mitbestimmen können.

3 Mittelalter auf dem Land und in der Stadt

Die Bilder zeigen Personen, Ereignisse oder Gegenstände, die im Mittelalter eine Rolle spielten. Teilt die Klasse in Gruppen auf, wählt euch jeweils ein Bild aus, sucht die entsprechende Seite im Buch und schreibt einen Informationstext zum ausgewählten Bild.

Grundbegriffe

Allmende
Dreifelderwirtschaft
Grundherrschaft
Hörige
Kloster
Lehenswesen
Marktordnung
Mittelalter
Patrizier
Stadtrat
Zunft

Grundherrschaft und Lehenswesen

Klosterwesen

Aufschwung des Städtewesens

500 n. Chr. | 700 | 900 | 1100 | 1300 | 1500 n. Chr.

Kolumbus entdeckt 1492 Amerika – Mexiko-Stadt heute

1400 n. Chr | 1450 | 1500 | 1550 | 1600 n. Chr.

Eine neue Zeit bricht an

> **Krise**
> Bedeutet eine Lage, in der Gefahren vorhanden sind. Eine Entscheidung steht bevor. Die weitere Entwicklung kann gut oder schlecht sein.

Zeit der Krisen

Im Jahre 1347 brachten Schiffe aus Genua eine schreckliche Krankheit nach Europa: Die Pest. In den folgenden Jahren starb fast jeder dritte Mensch in Europa. Menschen, die morgens noch gesund waren, konnten bereits am Abend tot sein. Ärzte konnten nicht helfen. Viele Menschen starben, ganze Dörfer wurden aufgegeben. Die Menschen waren verzweifelt. Immer wieder brach die Pest aus und forderte viele Menschenleben.

Außerdem verschlechterte sich das Klima. Die Winter waren sehr kalt und in den Sommern regnete es viel. Oft verfaulte das Getreide auf den Feldern, sodass die Zahl der Missernten wuchs. Die Preise für Lebensmittel stiegen an und immer häufiger kam es zu schrecklichen Hungersnöten.

Infolge dieser Katastrophen sank die Bevölkerungszahl und viele Menschen wanderten in die Städte. Sie hofften, dort ein besseres Leben führen zu können.

In dieser Krisenzeit veränderte sich die Gesellschaft. Hier wurde der Grundstein für eine neue **Epoche** gelegt.

1 Beschreibe, wie sich die Pest in Europa ausgebreitet hatte (M1).
2 Stelle die Folgen der Pest zusammen (Text).
3 Erläutere die Folgen der Klimaverschlechterung (Text).

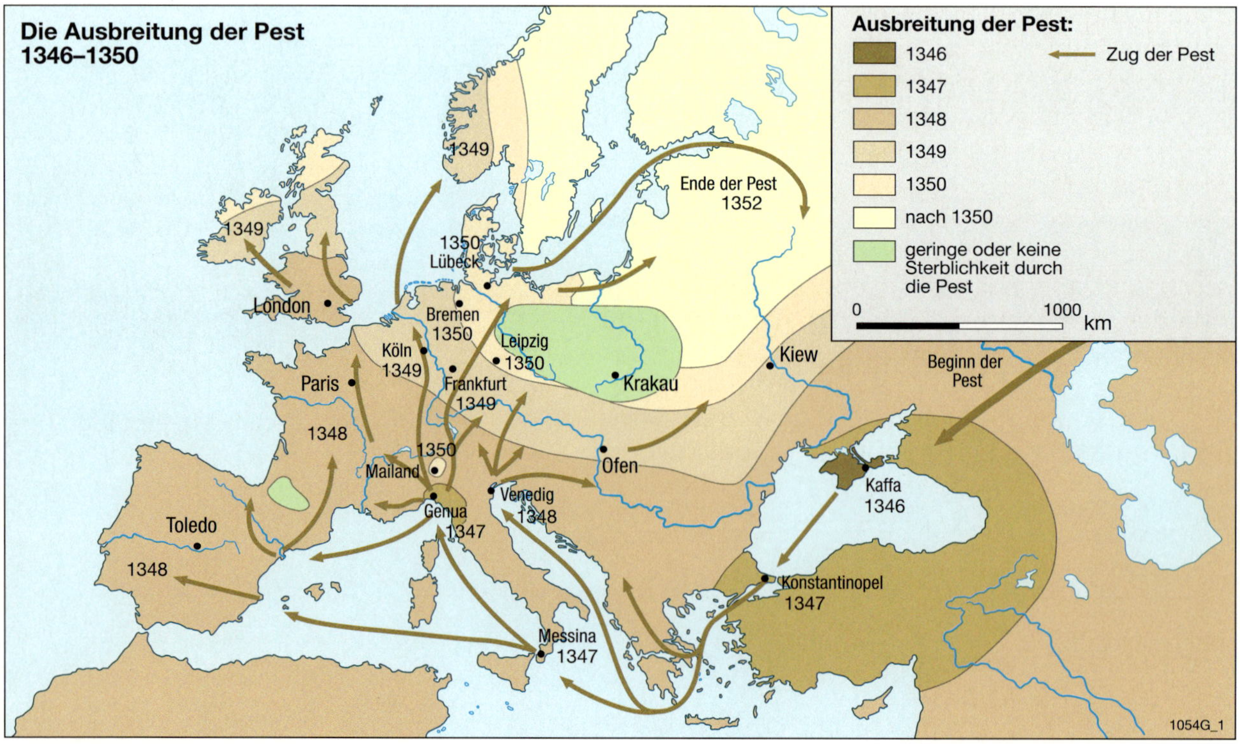

M1 *Die Ausbreitung der Pest in Europa*

M2 *Druckerwerkstatt Gutenberg*

Das Ende des Mittelalters

Die Fachleute sind sich nicht einig, wann das Mittelalter endete und die Neuzeit begann. Wichtige Veränderungen fanden im 14. und 15. Jahrhundert statt. Für viele ist die Entdeckung Amerikas 1492 ein entscheidendes Datum.

Eine neue Zeit bricht an

Im Jahre 1455 geschah in Mainz etwas, was die Welt entscheidend veränderte. Johannes Gutenberg erfand den Buchdruck mit beweglichen Buchstaben. Bis dahin mussten Schreiber die Bücher mühselig mit der Hand abschreiben. Mit dem Buchdruck von Gutenberg konnten alle Texte beliebig oft gedruckt werden. Buchstabe für Buchstabe wurde für eine Buchseite aneinandergereiht. Nach dem Druck konnten sie wieder für einen neuen Text verwendet werden. Die neue Technik verbreitete sich schnell über ganz Europa.

1510 entwickelte der Nürnberger Peter Henlein die erste tragbare Uhr. Damit waren die Menschen nicht mehr auf die Uhren an den Kirchtürmen und das Läuten der Glocken angewiesen. Mit dieser Erfindung war die Zeit für jeden Menschen messbar geworden; auch wenn Uhren noch lange sehr teuer blieben.

Mit der Verbreitung des Schwarzpulvers in Europa kam es auch zu Neuerungen im Waffenwesen. Für die Kriegführung waren die Entwicklung von Kanonen und Gewehren von besonderer Bedeutung. Sie waren den mittelalterlichen Waffen wie Schwertern, Pfeil und Bogen oder Katapulten weit überlegen.

M3 *Taschenuhr von Henlein*

4 Beschreibe, welche Tätigkeiten du in der Druckerwerkstatt erkennen kannst (M2).

5 a) Erkläre, welche Folgen die drei Erfindungen für das Leben der Menschen hatten (Text, M2, M3).
b) Bewerte, ob diese Erfindungen einen Fortschritt für die Menschen bedeuteten.

6 Johannes Gutenberg wurde im Jahr 2000 zum „Mann des Jahrtausends" gewählt. Nimm Stellung zu dieser Entscheidung.

Weltbild im Wandel

Die Schifffahrt verändert sich

Jahrhunderte lang fuhren die Europäer fast nur in Sichtweite der Küsten. Sie wagten sich nicht auf die hohe See, denn es war schwierig dort die Richtung zu bestimmen. Eine Erfindung änderte dies: der **Kompass**. Nun konnte man bei Tag und Nacht genau feststellen, wo Norden lag.

Außerdem entwickelten die Portugiesen einen neuen Schiffstyp: die Karavelle. Das war ein kleines, schnelles Segelschiff, mit dem man auch gut schräg gegen den Wind fahren konnte. Mit diesen Schiffen erkundeten Portugiesen und Spanier die weiten Meere.

M1 *Kompass*

M2 *Eine Karavelle*

Die Erde – eine Kugel

Früher dachten die meisten Menschen, die Erde sei eine Scheibe und von einem großen Meer umgeben. Einige Beobachtungen stimmten aber nicht mit dieser Vorstellung überein. Ein Segelschiff zum Beispiel, das sich der Küste nähert, erscheint zuerst mit der Mastspitze über dem Horizont. Nach und nach wird dann das ganze Schiff von oben nach unten sichtbar. Deshalb nahmen zuerst die Griechen an, dass die Erde eine Kugel sei. Eratosthenes, ein griechischer Mathematiker, berechnete vor 2200 Jahren sogar ihren Umfang: Er irrte sich nur wenig.

Der Astronom Nikolaus Kopernikus ging im 16. Jahrhundert noch einen Schritt weiter. Er entdeckte, dass sich die Erde um die Sonne drehte. Mit seinen Beobachtungen hatte er herausgefunden, dass die Sonne den Mittelpunkt unseres Planetensystems bildet und alle Planeten um die Sonne kreisen.

Unbekannte Welt

Nur wenige Europäer reisten im Mittelalter in ferne Länder. Zwar kannte man die Küstenländer rund um das Mittelmeer recht genau und hatte von ferneren Gebieten gehört, aber genaues Wissen besaß man nicht. Waren aus fernen Ländern wurden über die Seidenstraße nach Europa gebracht. Die Waren wechselten unterwegs vielfach den Besitzer. Dieser Zwischenhandel verteuerte die Handelsware. Nur wenige Menschen konnten sich diese Luxusgüter leisten. Als 1453 Konstantinopel (heute: Istanbul) von den Türken erobert wurde, bestimmten sie die Preise und den Zwischenhandel.

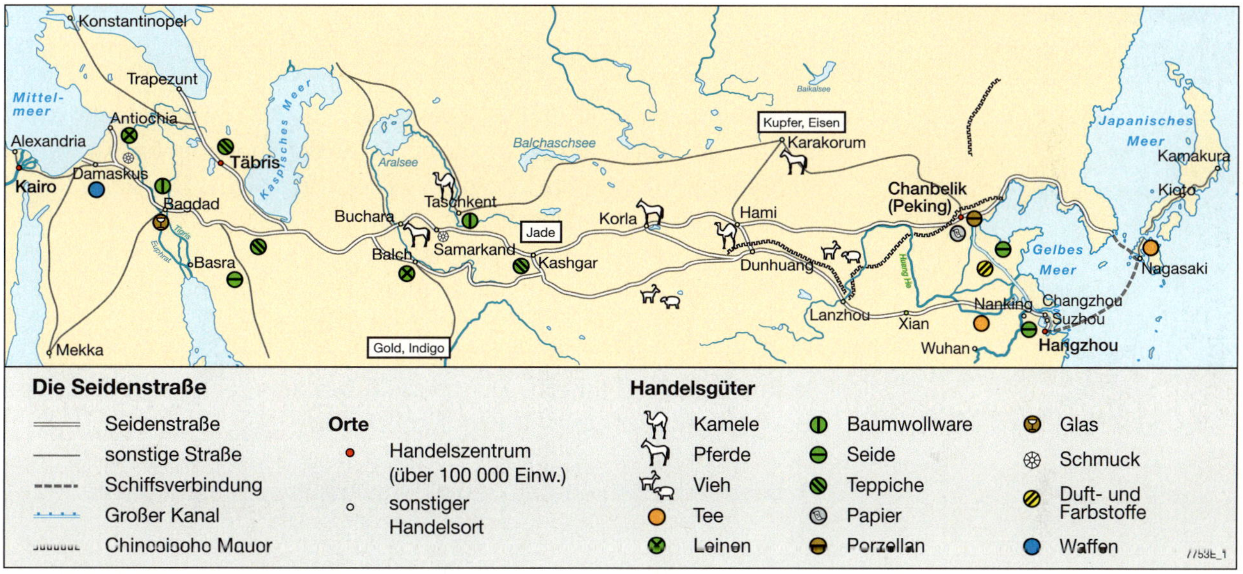

M3 *Eine Karte der Seidenstraße*

1 a) Beschreibe den neuen Schiffstyp (M2).
b) Erkläre, warum dieser Schiffstyp den alten überlegen war.

2 Erläutere, warum der Kompass Fahrten außerhalb der Sichtweite der Küsten erleichtert hat.

3 Erkläre mithilfe des Textes, wie man auf den Gedanken kam, dass die Erde eine Kugel ist.

4 Berichte, wie heute jeden Tag bewiesen wird, dass die Erde eine Kugel ist. Tipp: Denke zum Beispiel an den Flugverkehr.

5 Erstelle eine Liste mit Luxuswaren des Mittelalters (M3).

6 Liste heutige Länder auf, die an der Seidenstraße liegen (Atlas).

7 Erkläre, warum der Zwischenhandel die Waren teurer machte.

8 a) Berechne die Länge der Seidenstraße. Benutze dazu deinen Atlas und den Maßstab.
b) Berechne, wie lange ein LKW heute braucht, um die Strecke zurückzulegen. Nimm an, dass der LKW 60 km/h und zwölf Stunden am Tag fährt.

M1 *Christoph Kolumbus (1451–1506)*

Die Fahrt des Kolumbus

Spanier und Portugiesen wollten die begehrten Waren, wie zum Beispiel Gewürze und Seide, direkt aus den Ländern holen, aus denen sie stammten. Die einzige Möglichkeit war, mit Schiffen dahin zu fahren. Der Genueser Seefahrer Christoph Kolumbus überlegte: Falls die Erde wirklich eine Kugel ist, müsste man doch nach Indien gelangen, wenn man nach Westen segelt. Das spanische Königspaar stellte ihm drei Schiffe zur Verfügung. 1492 brach Kolumbus zu seiner Reise ins Unbekannte auf.

Niña, Pinta und Santa Maria, die drei Schiffe von Kolumbus, konnten jeweils etwa 30 Mann als Besatzung aufnehmen. Die Matrosen ernährten sich hauptsächlich von getrocknetem Fisch sowie Fleisch, das in Salz eingelegt worden war. Nach 36 Tagen Seereise und 2400 Seemeilen Fahrt erreichten sie endlich Land. Kolumbus war überzeugt, in Indien angekommen zu sein. Er nannte die Menschen, die dort lebten, Indianer. Dass er einen neuen Kontinent entdeckt hatte, wusste er bis zu seinem Tod nicht. Der neue Kontinent wurde später Amerika genannt.

Eine Seereise, wie sie Kolumbus unternahm, war damals eine gefährliche Unternehmung. Niemand wusste, wie lange die Reise dauern würde. Würde es heftige Stürme geben? Würden die Lebensmittel und die Wasservorräte reichen? Unbekannte Gefahren konnten überall lauern. Die abergläubischen Seeleute hatten zum Beispiel große Angst vor Seeungeheuern.

1 Beschreibe den Aufbau und die Ausrüstung der Santa Maria (M2).

① Kolumbus' Kajüte, ② Steuerruder, ③ Kompass, ④ Kanone, ⑤ Entwässerungspumpe, ⑥ Hebevorrichtung für Anker und Segel, ⑦ Pökelfleisch, ⑧ Schiffszwieback, ⑨ Wasservorrat, ⑩ Schiffsladeraum, ⑪ Weinfässer, ⑫ Zwiebeln und Knoblauch, ⑬ Mehlsäcke, ⑭ Waffen- und Munitionskammer

M2 *Querschnitt durch die Santa Maria*

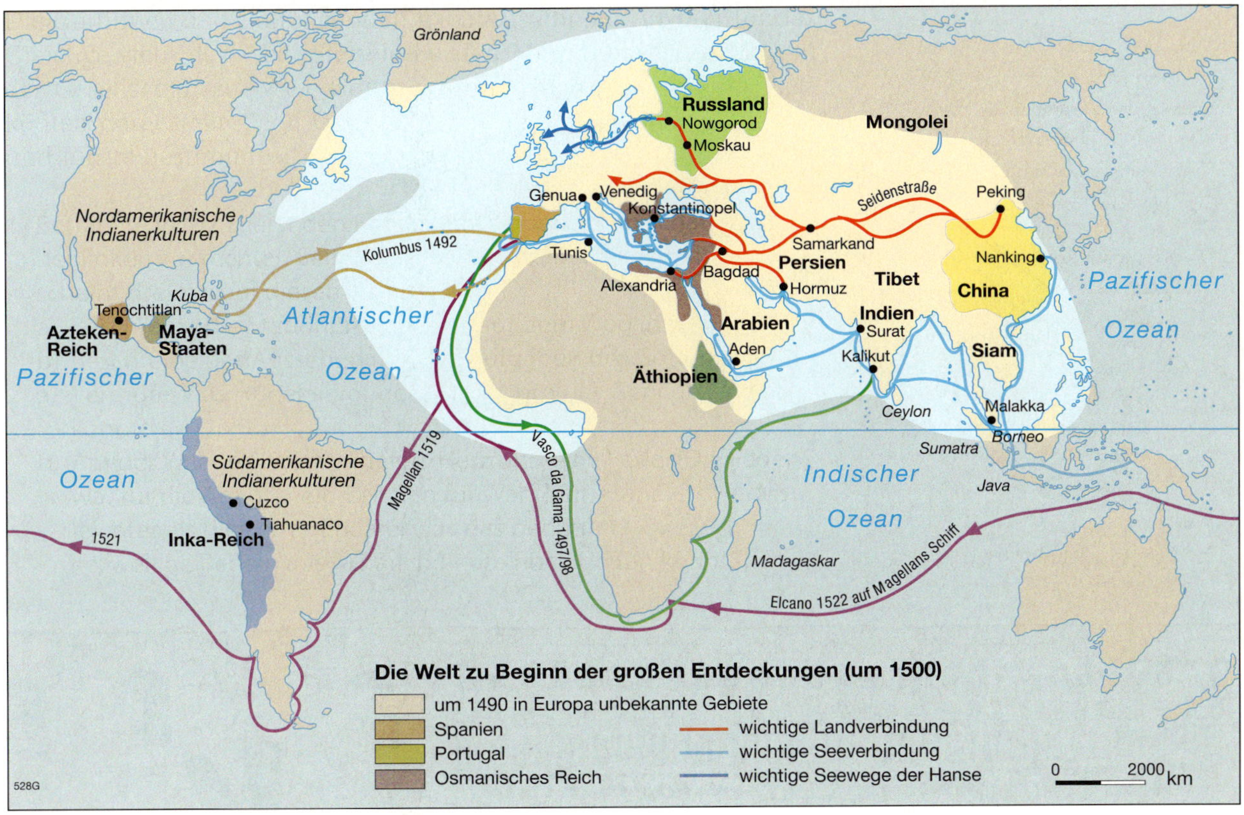

M3 *Die großen Entdeckungsfahrten*

Europäer erkunden die Welt

Die Portugiesen erkundeten im 15. Jahrhundert die Westküste Afrikas. Immer weiter segelten sie nach Süden, bis es Vasco da Gama 1497/98 gelang, um Afrika herum nach Indien zu fahren. Ferdinand Magellan umrundete wenig später die Welt und bewies dadurch, dass die Erde eine Kugel ist.

2 Erkläre, warum Christoph Kolumbus einen neuen Seeweg nach Indien suchen wollte (Text).

3 Berichte, welche Gefahren eine solche Seereise mit sich bringen konnte (Text).

4 Liste auf, welche Kontinente den Europäern um 1490 ganz bekannt, teilweise bekannt oder ganz unbekannt waren (M3).

5 Finde heraus, wo Kolumbus in Amerika landete (M3, Atlas).

6 Kolumbus segelte 2400 Seemeilen. Eine Seemeile sind 1,852 Kilometer. Rechne um in Kilometer.

7 Wenn du M3 genau anschaust, bemerkst du, dass ein Teil Nordamerikas einigen Europäern schon bekannt war.
Berichte, was du im Internet unter dem Stichwort „Leif Eriksson" erfährst.

Historische Karten vergleichen

Alte Karten verraten uns, welche Teile der Welt den Menschen früher bekannt waren und wie die Menschen die Welt sahen.

M1 *Hier siehst du die Ebstorfer Weltkarte von 1235 (vereinfacht). Im Zentrum der Karte liegt die bedeutendste Stadt des Christentums, Jerusalem, und im Osten am Ende der Welt das Paradies.*

Drehe die Karte so, dass Norden oben ist.

1 Zeige auf, welche Erdteile die Menschen 1235 kannten.
2 Nenne drei Unterschiede zu einer heutigen Karte.
3 Erkläre, woran du erkennst, dass die Karte die christliche Sicht auf die Welt wiedergibt.
4 Suche in der Karte Braunschweig, die Stadt des Löwen.

Wenn wir Karten vergleichen, können wir feststellen, welche Erdteile neu entdeckt wurden. Die Karten zeigen uns, wie sich die Sicht auf die Welt verändert hat. Sie sagen auch etwas darüber aus, wie sich die Kunst, eine Karte zu zeichnen, entwickelte.

M2 *Die Weltkarte von Francesco Rosselli aus dem Jahr 1508. Er hat versucht, die Kugelgestalt der Erde durch eine ovale Abbildung wiederzugeben. Der Kontinent südlich von Afrika ist Fantasie. Kein Mensch hatte die Antarktis bis dahin gesehen.*

1. Schritt: Entstehungszeit und -ort bestimmen
- Wann wurden die Karten angefertigt?
- Wo wurden sie angefertigt?

2. Schritt: Inhalte der Karten erfassen
- Wo ist Norden auf den Karten?
- Welche Gebiete kannst du erkennen?
- Welche Gebiete sind nicht dargestellt?
- Was würdest du in einem modernen Atlas nicht finden?

3. Schritt: Unterschiede feststellen
- Auf welcher Karte sind die Kontinente genauer wiedergegeben?
- Wie hat sich die Darstellung der Erde auf den Karten entwickelt?

4. Schritt: Zusammenfassen und auswerten
Jetzt schreibst du die Ergebnisse deines Vergleichs der Reihe nach auf. Gehe schrittweise vor und verfasse einen kurzen Text. Am Schluss fasst du in einem Satz zusammen, wie sich die Darstellung der Welt in den Karten entwickelt hat.

Die Welt als Kugel
Seit den Zeiten der alten Griechen gingen die Menschen davon aus, dass die Erde eine Kugel ist. Auch im Mittelalter wussten dies die Gelehrten. Die Behauptung, dass alle Menschen im Mittelalter an eine flache Erde glaubten, ist eine Erfindung späterer Zeit.

Europäer erobern die Welt

> **Kolonie**
> (von lateinisch Colonia = Niederlassung)
> Europäische Staaten nahmen seit dem 15. Jahrhundert überseeische Gebiete in Afrika, Asien und Amerika in Besitz. Diese plünderten sie aus. Die Bevölkerung wurde dabei ausgebeutet und unterdrückt. Viele Einheimische starben.

Warum erkunden die Entdecker die Welt?

Die Reisen in ferne, unbekannte Länder waren lang und gefährlich. Trotzdem nahmen viele Abenteurer dies auf sich. Sie wollten neue Länder entdecken und schnell reich werden. Sie hofften Rohstoffe, Luxuswaren und vor allem Gold und Silber zu finden.

Die Spanier und Portugiesen erklärten die neu entdeckten Länder zu Kolonien. Sie wollten zudem die Ureinwohner zu Christen machen, vor allem aber als billige Arbeitskräfte ausbeuten.

> Die Vergünstigungen, die (Christoph Kolumbus) erbeten hat … sind folgende: Zum ersten, dass Eure Hoheiten … den genannten (Christoph Kolumbus) von jetzt an zu ihrem Admiral über alle die Inseln und Festländer ernennen, die er entdeckt, auf Lebenszeit, und nach seinem Tode seine Erben und Nachfolger … Außerdem, dass Eure Hoheiten den genannten (Christoph Kolumbus) zu ihrem Vizekönig und Statthalter in allen oben genannten Inseln und Festländern, die er … in den genannten Meeren … entdecken sollte, ernennen … Desgleichen, dass … der genannte (Christoph Kolumbus) von allen Waren für sich den zehnten Teil erhebe und behalte.

M1 *Vertrag zwischen Kolumbus und Spanien (1492)*

M2 *Kolumbus führt nach seiner Rückkehr 1493 dem spanischen Königspaar mitgebrachte Indianer vor (Zeichnung, 1860).*

M3 *Indianer werden zum christlichen Glauben bekehrt.*

> Ihr habt euch vorgenommen, die genannten Inseln samt ihrer Bewohner euch zu unterwerfen und zum katholischen Glauben zu führen. (Daher) übergeben wir euch als Stellvertreter Christi auf Erden die näher bezeichneten Inseln und Festländer.

M4 *Papst Alexander VI. (1494)*

(Der) Erziehung, Belehrung und Bekehrung der Indianer (wurde) nicht mehr Aufmerksamkeit ... zugewendet ... als wenn die Indianer ... Katzen oder Hunde gewesen wären. Der Gouverneur übergab jedem Spanier, der den Wunsch dazu äußerte ... dem einen 50, dem anderen 100 Indianer ... darunter Kinder und Greise, schwangere Frauen und (junge Mütter).

M5 *Bericht des spanischen Bischofs Las Casas*

M6 *Die Spanier und das Gold (Gemälde, 1594)*

Als sie das Gold in ihren Händen hatten, brach Lachen aus den Gesichtern der Spanier hervor, ihre Augen funkelten vor Vergnügen, sie waren entzückt ... Nur nach Gold hungerten und dürsteten sie, es ist wahr! Sie schwollen an vor Gier und Verlangen nach Gold.

M7 *Indianischer Bericht über die Spanier (um 1520)*

1 a) Liste auf, was die spanische Krone Kolumbus zugesteht (M1).
b) Arbeite heraus, welche Gegenleistung Kolumbus erbringt (M2, M3, Text).

2 Schildere, wie die Spanier die Indianer behandelten (M2, M5).

3 a) Beschreibe das Bild M6.
b) Prüfe, ob der Inhalt des Bildes mit der Aussage von M7 übereinstimmt.

4 Blättere zurück zu Seite 122/123. Nenne Zeichen, die darauf hindeuten, dass die Spanier die Ureinwohner zu Christen machen wollten.

5 Nenne mithilfe von M1 bis M7 die Gründe für die Eroberung.

6 Beschreibe aus der Sicht eines Indianers das Verhalten der Spanier.

7 Prüfe, ob das Vorgehen der Spanier mit dem Auftrag des Papstes übereinstimmt (M4, M5).

Indianer schaffen Hochkulturen

Das Reich der Azteken

Auf dem riesigen **Kontinent** Amerika lebten viele verschiedene Indianervölker. Im Gebiet des heutigen Mexiko errichteten die Azteken in den Jahrhunderten vor der Ankunft der Spanier ein großes Reich. Sie unterwarfen ihre Nachbarvölker und entwickelten wie die Ägypter eine Hochkultur.

In der **Hauptstadt** Tenochtitlan (heute Mexiko-Stadt) lebten ungefähr 200 000 Menschen. Es gab dort Tempel, Paläste, Schulen, Gärten und Ballspielplätze. Besonders modern wirkte die Wasserspülung für Toiletten. In Europa gab es zu der damaligen Zeit nichts Vergleichbares.

Die Menschen in Tenochtitlan ernährten sich von Mais, Tomaten, Chili, Bohnen und Kürbissen. Die Gärten, in denen sie die Pflanzen anbauten, schwammen auf Schilfrohrflößen. Schon die 7-jährigen Kinder fischten im See mit Fischernetzen und trugen so zur Ernährung der Familien bei.

1 a) Beschreibe die Stadt Tenochtitlan (Text, M1–M3).
b) Überlege, welche Vorteile es hatte, die Hauptstadt in der Mitte eines Sees anzulegen.

M1 *Schwimmende Gärten*

M2 *Stadtplan von Tenochtitlan (1524)*

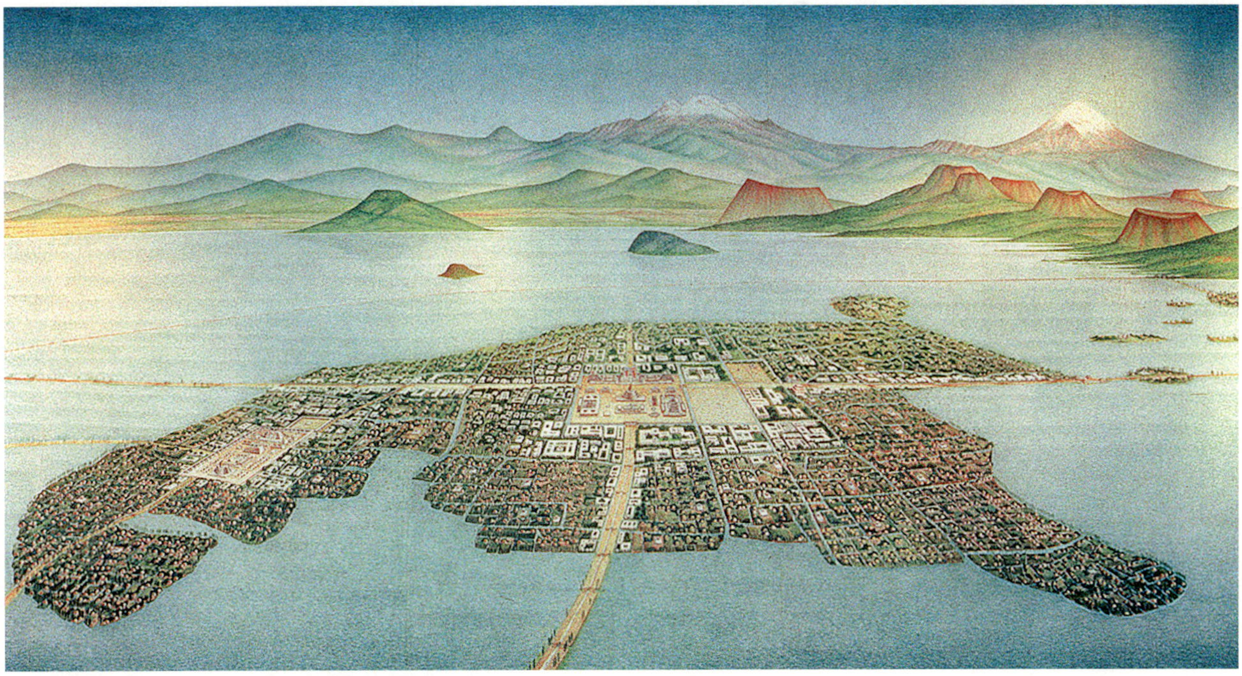

M3 *Tenochtitlan (heutige Zeichnung)*

Die Azteken verehrten für fast jeden Bereich des täglichen Lebens mehrere Götter. Quetzalcoátl war der Gott des Windes, des Krieges, des Himmels und der Erde. Er wurde in Form einer gefiederten Schlange verehrt. Dem Regengott Tlaloc wurden Kinder geopfert. In Käfigen brachten Priester sie zum Weinen (Tränen = Regentropfen) und ließen sie dann verhungern. Anderen Göttern wurden Menschen geopfert, indem man ihnen das Herz herausriss.

Obwohl die Azteken eine Bilderschrift benutzten, große Städte bauten und eine Armee mit Berufssoldaten hatten, gab es viele Unterschiede zu europäischen Kulturen. So kannten sie das Rad nicht. Auch Eisen, Waffen aus Metall oder Schießpulver waren ihnen unbekannt. Der Handel funktionierte als Tauschhandel, manchmal dienten Kakaobohnen als Zahlungsmittel.

2 Vergleiche den Stadtplan von Tenochtitlan (M2) mit der heutigen Zeichnung (M3).
3 Berichte über die Religion der Azteken (Text).
4 Zähle auf, welche Unterschiede zwischen der Kultur der Azteken und europäischen Kulturen bestanden (Text).
5 Neben den Azteken gab es in Mittel- und Südamerika noch die Hochkulturen der Inka und Maya.
   a) Lies den i-Kasten, blättere auf Seite 129 zurück und betrachte dort M3. Erkläre, wo sich diese Kulturen befanden.
   b) Informiere dich im Internet oder in der Bibliothek ausführlich über die Maya und die Inka. Erstelle jeweils ein Plakat.

i

Inka
Das Reich der Inka erstreckte sich über einen Großteil der Anden von Ecuador bis nach Chile und Argentinien. Es wurde von dem Spanier Francisco Pizarro 1532 erobert.

Maya
Die Maya schufen eine hoch stehende Kultur auf dem Gebiet der Halbinsel Yucatan am Golf von Mexiko. Berühmt wurden ihre genauen Kalender. Bis 950 n. Chr. war ihre Kultur untergegangen.

Die Indianer werden unterworfen

M1 *Montezuma*

M2 *Cortez empfängt Geschenke, neben ihm Malintzin.*

Spanier erobern das Reich der Azteken

Ein Zug von mehr als 500 Spaniern mit Pferden und Kanonen näherte sich 1519 Tenochtitlan. Ihr Anführer war Hernando Cortez, ein spanischer Adliger. Dabei war auch Malintzin, eine Aztekin, die Cortez als Übersetzerin diente. Die Spanier suchten Gold. Als sie die Hauptstadt des Aztekenreiches erreicht hatten, wurden sie freundlich vom Herrscher des Aztekenreiches, Montezuma, aufgenommen. Die Azteken glaubten, dass die Ankunft weißer Menschen von ihren Göttern vorhergesagt worden war.

Die Indianer übergaben den Eindringlingen viele Geschenke. Die Eroberer waren aber nur an Gold und Edelsteinen der Indianer interessiert. Als sie diese Schätze plünderten und zudem die Tempel der Indianer entehrten, kam es zu blutigen Kämpfen. Die Spanier mussten fliehen.

> Lauter Eisen ist ihre Kriegstracht … Und ihre Hirsche tragen sie auf dem Rücken, dachhoch sind sie dadurch … Kalkgesichter sind es, gelbhaarige.

M3 *Aztekischer Bericht über die Ankunft der Spanier*

Aber Hernando Cortez kam wieder. Er hatte Verstärkungen herangezogen. Außerdem nutzte er geschickt aus, dass die Azteken gehasst wurden, weil sie viele Indianervölker unterworfen hatten. Mit diesen verbündete er sich. Nach einer langen Belagerung wurde die Hauptstadt des Aztekenreichs 1521 völlig zerstört. Dabei spielten die Gewehre und Kanonen der Eroberer eine entscheidende Rolle. Die meisten der 200 000 Einwohner kamen hierbei ums Leben.

Alles Gold rafften die Spanier zu einem Haufen. An die anderen Kostbarkeiten legten sie Feuer und alles verbrannte. Das Gold schmolzen sie zu Barren, von den wertvollsten grünen Edelsteinen nahmen sie nur die besten ... Das Schatzhaus durchwühlten die Spanier, sie drängten und fragten und griffen nach allem, was ihnen gefiel.

M4 *Aztekischer Bericht über die spanischen Plünderungen*

1 Beschreibe M2. Benutze dabei die Anleitung auf Seite 59.
2 Erkläre, warum die Azteken die Spanier anfangs freundlich begrüßten (Text).
3 Erkläre, was die Indianer als „Hirsche" bezeichneten (M3).
4 Begründe, warum die Azteken dann die Eroberer vertrieben (Text, M4).
5 Zähle die Gründe auf, warum Cortez am Ende das Aztekenreich erobern konnte (Text).

M5 *Die aztekischen Krieger versuchen, Montezuma zu befreien.*

M6 *Spanier greifen Tenochtitlan an.*

Spuren der Indianer bei uns

M1 *Früchte aus Mittel- und Südamerika*

Einflüsse auf Europa

Die Azteken und andere Ureinwohner in Mittel- und Südamerika pflanzten Lebensmittel an, die heute selbstverständlich zu unserem Alltagsleben gehören. Auch andere Dinge haben wir übernommen.

Kakao: Das Wort stammt von dem aztekischen Wort „cacauatl" und bedeutet Kakaokern. Der Kakaobaum wird seit dem 12. Jahrhundert n. Chr. in Mexiko angebaut. Um 1520 führten die Spanier den Kakao nach Europa ein. Lange Zeit war er hier ein Luxusgetränk, das sich nur reiche Leute leisten konnten.

Kartoffel: Seit 1000 v. Chr. waren die Kartoffeln das wichtigste Nahrungsmittel für die Ureinwohner des südamerikanischen Hochlandes. Im 16. Jahrhundert brachten die spanischen Eroberer die Kartoffel nach Europa. An den europäischen Fürstenhöfen galt die nahrhafte Knolle lange als Delikatesse. Seit der zweiten Hälfte des 18. Jahrhunderts pflanzten auch einfache Bauern die Kartoffeln, die sie „Erdäpfel" nannten, auf größeren Flächen an. Erst im 19. Jahrhundert setzte sich die Kartoffel bei uns endgültig als Grundnahrungsmittel durch.

Mais: Seit etwa 3000 v. Chr. wurde in Südamerika Mais angebaut. Der Begriff stammt von den Indianern der Karibik – sie bezeichneten dieses Getreide als „mays". Ein typisch mexikanisches Gericht sind noch heute die dünnen Maisfladen, die Tortillas. Christoph Kolumbus brachte den ersten Mais nach Europa. In Deutschland wird Mais seit dem 17. Jahrhundert angepflanzt.

Tabak: Der indianische Begriff lautet „tobalco". Die Indianer rauchten oder kauten Tabak zu Ehren ihrer Götter und um in Kontakt mit ihnen zu treten. Kolumbus lernte diesen Brauch bei den Taino-Indianern kennen. Seit dem 17. Jahrhundert ist das Rauchen von Tabak in Europa verbreitet. Seine ursprüngliche Bedeutung hat es hier aber verloren. Rauchen ist schädlich.

Kanu: „Can(a)oas" waren ausgehöhlte Baumstämme, mit denen es sich paddeln ließ. Auch sie sah Kolumbus zum ersten Mal bei den Indianern. Kanus sind heute wendige Sportboote.

1 Trage zusammen, welchen indianischen Dingen du im Alltag noch begegnest (M1).

2 Nenne Gerichte, die ganz oder teilweise mit Pflanzen aus Amerika zubereitet werden.

3 Informiere dich über folgende Begriffe: Mate-Tee, Schokolade, Lama, Hurrikan, Mokassin, Poncho, Meerschweinchen (Internet, Lexikon) und berichte.

Wir erkunden einen Weltladen

Weltläden unterstützen arme Bauern und Handwerker in Ländern, die früher Kolonien waren. Wenn ihr dort etwas kauft, bekommen die Erzeuger einen fairen Anteil vom Preis. Man hilft also Menschen in Mittel- und Südamerika, Asien und Afrika besonders, wenn man dort einkauft.

1. Schritt: Vor dem Besuch
- Schaut im Telefonbuch oder in den „Gelben Seiten" nach, wo sich der nächste Weltladen befindet.
- Überlegt, wie ihr als Klasse dort am besten hinkommt.
- Meldet euren Besuch telefonisch oder schriftlich an.
- Stellt eure Fragen und Beobachtungsaufträge zusammen: Welche Waren gibt es? Wo kommen sie her? Wie bekommt der Laden seine Ware? Was verdienen die Produzenten?

2. Schritt: Während des Besuchs
- Schreibt die Waren auf, die angeboten werden.
- Befragt die Angestellten mithilfe eures Fragebogens.
- Ihr könnt auch Kunden befragen, warum sie in einem Weltladen kaufen.
- Macht Fotos und sammelt Informationsmaterial.

3. Schritt: Nach dem Besuch
- Stellt eure Materialien zu einer Wandzeitung zusammen.
- Überprüft, ob ihr alles erfahren habt, was ihr wissen wolltet.
- Sammelt Ideen, wie ihr den fairen Handel unterstützen könnt.
- Ihr könnt auch ein Essen mit den Lebensmitteln aus dem Weltladen veranstalten.

M2 *Eine-Welt-AG einer Osnabrücker Schule im Weltladen*

Weltladen
Weltläden (auch Eine-Welt-Laden oder Dritte-Welt-Laden) bieten Erzeugnisse aus unterentwickelten Ländern an. Der Zwischenhandel ist ausgeschaltet. Daher erhalten die Erzeuger in den unterentwickelten Ländern mehr Geld für ihre Waren. Es gibt etwa 800 Weltläden in Deutschland.

TRANSFAIR
FAIRTRADE

M1 *Produkte mit diesem Zeichen werden fair gehandelt.*

Kontaktadressen

Weltladen Dachverband e.V.
Hindenburgplatz 2, 55118 Mainz
www.weltlaeden.de

Unicef: www.unicef.de

Deutsche Welthungerhilfe
www.welthungerhilfe.de

Bischöfliches Hilfswerk
Misereor e.V.
www.misereor.de

terre des hommes
www.tdh.de

Diakonisches Werk der EKD
„Brot für die Welt"
www.brot-für-die-welt.de

Die Folgen der Eroberung

M1 *Armenviertel in Lima*

M2 *Grundschule im Hochland von Peru*

Mestizen
Bezeichnung für die gemeinsamen Nachfahren von Weißen und Ureinwohnern in Süd- und Mittelamerika.

Noch heute sind die Folgen spürbar

Ab 1810 kämpften die Einwohner Mittel- und Südamerikas gegen die spanische Herrschaft. Eine ganze Reihe von neuen unabhängigen Staaten entstand bis 1825. Obwohl diese seit fast 200 Jahren selbstständig sind, prägt diese Länder noch heute ihre Geschichte als Kolonie. Eine reiche Oberschicht, die Nachkommen der spanischen Kolonialherren, herrscht über die Masse der Indianer und der Mestizen. Diese leben häufig in großer Armut. Viele können nicht lesen und schreiben. Die Lebens- und Arbeitsbedingungen der Menschen, vor allem in den Bergwerken, sind sehr hart.

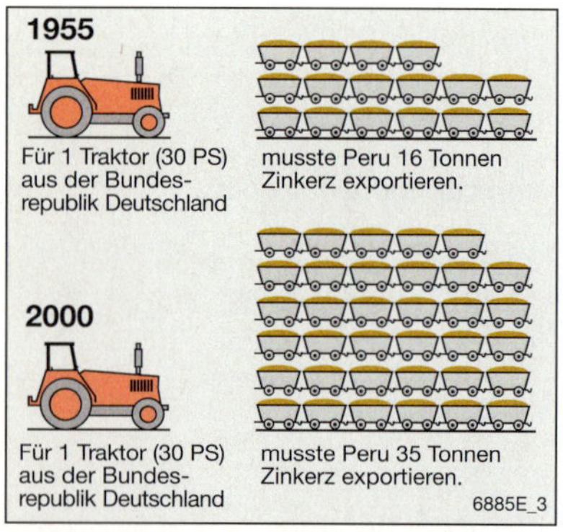

M4 *Veränderung der Preise für Rohstoffe und Fertigwaren (links ist ein Traktor abgebildet, rechts die Menge der Waren, die man für einen Traktor erzeugen muss)*

Windschiefe Hütten, rauchende Abfallberge zwischen den Behausungen, herumstreunende Hunde und (ständig) unterernährte Kinder – das ist die … „Villa el Salvador" in Lima. … Nur ein kleiner Teil der Behausungen verfügt über Kanalisation, sodass Abwässer und Trinkwasser immer wieder miteinander in Berührung geraten – ideale Voraussetzungen für die Ausbreitung von Krankheiten …

M3 *Leben in Lima (aus einem Zeitungsartikel)*

1 Nenne die Folgen des Kolonialismus (Text, M1, M2, M3).
2 Vergleiche M2 mit deinem Klassenraum. Nenne je fünf Gemeinsamkeiten und Unterschiede.
3 Erkläre, warum es für Peru schlecht ist, wenn der Preis für Zinkerze sinkt (M4).

Moderne Abenteurer

Heute sind alle Punkte der Erdoberfläche erreicht. Entdecker, die die Welt umsegeln, um neue Seewege zu finden, gibt es nicht mehr. Aber noch immer gibt es Menschen, die gefährliche Expeditionen unternehmen. Häufig riskieren sie dabei ihr Leben. Warum machen sie das?

a) In der Arktis herrscht ein anderer Lebensrhythmus als in den Industrieländern - den mag ich. Es gibt dort keine Fremdgeräusche. Man riecht anders, man hört anders, man sieht anders. Man kommt auf den Boden, fernab jeglicher Ablenkung und Hektik.
b) Bestimmte Dinge muss man entbehrt haben, um ihren Wert zu schätzen. Mein Rekord im Nicht-Duschen beträgt 70 Tage. Weil es einfach keine Dusche gibt. Umso mehr wissen Sie es zu schätzen, wenn Sie wieder duschen können.

M1 *Aussagen von Arved Fuchs (2007)*

a) Wer keine neuen Erfahrungen mehr macht, stagniert. Wer Erfahrungen aus zweiter Hand übernimmt, konsumiert.
b) Ich will das Abenteuer so haben, wie es um die Jahrhundertwende war.

M2 *Aussagen von Reinhold Messner (2007)*

1 a) Suche die angegebenen Orte und Gebiete im Atlas (i-Kasten).
b) Nenne mindestens 3 Berge über 8000 m (Atlas).
Tipp: Alle Achttausender liegen im Himalaya oder Karakorum.
2 Vergleiche die modernen Abenteurer mit den früheren Entdeckern.
3 Tragt zusammen, in welchen Bereichen heutzutage Entdeckungen gemacht werden. Denkt an Forschung und Wissenschaft.

Arved Fuchs
(*1953, Bad Bramstedt)
Unternehmungen (Auswahl):
- 1981: Versuch, die Arktis zu durchqueren, doch ein Eisbär zerstörte Zelt und Schlitten
- 1984: Umrundung von Kap Hoorn allein in einem Faltboot
- 1989: Fußmarsch durch die Antarktis (mit R. Messner)
- 2006: Reise mit Hundeschlitten zur Insel Ellesmere Land

Reinhold Messner
(*1944, Brixen/Italien)
Unternehmungen (Auswahl):
- 1970–1986: Besteigung aller 14 Berge über 8000 m Höhe als erster Mensch
- 1989: Fußmarsch durch die Antarktis (mit A. Fuchs)
- 1995: gescheiterter Versuch, die Arktis zu durchqueren
- 2004: Durchquerung der Wüste Gobi zu Fuss

M3 *Arved Fuchs*

M4 *Reinhold Messner*

Hast du den Durchblick?

1 Geschichtsdomino

Übertrage die Domino-Karten in der richtigen Reihenfolge wie eine Kette in dein Heft.

START	Kolumbus …
… Die Gier nach Gold	und Silber trieb die spanischen …
… Hernando Cortez erobert	das Reich der Azteken. …
… und Gold wurden nach Europa gebracht.	Noch heute leiden die Länder …
… Es liegt im heutigen Mexiko	und war eine Hochkultur…
… Spanier und Portugiesen	erklärten die neu entdeckten Länder …
… Eroberer immer weiter.	Große Mengen an Silber …
… Er will nach Indien,	entdeckt aber Amerika. …
… zu Kolonien	Der Spanier …
… Lateinamerikas unter den Folgen des Kolonialismus.	ENDE
erhält von dem spanischen Königspaar drei Schiffe	und segelt nach Westen. …

2 Was ist falsch?

Übertrage die Auflistung in dein Heft und streiche den Begriff, der nicht dazu gehört. Begründe deine Entscheidungen mündlich.

a) Missernten – Hungersnöte – Dürre – Stadtwanderung
b) Santa Isabella – Santa Maria – Nina – Pinta
c) Azteken – Inka – Inuit – Maya
d) Kartoffel – Paprika – Tomate – Erbse
e) Kakao – Mais – Tabak – Apfel – Ananas
f) Ferdinand Magellan – Christoph Kolumbus – Pablo Picasso – Vasco da Gama

3 Buchstabensalat

Was verbirgt sich hinter diesen Worten?
Notiere die richtigen Begriffspaare in dein Heft.

a) europäisches Land	1) Einnspa
b) ein abhängiges überseeisches Gebiet	2) Logupart
c) asiatisches Land	3) Dinnie
d) portugiesischer Schiffstyp	4) Repfeff
e) eine tropische Frucht	5) Larekleva
f) europäisches Land	6) Eiloken
g) ein Gewürz	7) Dolg
h) ein Metall	8) Nenaba

4 Entdecke Amerika!

In dem Rätsel sind insgesamt 12 Begriffe versteckt (senkrecht und waagerecht). Finde sie!

A	Ü	T	Z	B	K	Ö	W	B	I	M	W	Q	O	I	N	K	A	E	Q
S	O	A	M	O	N	T	E	Z	U	M	A	M	C	S	Ü	W	E	R	Y
D	U	K	X	Z	G	E	R	E	I	M	B	P	O	F	D	A	Y	T	E
L	Z	A	P	I	O	N	G	T	O	M	A	T	E	N	E	S	H	Z	I
Z	T	R	G	E	N	O	S	A	B	T	Z	F	Ö	N	D	E	T	Ö	S
E	V	T	I	M	E	C	E	B	C	H	T	A	T	K	A	S	D	A	P
Q	P	O	E	C	F	H	E	A	A	A	E	U	M	A	Y	A	Z	I	G
M	E	F	M	O	H	T	V	K	S	A	K	S	I	K	S	H	A	L	B
X	I	F	V	M	A	I	S	K	U	W	E	T	F	A	H	A	Ü	Q	A
R	J	E	M	K	U	L	H	T	C	D	N	K	Ü	O	J	G	F	X	N
U	X	L	Ö	A	N	A	N	A	S	Z	X	E	J	Q	U	T	S	D	L
Y	Ä	N	W	N	S	N	A	F	Ä	E	R	D	N	Ü	S	S	E	M	Y

Grundbegriffe

Azteken
Buchdruck
Christoph Kolumbus
Hernando Cortez
Hochkultur
Kolonialismus
Kompass
Pest
Zwischenhandel

Eratosthenes berechnet den Erdumfang

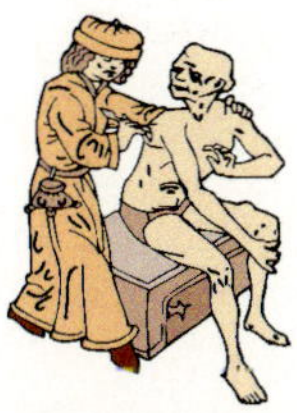

1347 Ausbruch der Pest in Europa

1455 Buchdruck

1492 Kolumbus entdeckt Amerika

1519–1522 Magellan umsegelt die Welt

Eroberung und Zerstörung indianischer Hochkulturen >>>>

225 v. Chr. | 1300 n. Chr. | 1400 | 1500 | 1600

Kindheit in verschiedenen Zeiten

Spielende Kinder im Mittelalter – Eine Schulklasse um 1900

Kinder in Rom

M1 *Brettspiel aus Stein, Plättchen, Würfel und Murmeln aus Knochen und Ton*

Spiele und Schule in Rom

Wie alle Kinder dieser Welt liebten auch die römischen Kinder Spiele und Spielzeug. Sie spielten mit Puppen aus Elfenbein oder Ton und mit Holztieren. Beliebt waren auch Bälle und Murmeln und viele andere Spielzeuge.

Mit dem siebten Lebensjahr gingen die meisten Jungen und Mädchen zur Schule. Sie lernten hier Lesen, Schreiben und Rechnen. Da die Eltern die Lehrer bezahlen mussten, konnten sich nicht alle die Schule leisten. Sie war daher keine Pflicht.

Ärmere Eltern schickten ihre Kinder zu schlecht ausgebildeten Lehrern. Um Geld zu sparen, versuchten sie die Preise für den Unterricht zu drücken. Daher war nicht nur die Bezahlung der Lehrer schlecht, sondern auch der Unterricht und die Ausstattung der Räume. Schulgebäude gab es nicht. Unterrichtet wurde in den Privaträumen der Lehrer, in Lagerhallen, unter dem Vordach eines Ladens oder auf freien Plätzen. Wenn Schüler schlechte Leistungen erbrachten oder ihre Lehrer nicht ernst nahmen, gab es zur Strafe häufig Prügel.

Die Kinder von reichen Eltern hatten es dagegen gut. Sie wurden von **Sklaven**, die ihre Schulsachen trugen, zum Unterricht in die teuren Privatschulen gebracht. Die dort unterrichtenden Lehrer waren gut ausgebildet.

Für alle begann der Unterricht sehr früh und ging bis zum Mittag. Im Hochsommer, an Fest- und Markttagen war schulfrei.

1 a) Zähle auf, womit Kinder im alten Rom spielten (Text, M1).
b) Berichte, welches Spielzeug du heute auch verwendest?

2 a) Erkläre, warum es in Rom keine Schulpflicht gab (Text).
b) Stelle die Unterrichtsbedingungen von Kindern armer und reicher Eltern gegenüber.
c) Nimm Stellung zu der Aussage: „Alle Kinder hatten gleiche Lernchancen".

M2 *Ein alter Sklave begleitet einen Schüler zum Unterricht.*

M3 *Kinder im Unterricht (Relief, 3. Jahrhundert n. Chr.)*

M4 *Entwicklungsstufen eines Jungen (Marmorrelief, 2. Jahrhundert n. Chr.)*

Mit dem 12. Lebensjahr verließen die Mädchen die Schulen. Sie blieben zu Hause und lernten kochen, spinnen, weben und nähen. Bereits mit zwölf Jahren konnten römische Mädchen verheiratet werden. Den Bräutigam bestimmte nicht die Braut, sondern der Vater.

Der Vater entschied auch über den weiteren Werdegang der Söhne. Durften sie weiter zur Schule gehen, lernten sie von nun an Griechisch und die Kunst der öffentlichen Rede. Dies war für diejenigen wichtig, die später ein politisches Amt übernehmen sollten. Wollte der Vater, dass sein Sohn eine Ausbildung beginnt, bestimmte er auch, welche es sein sollte.

Die Kindheit der Jungen endete zwischen dem 14. und dem 19. Lebensjahr. Das Zeichen für die Volljährigkeit war das Anlegen der Toga. Jetzt konnte er einen Beruf ausüben oder Soldat werden.

Toga
Die Toga war ein knöchellanges Tuch, das so getragen wurde, dass die rechte Schulter frei war.

4 a) Beschreibe die Entwicklungsstufen und den weiteren Werdegang eines Jungen (M4, Text).
b) Berichte über den Lebensweg eines Mädchens ab dem 12. Lebensjahr (Text).

5 Diskutiert über den Einfluss des Vaters auf die Zukunft der Kinder.

M5 *Schmied und Gehilfe*

Kinder im Mittelalter

M1 *Spielendes Kind (um 1490)*

M2 *Wohlhabende Familie beim Kartenspiel (1472)*

Spielen im Mittelalter

Im Mittelalter spielten die Kinder mit Holz-, Ton- oder einfachen Steinspielzeugen. Viele Spielsachen haben sie selbst, ihre Eltern oder ihre Verwandten hergestellt. Es gab aber auch Menschen, die Spielzeug für andere machten. Kinder reicher Eltern hatten auch Spielzeuge aus wertvolleren Materialien wie **Zinn** oder Murmeln aus Glas.

Auch soll das Kind mit geziemenden (anständigen) Spielzeug und zuträglicher Bewegung beschäftigt und einer gesunden Luft ausgesetzt werden. Geziemende Kinderspiele sind das Puppenspiel, das Herumtollen mit Holzspielzeug und sich selbst im Spiegel betrachten. Denn die Kindheit kennt noch das Erstaunen über die kleinsten Dinge und ist mit Einfachem zufrieden. Mit solchen Spielen wird die kindliche Seele erfreut …

M3 *Spiel und Freizeit (Schriftsteller Konrad von Megenberg, 1352)*

M4 *Puppenmacher (1486)*

1 a) Nenne die Spiele, die du in M1, M2 und M4 erkennst.
b) Nenne Gegenstände, mit denen die Kinder spielen.
c) Berichte, welche Spiele du kennst und schon gespielt hast.

2 a) Schildere, wie Kinder nach Meinung des Schriftstellers Konrad von Megenberg spielen sollten (M3).
b) Diskutiert, ob Kinder mit einfachem Spielzeug zufriedenzustellen sind (M3).

Schule im Mittelalter

Im Mittelalter gab es keine Schulpflicht. Die ersten Schulen waren Klosterschulen, in denen die künftigen Pfarrer ausgebildet wurden. Die Schüler lernten zum Beispiel Latein, Lesen, Schreiben, Grammatik, Disziplin und die kirchliche Lehre.

Mit den Stadtgründungen erfolgte die Schulbildung nicht mehr nur unter der Aufsicht der Kirche. Im Handel und im Handwerk waren immer mehr Fähigkeiten gefordert. Man musste jetzt Briefe lesen und schreiben, Rechnungen verstehen oder Maße und Gewichte berechnen können. In den Städten entstanden Stadtschulen. Hier wurden die Kinder unterrichtet, deren Eltern es sich leisten konnten. Stadtkinder ärmerer Familien mussten bereits mit vier oder fünf Jahren arbeiten. Sie halfen zum Beispiel im Haushalt und Garten oder versorgten das Vieh.

Auf dem Land gab es vereinzelt Landschulen. In diesen wurden Kinder vor allem im Lesen und ein wenig im Rechnen unterrichtet. Doch viele Landkinder gingen nicht zur Schule. Sie wurden auf den Bauernhöfen, bei der Feldarbeit, bei der Ernte, beim Spinnen oder beim Hüten der Tiere gebraucht. Spätestens ab dem fünften Lebensjahr waren sie wichtige Hilfskräfte.

M5 *Lesenlernen in einer Landschule (1516)*

M6 *Mittelalterliche Schulstube (16. Jahrhundert)*

3 Berichte, wovon der Besuch der Schule abhängig war (Text).

4 a) Berichte, warum im Mittelalter Stadtschulen entstanden (Text).
b) Erkläre, warum eine Klosterschule einen Kaufmannssohn nicht auf seinen Beruf vorbereiten konnte (Text).

5 a) Beschreibe M5.
b) Vergleiche die damalige Lernsituation mit deiner heutigen. Benutze auch M6.

Kinder um 1900

> **Dampfmaschine**
> Bei einer Dampfmaschine übt Wasserdampf Druck auf einen oder auf mehrere Kolben aus. Dadurch kommt es zu einer Bewegung des Kolbens. Diese Bewegung kann über eine aufwändige Mechanik Räder, Bänder, Maschinen und vieles mehr antreiben.

M1 *Modell einer Dampflokomotive (um 1900)*

Spielen um 1900

Mit dem technischen Fortschritt kamen auch neue Erfindungen ins Kinderzimmer. Die Zeit stand ganz im Zeichen moderner Technik. Schon Kinder, vor allem die Jungen, sollten durch Spielzeug auf die technisierte Welt vorbereitet werden.

Eisen war der zentrale Werkstoff der damaligen Zeit. Dies zeigt sich auch an vielen Spielzeugen. Baukästen, Automobile, Dampfmaschinen und Modelleisenbahnen, vieles wurde jetzt aus Metall hergestellt. Diese Spielzeuge waren Kindern wohlhabender Familien vorbehalten.

Kinder aus armen Verhältnissen spielten häufig außerhalb der Wohnungen. Sie nutzten das, was sie draußen vorfanden.

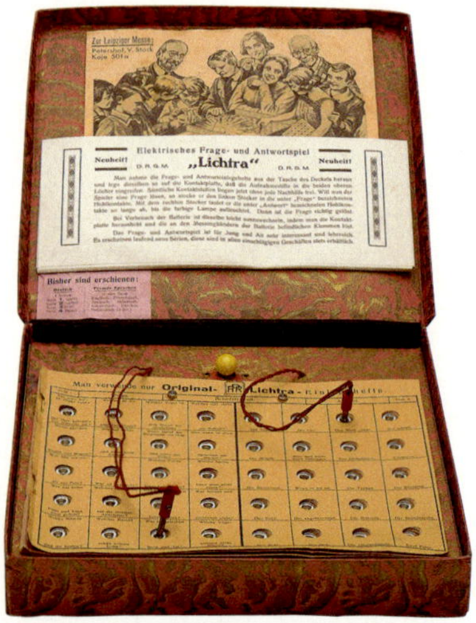

M2 *Frage- und Antwortspiel (um 1910) – Der Spieler kann mit Hilfe von Steckverbindungen sein Wissen überprüfen. Bei richtigen Antworten leuchtet eine Lampe.*

> (Ich war) ein guter Ballspieler geworden; es versagte mir selten ein Schlag; ich brachte den Ball dahin, wohin ich ihn haben wollte, und ließ deshalb keinen meiner Mitspieler im Felde sitzen. Im Winter wurde viel geschlittert; Schlittschuhe kannte man … nicht … Im Sommer waren uns die Fichten der angenehmste Tummelplatz. Die großen Häuser unserer Verwandten und Bekannten … boten auf den Kornspeichern, in den Holzlagern, in den Brauhäusern, in den Stallungen, Höfen und Gärten einen ungeheuren Spielraum dar.

M3 *Geschichten des Alltags (Buch 1992)*

1 a) Berichte, welche neuen Spielzeuge mit der Erfindung der Dampfmaschine aufkamen (Text, M1, M2).
b) Erkläre, warum diese Art von Spielzeug um 1900 besonders beliebt war (Text).

2 Schildere, wie Kinder aus armen Verhältnissen spielten (M3).

3 Bewerte die unterschiedlichen Spielmöglichkeiten der Kinder.

Schule um 1900

Um 1900 gab es in Deutschland eine allgemeine Schulpflicht. Dies bedeutete für die meisten Kinder acht Jahre Volksschulzeit. Nur sechs von hundert besuchten weiterführende Schulen, wie Mittelschulen oder Gymnasien.

Alle Kinder sollten auf der Volksschule eine umfassende Allgemeinbildung erhalten. Jeder sollte lesen und schreiben lernen. Für die Einführung der Schulpflicht gab es aber auch andere Gründe. So hatte das Militär den schlechten Gesundheitszustand vieler junger Männer beklagt. Sie waren durch jahrelange Kinderarbeit körperlich geschädigt. In der Schule konnten sie geschützt, aber auch zur Vaterlandsliebe erzogen werden.

Schulen wurden von Gemeinden und dem Staat bezahlt. Da dies sehr teuer war, wurden in der Volksschule die Unterrichtsstunden in sehr großen Klassen mit bis zu 54 Schülern erteilt.

M4 *Einschulungskinder vor einer Volksschule (Glückwunschkarte)*

M5 *Unterricht zu Beginn des 20. Jahrhunderts*

Der regelmäßige Schulbesuch war für Kinder aus armen Familien oft nicht möglich. Jene, die auf dem Land lebten, mussten besonders in den Sommermonaten hart in der Landwirtschaft arbeiten. In den Städten halfen die Kinder vor allem im Dienstleistungsbereich, um die Familie zu unterstützen.

4 Berichte über die Gründe zur Einführung der Schulpflicht.

5 a) Beschreibe die Volksschule (M4, M5).
b) Schildere, wie der Unterricht in einer Volksschulklasse war.

6 Nenne damalige Schularten.

7 Erkläre, warum ein regelmäßiger Unterrichtsbesuch oft nicht möglich war (Text, M6).

M6 *Kinderarbeit auf dem Land*

Kinder im 21. Jahrhundert

M1 *In einem heutigen Kinderzimmer*

Spielen heute

In die Kinderzimmer von heute sind neben Plastikspielsachen vor allem elektronische Geräte eingezogen. Fernseher, DVD-Player, Spielkonsolen, Computer gehören heute fast schon zum Standard. Viele Kinder spielen kaum noch draußen. Falsche Essgewohnheiten und Bewegungsmangel führen zu Erkrankungen.

M3 *Kinder fahren Inlinescates.*

Deutschlands Kinder werden immer unbeweglicher: Bei einer Rumpfbeuge erreichen 43 Prozent nicht das Fußsohlenniveau. Mehr als ein Drittel der Kinder und Jugendlichen ist nicht in der Lage, zwei oder mehr Schritte auf einem drei Zentimeter breiten Balken rückwärts zu balancieren. ...(Die Ergebnisse) zeigen wie wichtig in Zeiten von Computerspielen körperliche Aktivität für Kinder ist, und zwar nicht nur für die motorische, sondern auch für die geistige Entwicklung. Dabei müssen es nicht immer aufwändige Spiel- und Sportprogramme sein, auch die klassischen Kinderspiele für draußen sind heute noch aktuell.

M2 *Gesundheit der Kinder heute (Bericht 2007)*

1 Berichte, welche Spielgeräte heute beliebt sind (Text, M1).
2 a) Erkläre die Auswirkungen der Freizeitgestaltung auf die Gesundheit von Kindern (M2, Text).
b) Erkläre, wie Kinder mit Spielen gesünder leben können (Text, M3).
c) Erstelle eine Spielekartei für Pausenspiele.
3 Befragt eure Eltern und Großeltern zu früheren Spielzeugen.

Schule heute

In der Bundesrepublik Deutschland gibt es eine gesetzliche Verpflichtung für Kinder ab einem bestimmten Alter die Schule zu besuchen. Kinder haben aber nicht nur die Pflicht zur Schule zu gehen, sondern sie haben auch ein Recht darauf.

> Die Staaten erkennen das Recht des Kindes auf Bildung an; um die Verwirklichung dieses Rechts auf der Grundlage der Chancengleichheit fortschreitend zu erreichen, werden sie insbesondere a) den Besuch der Grundschule für alle zur Pflicht und unentgeltlich machen; ... e) Maßnahmen treffen, die den regelmäßigen Schulbesuch fördern und den Anteil derjenigen, welche die Schule vorzeitig verlassen, verringern.

M4 *Auszug aus Artikel 28 der UN-Kinderrechtsabkommen*

UN

UN bedeutet United Nations (Vereinte Nationen). In dieser Organisation sind über 190 Staaten zusammengeschlossen. Die Organisation achtet zum Beispiel auf die Einhaltung der Kinderrechte. Kinderrechte sind unter anderem: Recht auf Bildung, Recht auf Spiel und Freizeit, Schutz vor Kriegen und Schutz vor Kinderarbeit.

An allen Schulen unterrichten heute gut ausgebildete Lehrer. Schule ist nicht mehr Pauk- und Prügelschule, sondern soll Schüler zum Mitdenken anregen und selbstständig machen. Dazu werden auch die Klassenräume verlassen und Erkundungen vor Ort gemacht.

M5 *Schüler besuchen den Archäologischen Park in Xanten*

M6 *Eine Schülerin räumt Regale ein und verdient sich damit Geld.*

4 Erkläre, was heute Schulpflicht bedeutet.
5 Zeige auf, welche Rechte den Kindern durch die UN zugesichert werden (M4).
6 Berichte, wie sich die Schule bis heute verändert hat (Text, M5).
7 Beurteile, ob in dem Fall von M6 Kinderarbeit vorliegt.
8 Diskutiert über die Bildungsmöglichkeiten in verschiedenen Zeiten. Benutzt dazu die Seiten 144 bis 153.

Die hier vorgestellten Spiele könnt ihr ganz schnell nachbauen und dann spielen. Dazu braucht ihr nur die angegebenen Materialien und die entsprechende Anzahl von Mitspielern.

Spielen wie Kinder im Römischen Reich

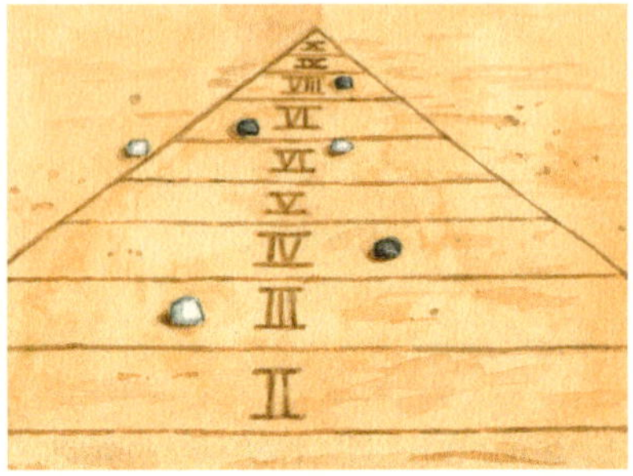

Das Deltaspiel

Dieses Spiel kann man zu zweit oder als Mannschaftsspiel spielen. Zeichnet den Spielplan mit Kreide auf den Schulhof oder den Gehweg. Jeder Spieler hat fünf Steine. Der Reihe nach versucht jeder seine Steine in ein Feld mit möglichst hoher Zahl zu werfen. Am Ende werden die Zahlen zusammengezählt. Gewonnen hat, wer die höchste Zahl erreicht hat.

Das Nüssespiel

Wenn Kinder keine Spielgeräte hatten, halfen sie sich mit Materialien aus der Natur. Du brauchst für die Nüssehaufen dreimal vier Walnüsse, also 12 Stück. Darüber hinaus braucht jeder Mitspieler drei Wurfnüsse. Legt die Nusshäufchen folgendermaßen: drei wie ein Dreieck, die vierte oben auf. Messt eine passende Entfernung ab und zieht einen Strich, von dem aus ihr werft. Jeder Spieler hat drei Würfe. Wer die meisten Häufchen zerstört, hat gewonnen.

Spielen wie Kinder im Mittelalter

Hnefatafl

Dies ist ein Spiel für zwei Spieler. Stellt euch ein quadratisches Spielbrett her und markiert 7x7 oder 9x9 oder 11x11 Punkte. Als Spielfiguren kannst du Steine, Glasperlen oder Ähnliches nehmen. Sie werden immer gerade, nie diagonal gesetzt. Dieses Spiel war in Europa weit verbreitet, deshalb gibt es viele Varianten:

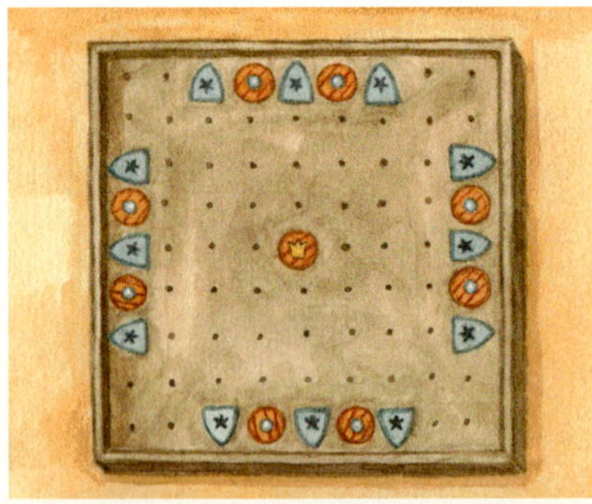

Variante 1 (mit Würfel): Der König in der Feldmitte muss sich mit einigen Rittern gegen eine Überzahl von angreifenden Rittern in Sicherheit bringen. Gewonnen hat der König, wenn es gelingt, ihn mit seinen eigenen Rittern einzukreisen, oder wenn er an den Spielfeldrand gelangt. Der König gilt als gefangen, wenn die feindlichen Ritter ihn umkreisen. Gezogen wird abwechselnd nach gewürfelter Augenzahl. Die Ritterzahl bestimmst du selbst.

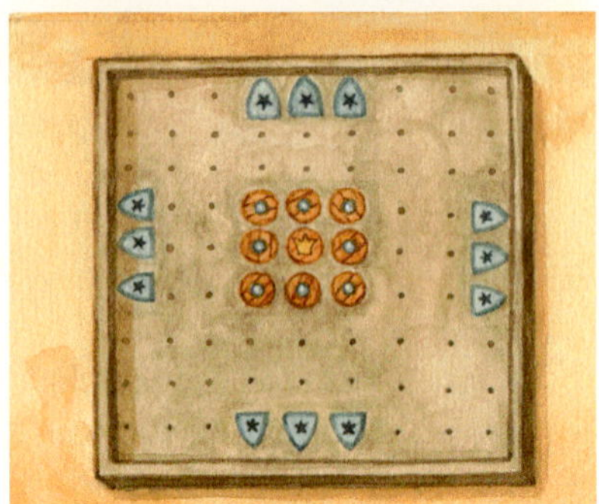

Variante 2: Der König in der Feldmitte muss sich mit seinen acht Rittern vor zwölf angreifenden Rittern retten. Schafft er es, in eine seiner vier Burgen an den Ecken des Spielfeldes zu gelangen, hat er gewonnen. Bei jedem Zug dürfen die Spieler je einen Stein um ein Feld versetzen. Während des Spiels bekämpfen sich die Ritter. Dabei müssen die Spieler versuchen, einen gegnerischen Ritter mit zwei eigenen Rittern zu umklammern. Wenn das gelingt, wird der geschlagene Ritter aus dem Spiel genommen. Der Angreifer hat gewonnen, wenn er den König mit zwei Rittern eingeklammert hat.

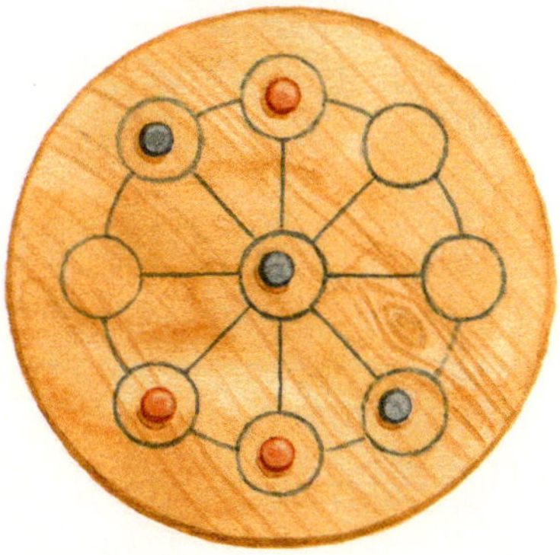

Landshuter Rundmühle

Dies ist ein Spiel für zwei Spieler. Ihr könnt es im Freien oder auf einem selbst hergestellten Spielbrett spielen. Jeder der beiden Spieler erhält drei Spielsteine der gleichen Farbe. Hier könnt ihr einfache Steine, Holzscheiben, Münzen oder Ähnliches nehmen. Abwechselnd legt nun jeder seine drei Steine auf ein freies Feld. Dann werden die Steine abwechselnd jeweils um ein Feld weiter geschoben. Gewonnen hat am Ende derjenige Spieler, der als erster seine drei Spielsteine in eine Reihe (= Mühle) legen konnte. Damit die Mühle gültig ist, muss das Feld in der Mitte des Spielfeldes besetzt sein.

Spielen wie Kinder um 1900

Himmel und Hölle

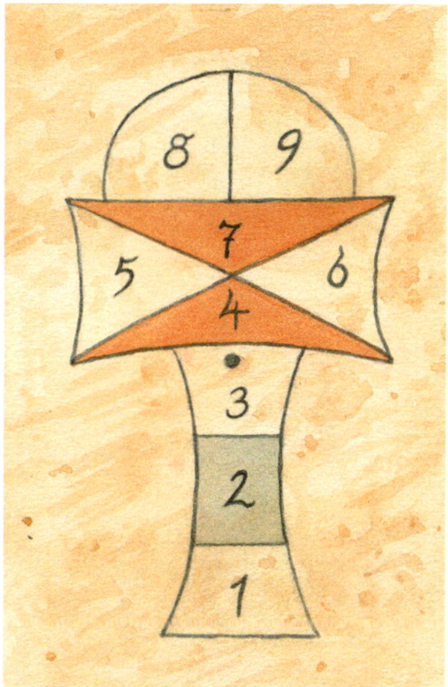

Zeichnet mit Kreide das nebenstehende Spielfeld auf eine freie Fläche, zum Beispiel auf den Schulhof. Besorgt euch einen kleinen Stein. Dieser Stein muss nacheinander in die Felder 1 bis 9 geworfen werden. Triffst du das entsprechende Feld, beginnst du auf einem Bein loszuhüpfen. Das Feld mit dem Stein wird übersprungen. Die Felder 5 und 6 betrittst du gleichzeitig mit je einem Bein, das Feld 7 wieder nur mit einem Bein. Die Felder 8 und 9 werden wieder gleichzeitig mit jeweils einem Bein betreten. Hier darf man sich kurz ausruhen, deswegen nennt man diesen Bereich auch Himmel. Mit einer Halbdrehung wird die Richtung geändert und man landet wieder beidbeinig in den Feldern 8 und 9. Danach geht es in gleicher Weise zurück. Dabei sammelst du den Stein wieder ein. Verloren hat, wer beim Hickeln über die Linien tritt, den Stein vergisst oder aus dem Gleichgewicht kommt und mit beiden Beinen eine unerlaubte Stelle betreten muss.

Der Kaiser schickt seine Soldaten aus

Dieses Spiel wird im Freien gespielt. Ihr braucht hierfür zwei Mannschaften, die etwa gleich stark sein sollten. Jede Mannschaft hat einen Kaiser. Die Mannschaften stehen sich in einiger Entfernung gegenüber (15–20 Meter). Ihr stellt euch nebeneinander und haltet euch ganz fest an den Händen. Der Kaiser schickt nun einen Soldaten los, indem er ruft: „Der Kaiser schickt Soldaten aus und schickt dabei … (Name des Kindes) aus.“ Dieses Kind hat nun die Aufgabe mit Schwung durch die Kette der gegnerischen Mannschaft zu laufen, sodass diese zerreißt. Gelingt das, kann es eines der beiden Kinder, bei denen die Kette zerrissen ist, für die eigene Mannschaft mitnehmen. Bleibt es aber in der Kette hängen, dann gehört es von nun an zur gegnerischen Mannschaft. Wenn die Kette beim Kaiser reißt, darf nur das Kind an seiner Seite mitgenommen werden. Verloren hat die Mannschaft, bei der nur noch der Kaiser übrig geblieben ist.

Einführung in die Erdkunde

Erdkunde – dein neues Schulfach

Was ist Erdkunde?

Das Schulfach Erdkunde heißt in der Wissenschaft Geografie. Das Wort kommt aus der griechischen Sprache und bedeutet Beschreibung der Erde. Die Geografen beschäftigten sich früher mit der Beschreibung von Ländern. Das nannten sie Länderkunde. Später erforschten sie, wie die Menschen in verschiedenen Ländern der Erde leben, arbeiten, sich versorgen und wohnen. Auch die Folgen des menschlichen Handelns für die Umwelt werden untersucht.

Die folgende Mindmap vermittelt einen Eindruck davon, womit sich das Fach Erdkunde beschäftigt. Da es nicht möglich ist alle Themenfelder aufzuschreiben, wurden einige wichtige ausgewählt.

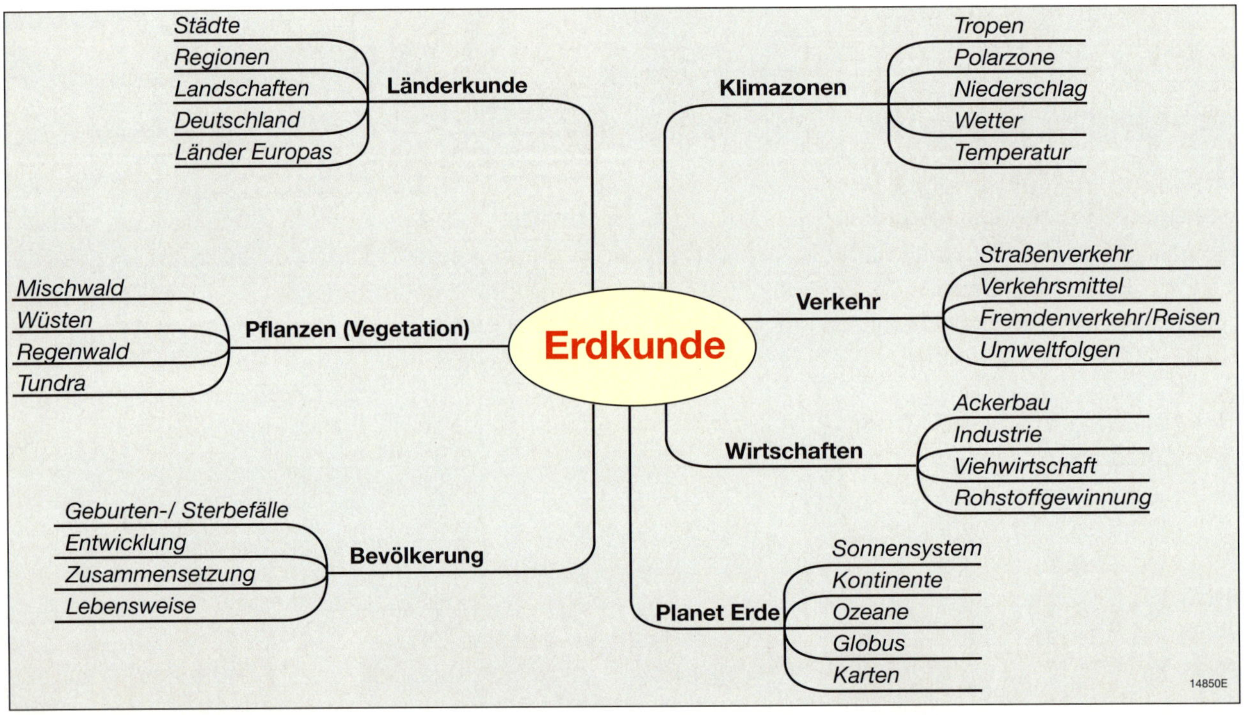

M1 *Mindmap zur Erdkunde*

Im Erdkundeunterricht in der Schule lernst du, wo sich etwas auf der Erde befindet und wie es entstanden ist. Darüber hinaus erfährst du, wie Menschen in verschiedenen Gebieten der Erde leben. Einige haben ihre Lebensweise den natürlichen Gegebenheiten angepasst, andere haben die Natur nach ihren Bedürfnissen verändert. Von besonderer Bedeutung ist somit die Frage, welche Folgen diese Veränderungen für die Menschen und die Umwelt haben. Deshalb gibt es viel zu erforschen.

1 Ordne den Fotos aus dem Puzzle der Seiten 156 und 157 passende Themen aus der Mindmap zu (M1).

Eine Mindmap erstellen

1. Schritt: Thema festlegen
Einigt euch auf ein Thema (zum Beispiel „Mein Wohnort“). Dieses schreibst du in die Mitte eines leeren Blattes. Lege das Blatt dazu quer. Zeichne einen dicken farbigen Kreis um das Thema oder schreibe es farbig.

2. Schritt: Begriffe sammeln
Zeichne einige dicke Linien, die sogenannten Hauptäste, an den Kreis. Schreibe nun möglichst viele Gedanken und Begriffe zu dem Thema auf. Diese sollten nur aus ein oder zwei Wörter bestehen. Nimm dir ausreichend Zeit dafür, damit deine Mindmap möglichst vollständig wird.

3. Schritt: Oberbegriffe finden
Die Wörtersammlung ist zunächst ein ziemliches Durcheinander, das sortiert werden muss. Suche dazu nach Oberbegriffen, denen du die notierten Begriffe zuordnen kannst.

4. Schritt: Mindmap erstellen
Schreibe das Thema auf ein neues Blatt Papier und zeichne die Hauptäste. Auf jeden Hauptast schreibst du nun einen Oberbegriff. An die Hauptäste kannst du weitere kleine Zweige mit den dort passenden Begriffen anhängen. Diese Verästelungen machen deutlich, was zusammengehört.

Tipp: Du kannst Deine Mindmap mit Bildern, Zeichnungen und Symbolen ausgestalten.

Mindmap
Eine Mindmap fasst Begriffe und Gedanken zu einem Thema geordnet zusammen. Der Vorteil einer Mindmap ist, dass man viele wichtige Informationen auf kleinem Raum übersichtlich zusammenfassen kann. Zudem kann man Mindmaps im Gegensatz zu Texten problemlos erweitern.

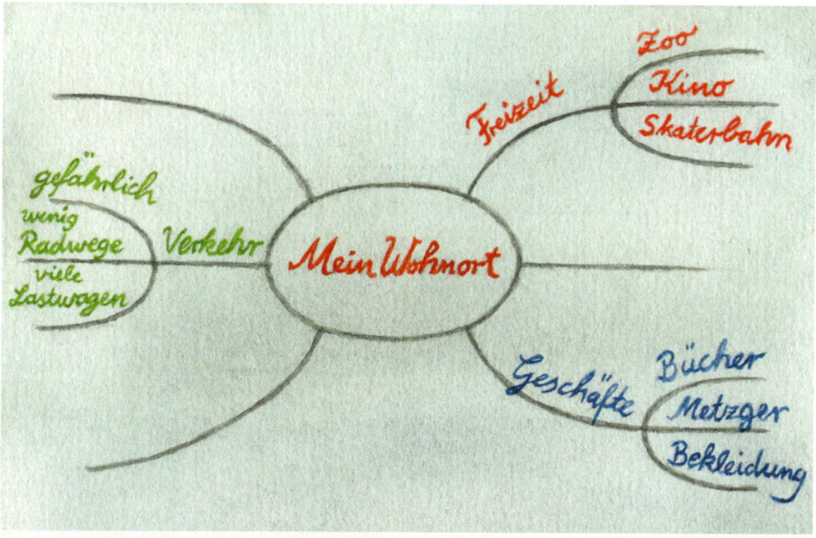

M1 *Mindmap zum Thema Wohnort*

M2 *Eine Schülerin erstellt eine Mindmap.*

1 Stelle mit Hilfe deiner Mindmap deinen Wohnort in der Klasse vor.

Luftbild von Celle – Übertragung in eine Karte

Kindergarten
Französischer Garten
Italienischer Garten
Blumlage
Magnusgraben
Maulbeerallee
Neues Rathaus
Kurt-Blanke-Straße
Wehlstraße

Orientieren mit Himmelsrichtungen

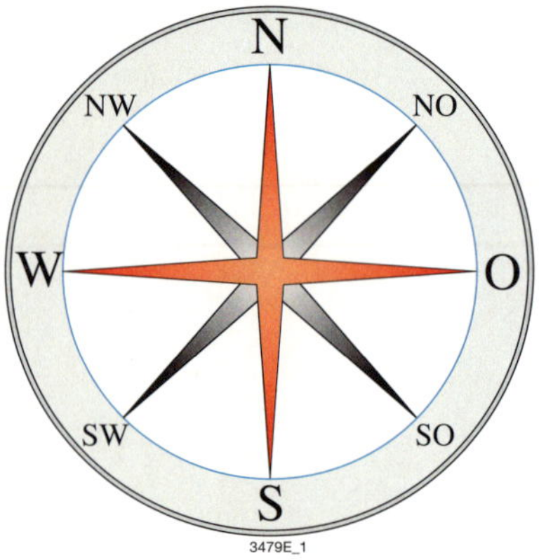

M1 *Himmelsrichtungen (Windrose)*

Stimmt die Richtung?

Um sich in einer fremden Umgebung zurechtzufinden, hilft eine Karte. Dazu musst du die Himmelsrichtungen kennen, um nach ihnen die Karte ausrichten zu können. Auf Karten ist Norden immer der obere Kartenrand.

Wenn du einen **Kompass** nimmst, ist der Rest nicht schwer. Der Kompass enthält eine Einteilung, die man Windrose nennt. Darauf sind die Himmelsrichtungen mit ihren Abkürzungen eingetragen. Die Kompassnadel zeigt immer nach Norden in Richtung Nordpol. Die Anfangsbuchstaben ergeben im Uhrzeigersinn gelesen die Reihenfolge der Himmelsrichtungen: Norden, Osten, Süden und Westen. Mit dem Merksatz „Nie ohne Stiefel wandern" kann man die Reihenfolge gut behalten.

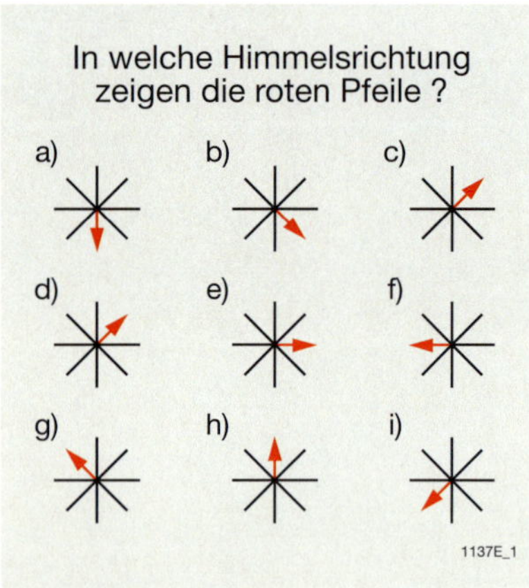

M2 *Wissenstest*

1 a) Besorgt euch einen Kompass. Geht auf den Schulhof und zeichnet mit Kreide die Himmelsrichtungen auf.
b) Bestimmt die Himmelsrichtung zu verschiedenen Punkten. Zum Beispiel: Die Turnhalle ist westlich von uns.

2 Beantworte die Frage in M2.

3 Sieh dir die Zeichenerklärungen in M3 an. Ergänze dann die Himmelsrichtungen in den folgenden Sätzen:
Anne wohnt in der ... straße.
Von dort aus liegt die Schule im ... .
Der Bahnhof liegt von dort im ... .
Der Sportplatz liegt von Annes Wohnung im ... .
Das Rathaus liegt von dort im ... .
Die Hauptstraße verläuft von ... nach ... .
Die ... straße verläuft von ... nach ... .
Von Annes Wohnung aus liegt die Kirche im ... .

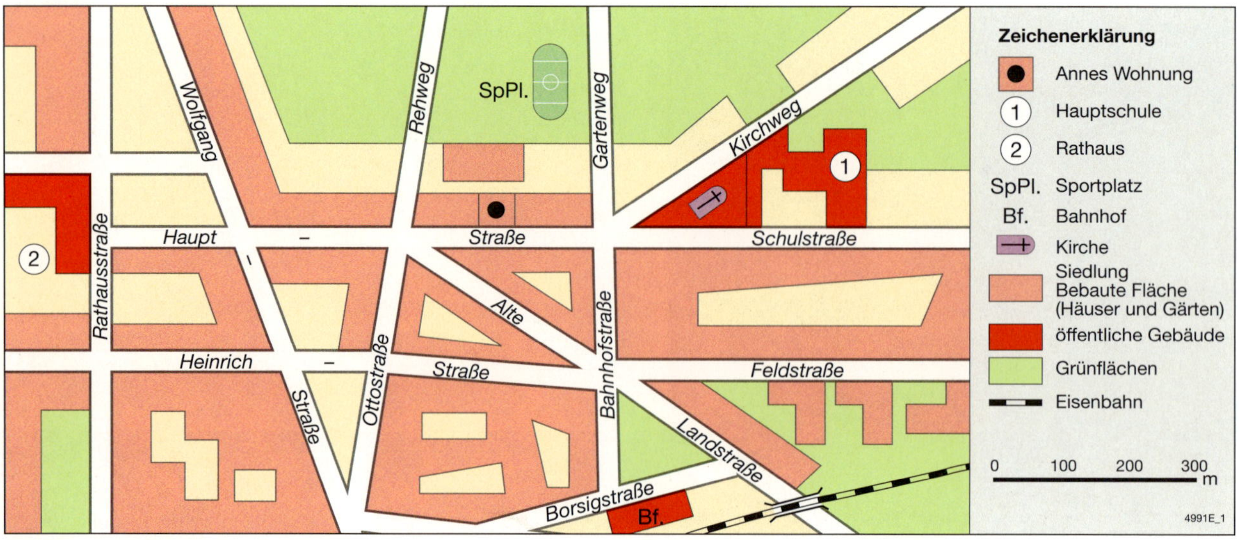

M3 *Straßenplan*

Orientierung ohne Kompass

Hast du keinen Kompass, um die Richtung zu bestimmen, kannst du dir folgendermaßen helfen. In unseren Städten zeigen an den Häusern die Satellitenschüsseln nach Süden. In alten Kirchen steht der Altar immer im Osten und der Turm im Westen. Im Wald sind Ameisenhaufen nach Süden ausgerichtet. Auch das Moos an den Bäumen hilft bei einer groben Bestimmung der Himmelsrichtung, denn im Westen wächst es stärker.

Wenn die Sonne scheint, kannst du die Himmelsrichtung ganz leicht selbst bestimmen. Dazu brauchst du eine Uhr mit Zeigern. Schau von oben auf die Uhr. Drehe die Uhr so, dass der kleine Zeiger auf die Sonne zeigt. Die Himmelsrichtung Süden liegt nun in der Mitte zwischen dem kleinen Zeiger und der Zahl 12.

4 Bestimme, wo in M4 Westen und Osten liegen.

M4 *Bestimmung der Himmelsrichtungen*

M5 *Lage von Hannover in Niedersachsen*

Entwickelt Fragen zu M5 für ein Quiz in der Klasse.
- Welche Städte liegen nördlich des Mittellandkanals?
- Welche Städte liegen südlich von …?
- …

Orientieren mit Karten

Nachtigallenweg A 6
Nanda-Herbermann-Weg D 1
Neisemeyerweg F 7
Neißestraße A 2
Nelkenweg G 5
Neubrückenstraße C 1
Neubrückentor C 1
Neuer Heidkamp F 5
Neuversener Straße E 6
Nevinghoff D 8
Nicolaistraße G 2
Nieberdingstraße E 4
Niedenstiege D 5
Niederort F 8
1300G

M1 *Ausschnitt aus einem Straßenverzeichnis*

	A	B	C	D	E	F	G	H	I
1									
2									
3									
4									
5									
6					E6				
7									
8									
9									13526E_1

M2 *Planquadrate im Gitternetz*

Stadtpläne und Landkarten

Irgendwann einmal kommst du in eine fremde Stadt und muss dort ein bestimmtes Ziel erreichen. Hierbei kannst du dir Zeit und Umwege ersparen, wenn du einen Stadtplan lesen kannst.

Ein Stadtplan besteht nicht nur aus einer Karte, sondern auch aus einem Straßenverzeichnis. Dort findet man die Namen aller wichtigen Straßen. Sie sind nach dem Alphabet geordnet. Hinter den Straßennamen stehen Buchstaben und Zahlen, zum Beispiel Neuversener Straße E6. Mit diesen Angaben kann man die Straßen schnell finden.

Dazu sind auf allen Stadtplänen Linien in gleichen Abständen eingezeichnet. Diese Linien bilden gemeinsam ein Gitternetz. Das Gitternetz ist an der Seite mit Zahlen versehen. Oben oder unten stehen Buchstaben. Jeder Buchstabe gilt für alle Felder, die über oder unter ihm liegen. Jede Zahl gilt für alle Felder, die links oder rechts von ihr liegen. Zusammen markieren sie die **Planquadrate** auf der Karte.

Suchst du die Neuversener Straße, legst du einen Finger am oberen Rand auf den Buchstaben E und einen Finger am linken Rand auf die Zahl 6. Mit beiden Fingern ziehst du zur Mitte der Karte. Wo sie sich treffen, findest du die Neuversener Straße.

1 Meisterdieb Ede hat einen Juwelier überfallen. Er musste seine Beute zunächst in der Stadt verstecken. Nun will er sie holen, doch er muss vorsichtig sein. Die Polizei sucht nach ihm.

a) Notiere die Planquadrate, in denen sich die acht Beuteteile befinden. Nenne dabei zuerst den Buchstaben.

b) Notiere die Planquadrate, in denen Gefahren für Ede lauern.

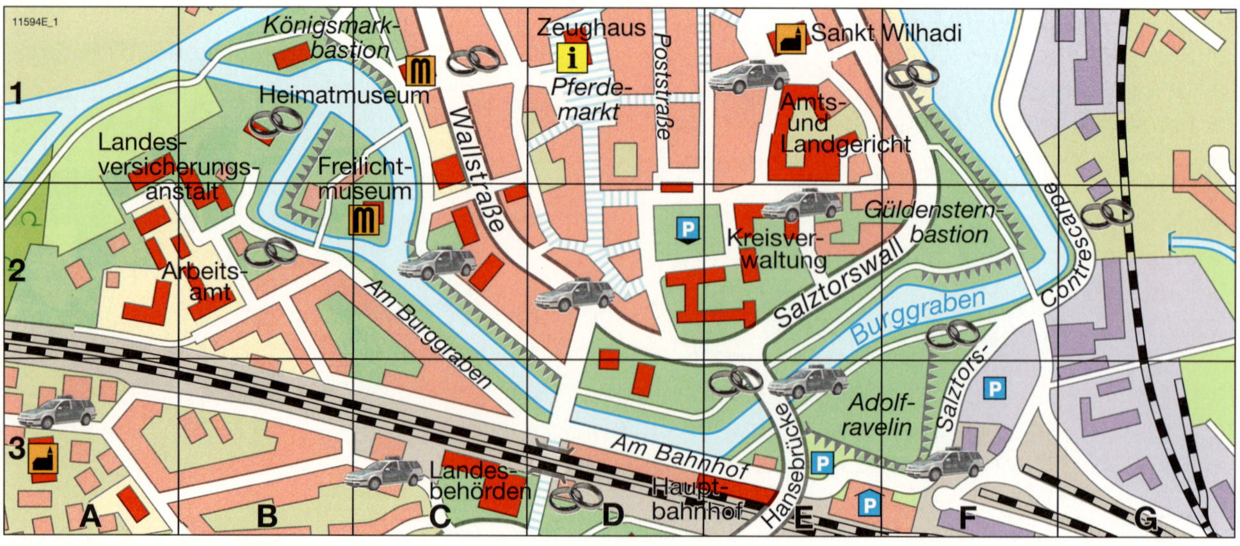

M3 *Stadtplan mit Gitternetz*

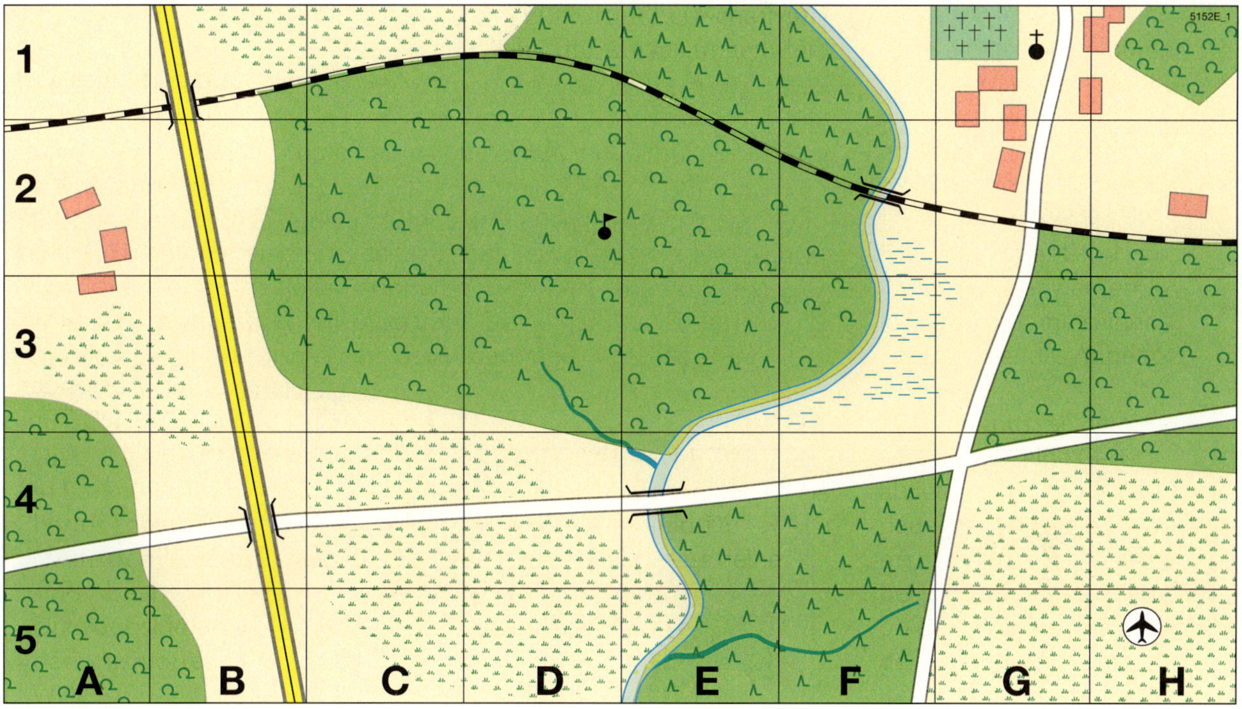

M4 *Landkarte (Ausschnitt)*

Pläne und Karten sind von oben dargestellt. Stadtpläne zeigen ein relativ kleines Gebiet. Sie sind einfach zu lesen. Eine Straße wird als recht dicke Linie dargestellt und ein Haus ist ein Kästchen.

Landkarten zeigen ein größeres Gebiet. Es ist nicht mehr möglich, alle Einzelheiten einzuzeichnen. Deshalb werden nur die wichtigsten Verkehrswege, Flüsse, Wälder und Bauten angegeben. Sie sind durch besondere Kartenzeichen dargestellt. Die Landkarte wird dadurch übersichtlicher. Die Zeichen sind auf den Karten erklärt. Die Zeichenerklärung einer Karte nennt man **Legende**.

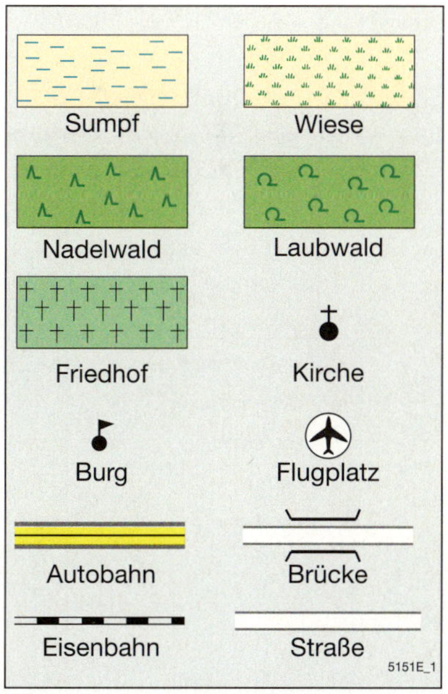

M5 *Kartenzeichen (Legende)*

2 Ergänze mithilfe von M4 und M5 folgende Sätze:

a) Die Kirche des Dorfes liegt im Planquadrat … .
b) Eine Burg steht im Planquadrat … .
c) Der Flugplatz ist im Planquadrat … zu finden.
d) Eine Straßenkreuzung findest du im Planquadrat … .
e) Die Autobahnbrücke steht im Planquadrat … .
f) Der Friedhof des Dorfes liegt im Planquadrat … .
g) Ein Fluss entspringt im Planquadrat … .
h) Sumpfgelände findet man in den Planquadraten … .
i) Die Autobahn verläuft vom Planquadrat … zu … .
j) Im Planquadrat B1 stehen … Häuser.
k) Eine Brücke über den Fluss liegt im Planquadrat … .
l) Laub- und Nadelwälder findet man in den Planquadraten … .
m) Die Eisenbahnlinie verläuft durch die Planquadrate … .

Neue Schulwege

Mit dem Fahrrad …

Mit dem Besuch der neuen Schule ist für die meisten von euch auch ein neuer Schulweg verbunden. Dieser ist für viele länger als der Weg zur Grundschule.

Jens fährt mit dem Fahrrad zur Schule. In der Pause unterhält er sich mit Chris über seinen neuen Schulweg. Chris ist erstaunt. Obwohl Jens ganz in seiner Nähe wohnt, fährt er morgens einen völlig anderen Weg.

Zu Hause zeigt Chris seinen Eltern die Skizze, in der Jens und Chris ihre Schulwege eingezeichnet haben. Chris Vater holt einen Stadtplan, um die beiden Wege zu vergleichen.

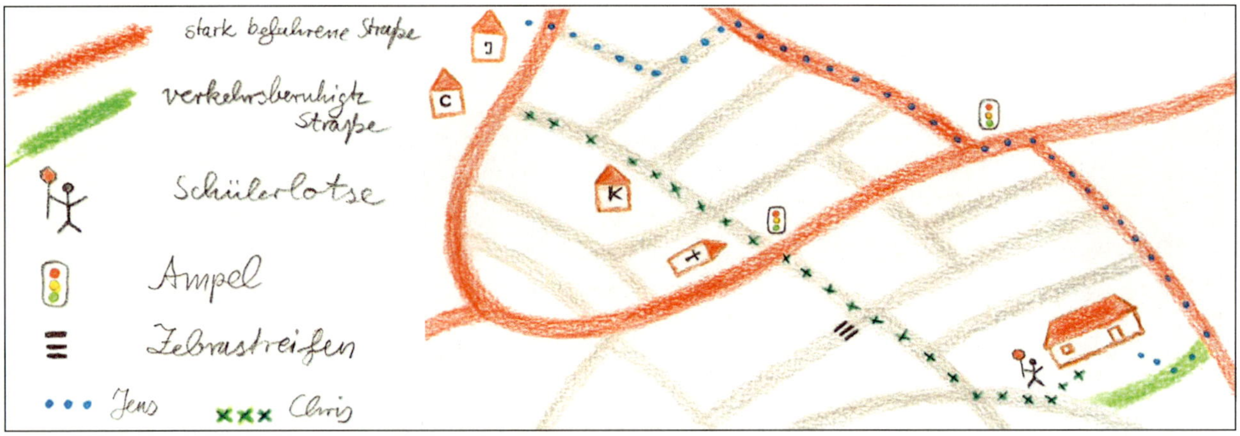

M1 *Skizze des Schulwegs von Jens und Chris*

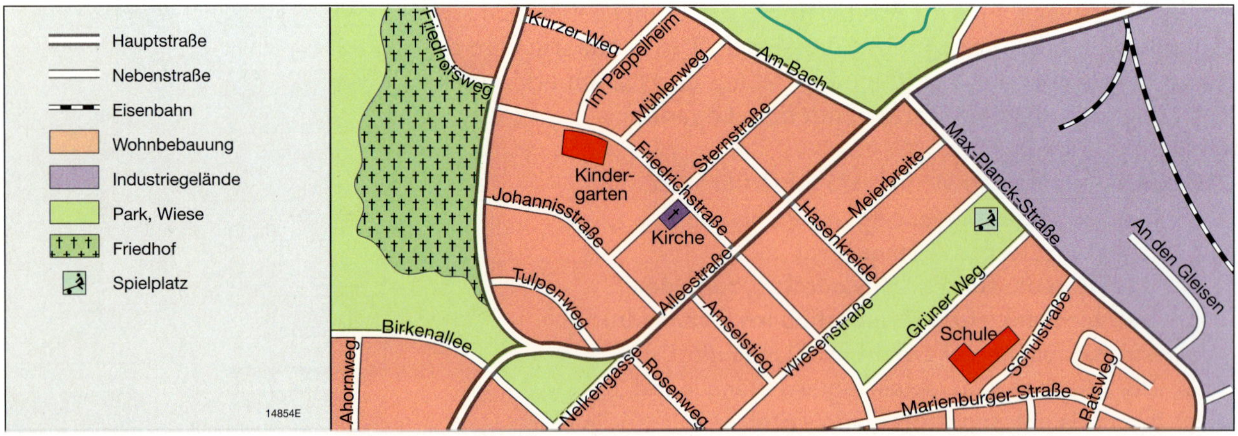

M2 *Ausschnitt aus einem Stadtplan*

1 Beschreibe den Schulweg von Jens in Worten (M1, M2).
2 Erkläre, warum Chris einen anderen Schulweg wählt (M1, M2).
3 Fertige eine Skizze deines Schulwegs an. Verwende dabei dieselben Symbole wie in M1.

… und mit dem Bus

Sabine und Dennis gehen in dieselbe Klasse. Sie fahren mit dem Bus zur Schule, weil ihr Schulweg recht lang ist. Am Morgen gehen sie die zehn Minuten bis zur Bushaltestelle gemeinsam. Auf ihrem Weg dorthin sehen sie viele verschiedene Straßenschilder. „Weißt du, was dieses runde rote Schild mit dem Männchen in der Mitte bedeutet?“, fragt Dennis. „Ich habe keine Ahnung“, antwortet Sabine. Sie stellen fest, dass sie viele Schilder nicht kennen.

Die Bushaltestelle liegt auf der anderen Straßenseite der stark befahrenen Hauptstraße. Ein Fußgängerüberweg ist nicht vorhanden. „Oh Mann“, stöhnt Sabine, „das wird nicht einfach auf die andere Straßenseite zu kommen. Ganz schön gefährlich.“ „Wenn das mal alles wäre“, erwidert Dennis und zeigt mit dem Finger Richtung Bushaltestelle. „Schau mal, dort geht es auch gefährlich zu.“

M9 *An der Bushaltestelle*

4 Erkläre die Bedeutung der Verkehrszeichen (M4–M9).

5 Erkläre, wie Sabine und Dennis möglichst sicher die Straße überqueren.

6 a) Beschreibe die Situation in M10.
b) Nenne Gefahren, die es für Schülerinnen und Schüler an einer Bushaltestelle gibt.

7 Sprecht in der Klasse darüber, wie ihr euch im Schulbus verhalten solltet und stellt dazu Regeln auf. Denkt dabei an folgende Punkte: Ein- und Aussteigen, Nutzung von Sitzplätzen oder Stehplätzen, Verstauen der Schultasche, Verhalten gegenüber anderen Fahrgästen und während der Fahrt.

M3

M4

M5

M6

M7

M8

Wir sind mobil

Mobilität
Mobilität meint die Bewegung von Menschen im Raum. Sie ist in unserem Alltagsleben wichtig und notwendig, birgt aber auch Gefahren und belastet die Umwelt.

Auf dem Schulweg

Morgens sind die Straßen besonders voll. Die Erwachsenen begeben sich auf den Weg zu ihren Arbeitsstätten und die Schüler strömen aus allen Richtungen zur Schule. Einige Schüler werden von ihren Eltern mit dem Auto gebracht, andere fahren mit dem Bus oder mit dem Fahrrad, wieder andere kommen zu Fuß zur Schule. Sogar Skateboards und Inline Skates werden als Fortbewegungsmittel genutzt. Auf den Straßen geht es dabei oft chaotisch und gefährlich zu.

a

b

c

d

M1 *Gefährliche Situationen auf dem Schulweg*

1 a) Erkläre, welche Gefahrensituationen die vier Bilder zeigen (M1).
b) Berichte, ob du auf deinem Schulweg schon einmal etwas Gefährliches beobachtet hast. Bestimme die Ursache für diese gefährliche Situation.

2 Führt eine Umfrage in eurer Klasse durch.
a) Wie kommt ihr zur Schule?
b) Warum wählt ihr dieses Verkehrsmittel?

Mobilität und die Umwelt

In der Freizeit ist das Auto das bevorzugte Fortbewegungsmittel in Deutschland. Durch das Auto sind wir unabhängig und es bringt uns bequem von einem Ort zum anderen. Es verursacht aber auch viele Probleme: verstopfte Straßen, Lärm und vor allem Abgase.

Wenn Kraftstoff verbrannt wird, entsteht Kohlendioxid (CO_2) als Abfallprodukt. Dieses ist ein **Treibhausgas** und trägt zur Erderwärmung bei.

Vergleicht man den Kraftstoffverbrauch und den CO_2-Ausstoß des Autos mit denen öffentlicher Verkehrsmittel, ist das Ergebnis eindeutig. Das Auto belastet die Umwelt am stärksten.

Fahrradfahren und Laufen sind umweltfreundliche Fortbewegungsarten, da keine Schadstoffe freigesetzt werden und auch kein Lärm verursacht wird.

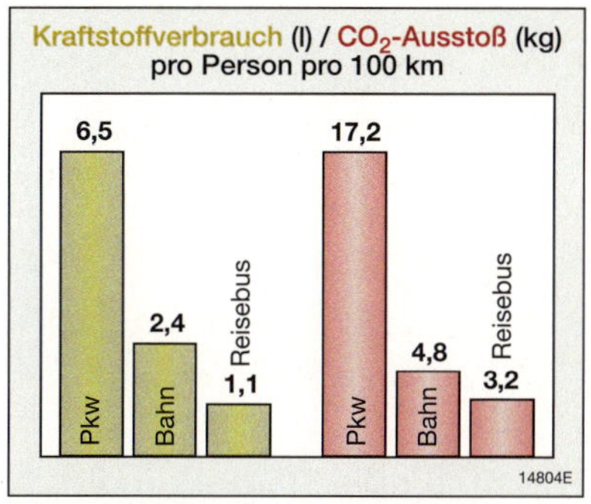

M2 *Kraftstoffverbrauch und CO_2-Ausstoß*

M3 *Aussagen zur Mobilität*

3 a) Bestimme, wie viel Kraftstoff PKW, Bahn und Reisebus auf 100 km verbrauchen (M2).

b) Wie viel CO_2 stoßen sie dabei aus (M2)?

c) Benenne das umweltfreundlichste Fortbewegungsmittel.

4 Nimm zu zwei Aussagen aus M3 Stellung.

5 Alle Arten der Mobilität haben Vor- und Nachteile.

a) Tragt diese zusammen und notiert sie in einer Tabelle. Denkt dabei vor allem an Sicherheit, Weglänge und Umweltfolgen.

b) Beurteile die Umweltverträglichkeit deiner Art, zur Schule zu kommen.

	Vorteile	Nachteile
zu Fuß	- hält fit	
Fahrrad		
Bus		
Auto		- Abgase

Wir erkunden unseren Schulort

Wir gehen zur Schule, besuchen Freunde, gehen einkaufen. Dies alles tun wir in unserer direkten Umgebung, unserem **Nahraum**.

Viele Kinder und Jugendliche beklagen sich über mangelnde Freizeitangebote in ihrer Umgebung. Aber stimmt das auch? Bei einer Erkundung eures Schulortes könnt ihr dies überprüfen und eventuell viel Neues erfahren. Damit eine Erkundung Erfolg hat, müsst ihr sie vorher gemeinsam planen.

Was du für die Stadterkundung brauchst:
- Stadtpläne (Kopien)
- Schreibblöcke
- Bleistifte
- Farbstifte
- Kamera

1. Schritt: Vorbereitung
- Entscheidet, was ihr erkunden wollt. Bei der Untersuchung des Freizeitangebots in eurem Ort könnt ihr Sport- und Bolzplätze, Jugendtreffs, Schwimmbäder, Parkanlagen, Kinos usw. erfassen.
- Besorgt einen Stadtplan und fertigt vergrößerte Kopien von dem Gebiet an, das ihr untersuchen wollt. Teilt das Gebiet in einzelne Bereiche, die von verschiedenen Gruppen untersucht werden.
- Bildet entsprechend viele Gruppen in eurer Klasse.

2. Schritt: Durchführung
- Stattet jede Gruppe mit den notwendigen Materialien aus und führt die Erkundung durch.

3. Schritt: Auswertung
- Tragt die Ergebnisse auf dem Stadtplan ein. Einigt euch auf Flächenfarben für die Freizeiteinrichtungen (M1).
- Beschreibt und bewertet die Möglichkeiten zur Freizeitgestaltung in eurem Ort. Diskutiert Verbesserungsvorschläge.

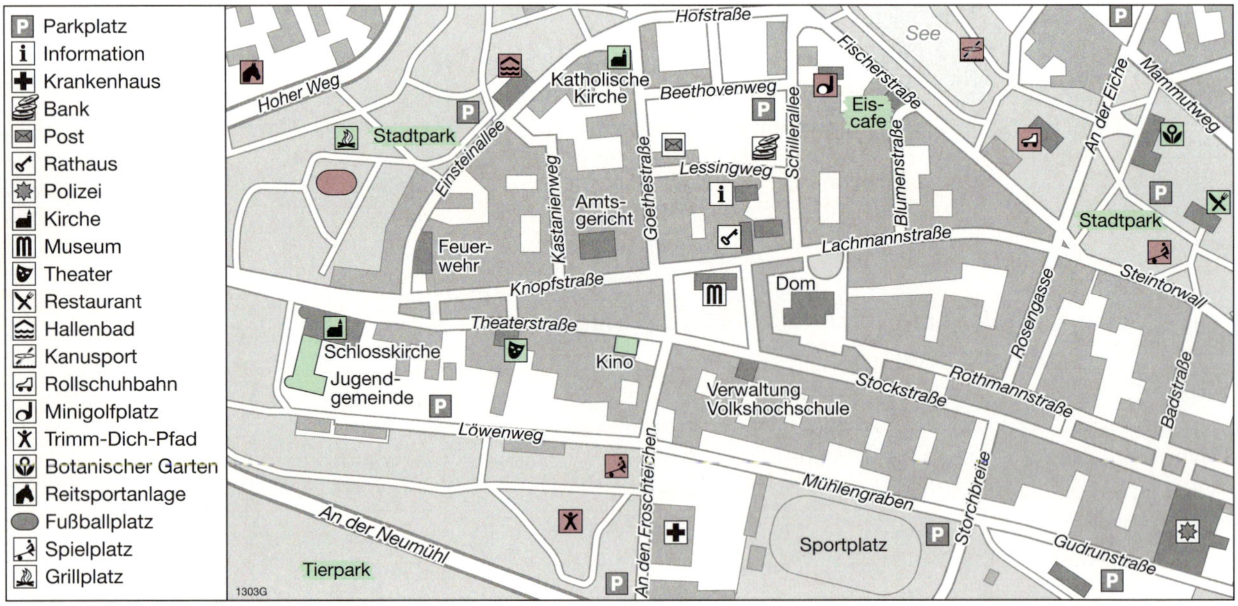

M1 *Ergebnis einer Erkundung zum Freizeitangebot eines Stadtteils (rot: Sport und Spiel, grün: Zusammensein in der Gemeinschaft)*

Was ihr außerdem untersuchen könnt:
- Größe, Einwohnerzahl des Ortes
- Geschichte des Ortes
- wichtige Gebäude und Sehenswürdigkeiten
- öffentliche Verkehrsmittel
- Arbeitsplätze, Industriegebiete
- Wohngebiete (Hochhäuser, Wohnblocks, Einfamilien- und Reihenhaussiedlungen)

Zusätzlich Informationen erhaltet ihr:
- Rathaus
- Gemeindeverwaltung
- Internetseite eurer Stadt
- Touristeninformation
- Stadtmuseum
- Stadtbücherei

Eine andere Klasse hat die wichtigsten Geschäftsstraßen ihres Wohnortes untersucht und eine Nutzungskarte erstellt. Dazu haben sie eine Skizze angefertigt und mit verschiedenen Farben deutlich gemacht, welche Funktionen die Gebäude übernehmen. Die verwendeten Farben müssen in einer **Legende** erklärt werden.

1 a) Benenne Funktionen, die besonders gut erfüllt werden (M2).
b) Benenne Funktionen, die kaum vorhanden sind (M2).

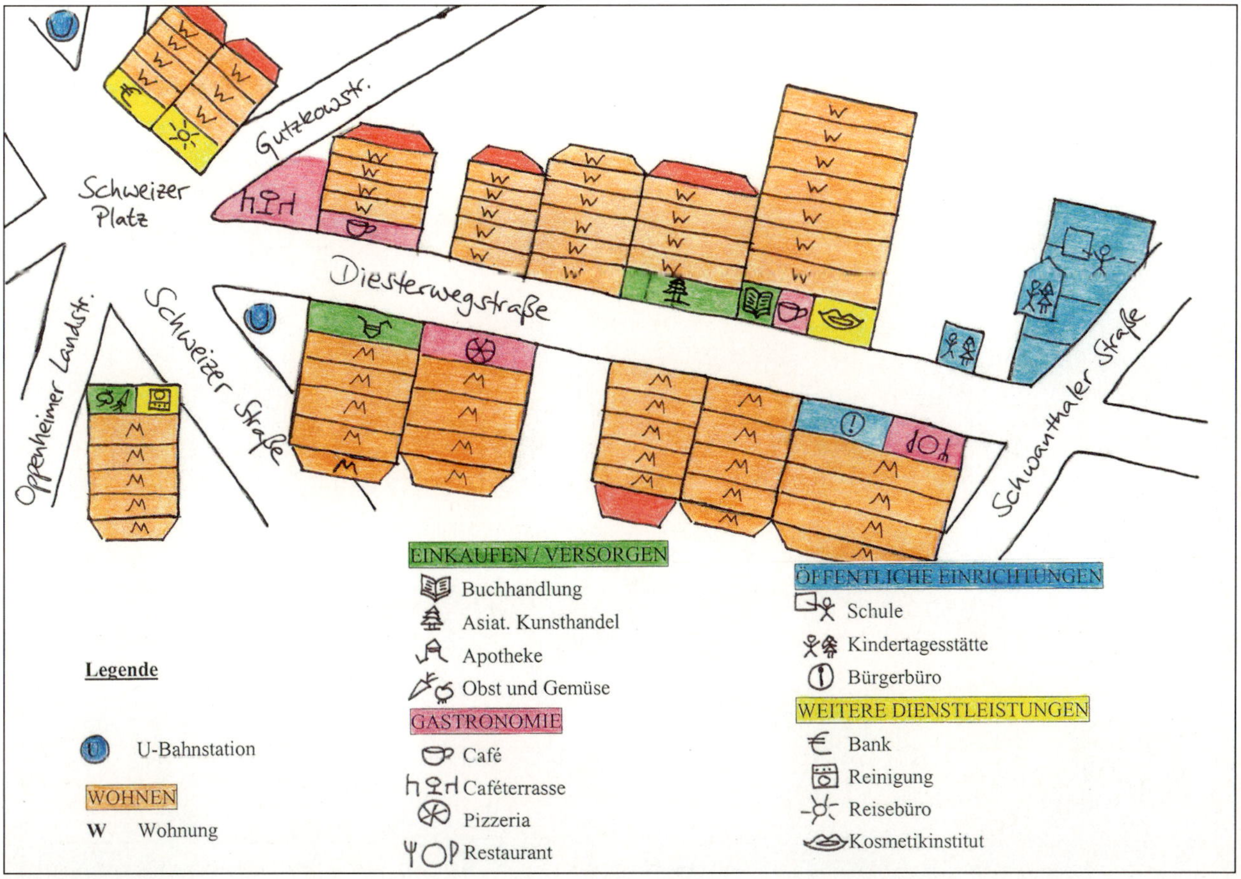

M2 *Nutzungskarte*

Maßstäbe unterscheiden

Maßstab
Der Maßstab ist ein Maß für die Verkleinerung. Je größer die Zahl hinter dem Doppelpunkt ist, umso kleiner ist der Maßstab.

Maßstabsleiste
Auf vielen Karten gibt es eine Maßstabsleiste. Sie erspart das Umrechnen. Man kann mit einem Lineal abmessen, wie lang eine Strecke auf der Karte in Wirklichkeit ist.

Der Maßstab – ein Maß für die Verkleinerung

Fabian hat seinen Fahrradschlüssel verloren. Er entdeckt ihn neben dem Eingang zur Schule hinter einem Baum.

In M1 ist der Schlüssel so groß wie in Wirklichkeit. Das Bild hat den Maßstab 1 : 1 (man spricht: „eins zu eins"). In M2 ist der Schlüssel 10-mal kleiner. Das Bild hat den Maßstab 1 : 10 (man spricht: „eins zu zehn"). In M3 und M4 sind die Maßstäbe noch kleiner. In M4 ist der Schlüssel nicht mehr zu erkennen. Dafür ist die ganze Schule mit der Umgebung abgebildet.

1 Beschreibe M1 bis M4. Zähle jeweils die Dinge auf, die du auf M1, M2, M3 und M4 erkennst.

2 Erkläre, warum Fabians Fahrradschlüssel in M4 nicht mehr zu sehen ist.

3 Schreibe die folgenden drei Sätze korrekt in dein Heft.
Je kleiner die Zahl hinter dem Doppelpunkt ist, umso ... ist der Maßstab. (größer/kleiner)
Eine Karte mit dem Maßstab 1 : 1000 zeigt ein ... Gebiet als eine Karte mit dem Maßstab 1 : 10. (größeres/kleineres)
Eine Karte mit dem Maßstab 1 : 50 zeigt ... Einzelheiten als eine Karte mit dem Maßstab 1 : 5000. (mehr/weniger)

4 Miss die Entfernungen zwischen Salzgitter und Braunschweig in den Karten M5 und M6. Errechne mit Hilfe der jeweiligen Maßstabsleiste die Entfernungen. Erkläre deine Ergebnisse.

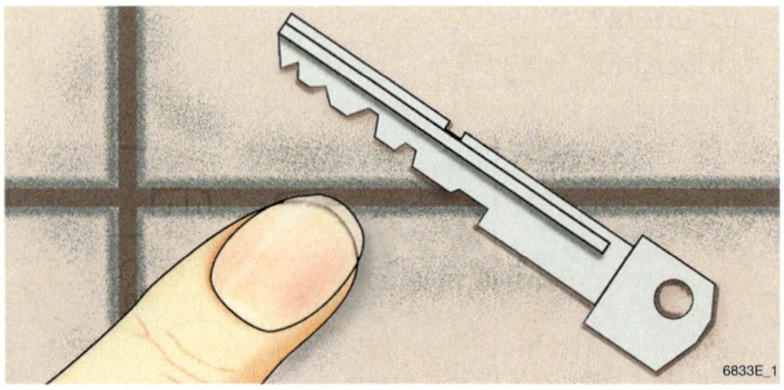

M1 *Maßstab 1 : 1*

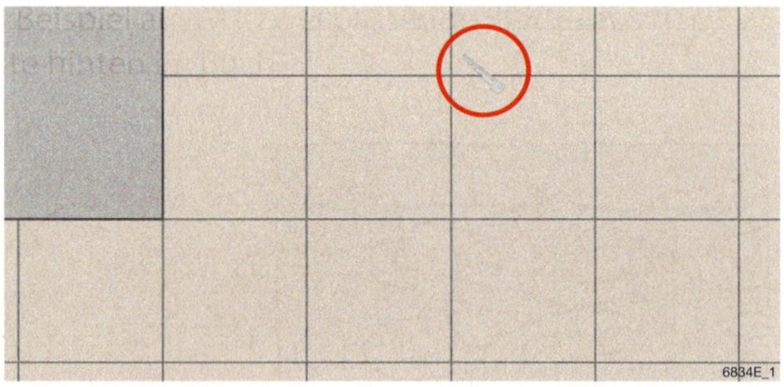

M2 *Maßstab 1 : 10*

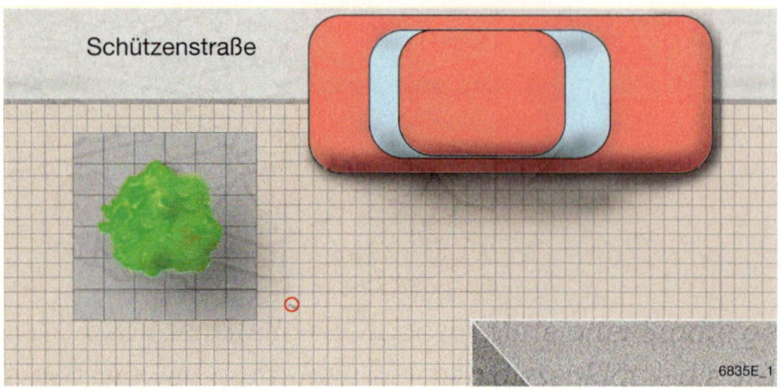

M3 *Maßstab 1 : 100*

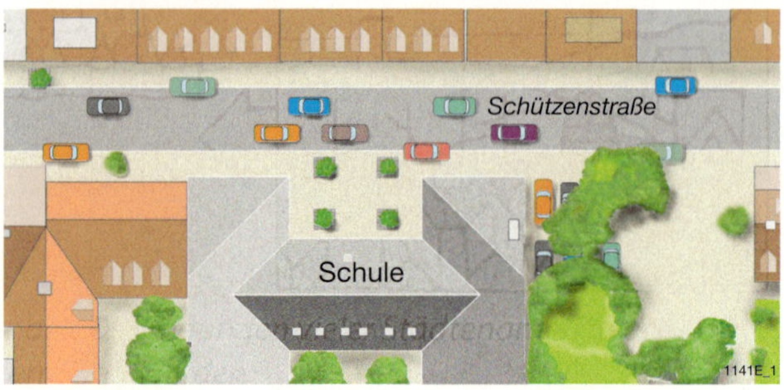

M4 *Maßstab 1 : 1000*

Die beiden Karten M5 und M6 zeigen Hannover und Braunschweig und die Umgebung dieser Städte. M6 hat einen kleineren Maßstab als M5. Dort ist alles kleiner dargestellt. Kleinere Städte werden nicht mehr abgebildet, dafür aber ein größeres Gebiet.

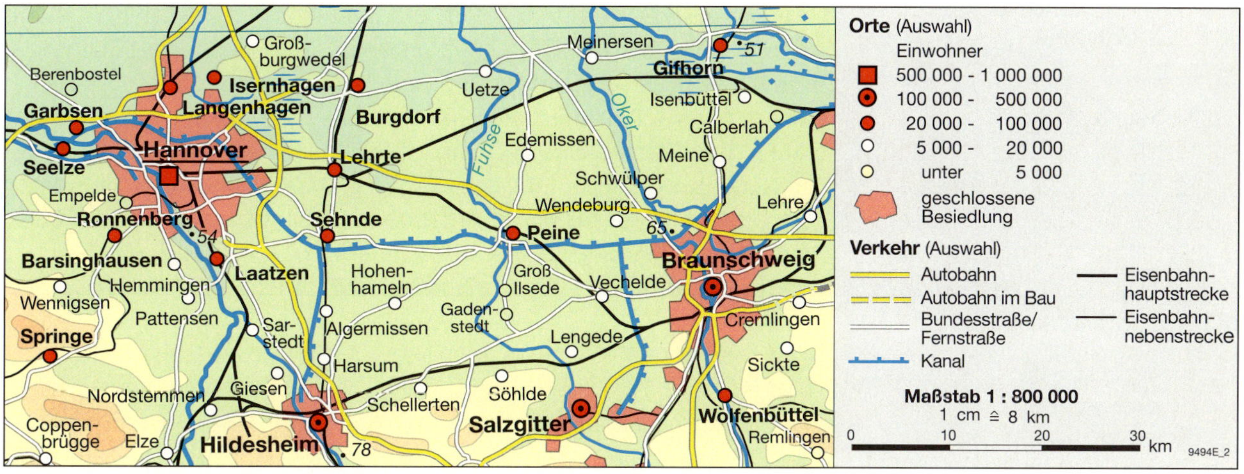

M5 *Karte im Maßstab 1 : 800 000*

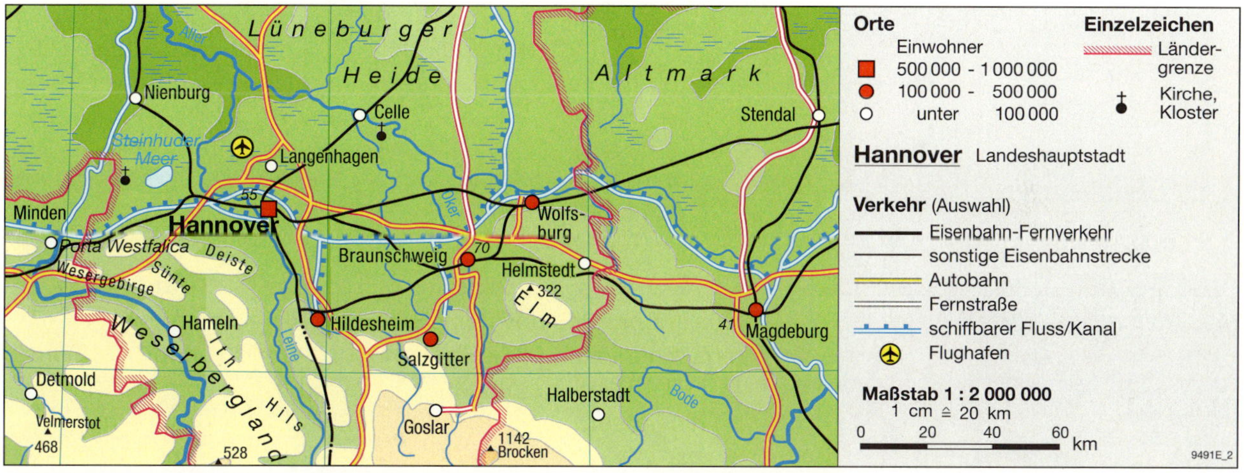

M6 *Karte im Maßstab 1 : 2 000 000*

In **M5** entspricht 1 cm auf der Karte 800 000 cm in der Wirklichkeit.
Wir rechnen: 800 000 cm = 8000 m = 8 km.
Auf der Karte M5 liegen Braunschweig und Hannover 7,5 cm voneinander entfernt.
Man rechnet also: 7,5 · 8 km = 60 km.
Die Entfernung beträgt ungefähr 60 km in der Wirklichkeit.

In **M6** sind 1 cm auf der Karte 2 000 000 cm in der Wirklichkeit.
Wir rechnen: 2 000 000 cm = 20 000 m = 20 km.
Auf der Karte M6 liegen Braunschweig und Hannover 3 cm voneinander entfernt.
Man rechnet also: 3 · 20 km = 60 km
Die Entfernung beträgt ungefähr 60 km in der Wirklichkeit.

Arbeit mit Karten

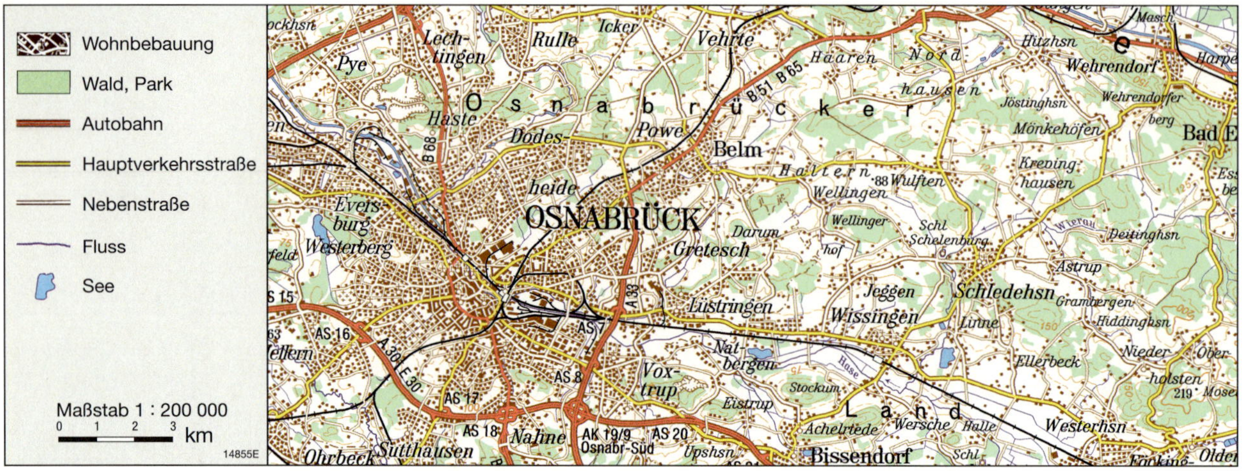

M1 *Topografische Karte*

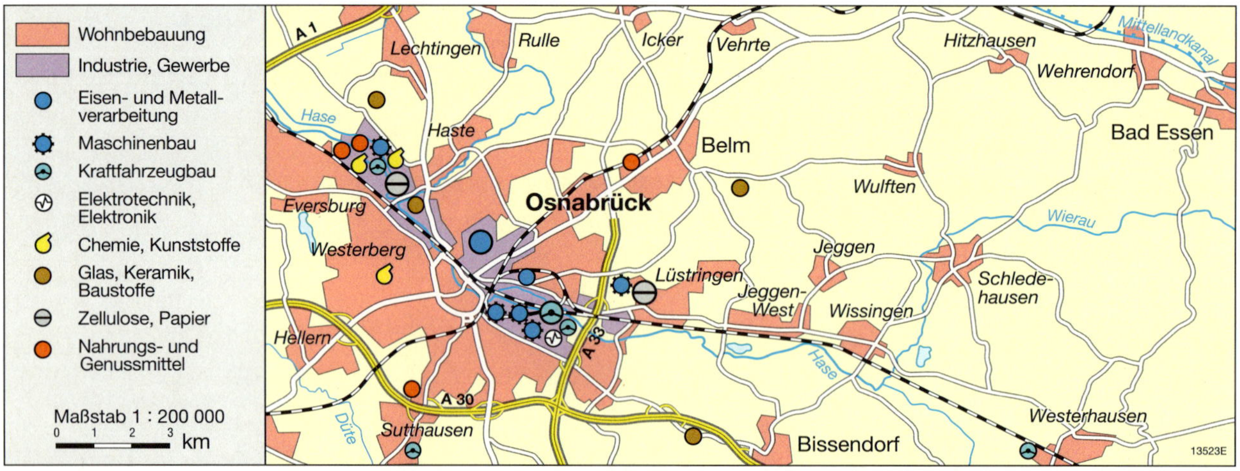

M2 *Thematische Karte (Wirtschaft)*

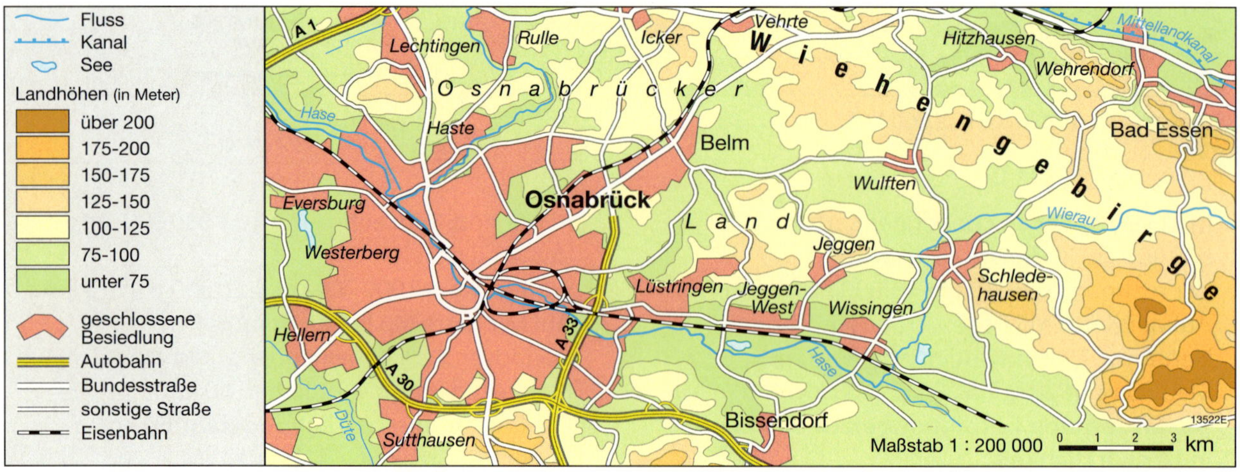

M3 *Physische Karte*

Die **topografische Karte** ist die grundlegendste Kartenart. Topografische Karten sind das Ergebnis einer genauen Landvermessung. Sie zeigen den abgebildeten Raum mit Höhenlinien, der natürlichen Pflanzenwelt (Vegetation), Gewässern, Siedlungen und Verkehrswegen.

Die **thematische Karte** stellt ein bestimmtes Thema dar. Das können Freizeitangebote, die landwirtschaftliche Nutzung, Bergbau und Industrie oder die Temperaturwerte eines Gebietes sein.

Die **physische Karte** gibt die Oberflächenformen eines Raumes wieder. Sie zeigt, wo es Berge, Täler, Ebenen oder auch Gewässer gibt. Man erkennt physische Karten an den farbigen Höhenschichten. Für alle Höhen zwischen beispielsweise 40 und 60 Metern wird eine Farbe verwendet. Häufig werden zusätzlich Höhenlinien eingetragen. Sie verbinden Punkte gleicher Höhe, zum Beispiel alle Punkte einer Landschaft, die 60 Meter hoch liegen.

1 Beschreibe die Unterschiede zwischen M1, M2 und M3.
2 Findet für jede Kartenart ein weiteres Beispiel im Atlas. Notiert die Seitenzahlen und vergleicht.
3 Beschreibe die Darstellung der Landhöhen der physischen Karte (M3) mithilfe von M4 und dem Text.
4 Schreibe die vollständigen Sätze in dein Heft (M4, Text):
Die Höhenangaben auf Karten beziehen sich auf den …
Höhenlinien verbinden Punkte …
5 Erkläre, was es bedeutet, wenn Höhenlinien sehr dicht aneinander liegen.

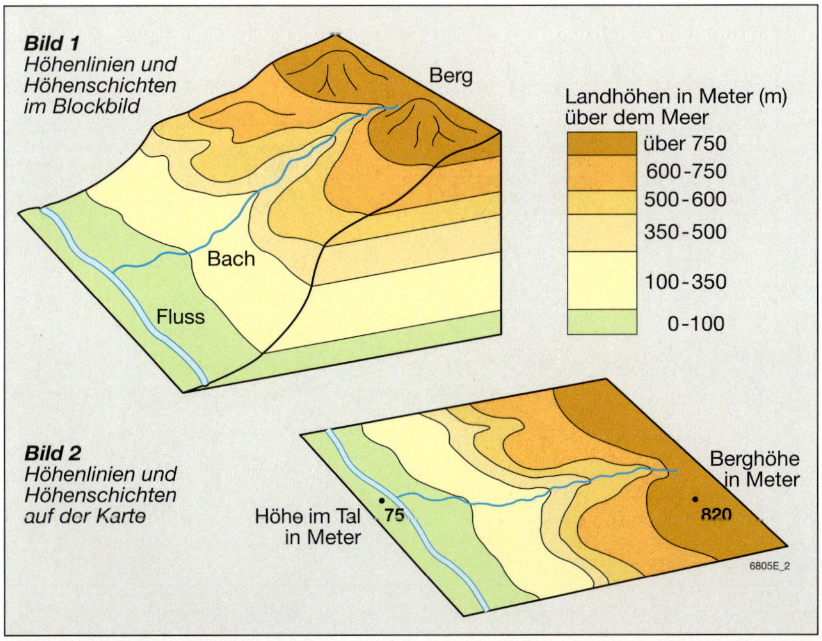

M4 *Höhendarstellung*

Höhenangaben beziehen sich auf den Meeresspiegel. Der wird auch als Normal Null (NN) bezeichnet. So bedeutet die Zahl 439, dass dieser Punkt 439 Meter über dem Meeresspiegel liegt: 439 m ü. M.

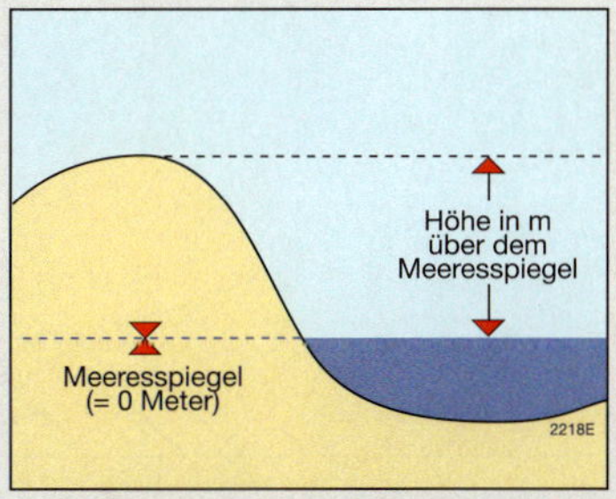

M5 *Höhenmessung*

Hast du den Durchblick?

1 Wo steckt Nina?

Lena erwartet ihre Brieffreundin Nina zu Besuch, doch diese hat sich auf dem Weg zu ihr verlaufen.

„Als ich vom Bahnhof losging, standen auf beiden Straßenseiten Häuser. Auf der linken Seite sah ich später einen kleinen See. Ich bog dann rechts ab. Auf der rechten Seite lag ein Friedhof mit einer kleinen Kirche daneben. Nach einiger Zeit überquerte ich eine Brücke und bog links ab. Vor mir sehe ich eine Burg. Sie liegt inmitten von Nadelbäumen. Weißt du, wo ich bin, und holst du mich ab?“

a) Bestimme Ninas Standort (1, 2, 3 oder 4), indem du den Angaben ihrer Wegbeschreibung folgst.
b) Formuliere eine eigene Wegbeschreibung und lasse einen Klassenkameraden deinen Standort herausfinden.

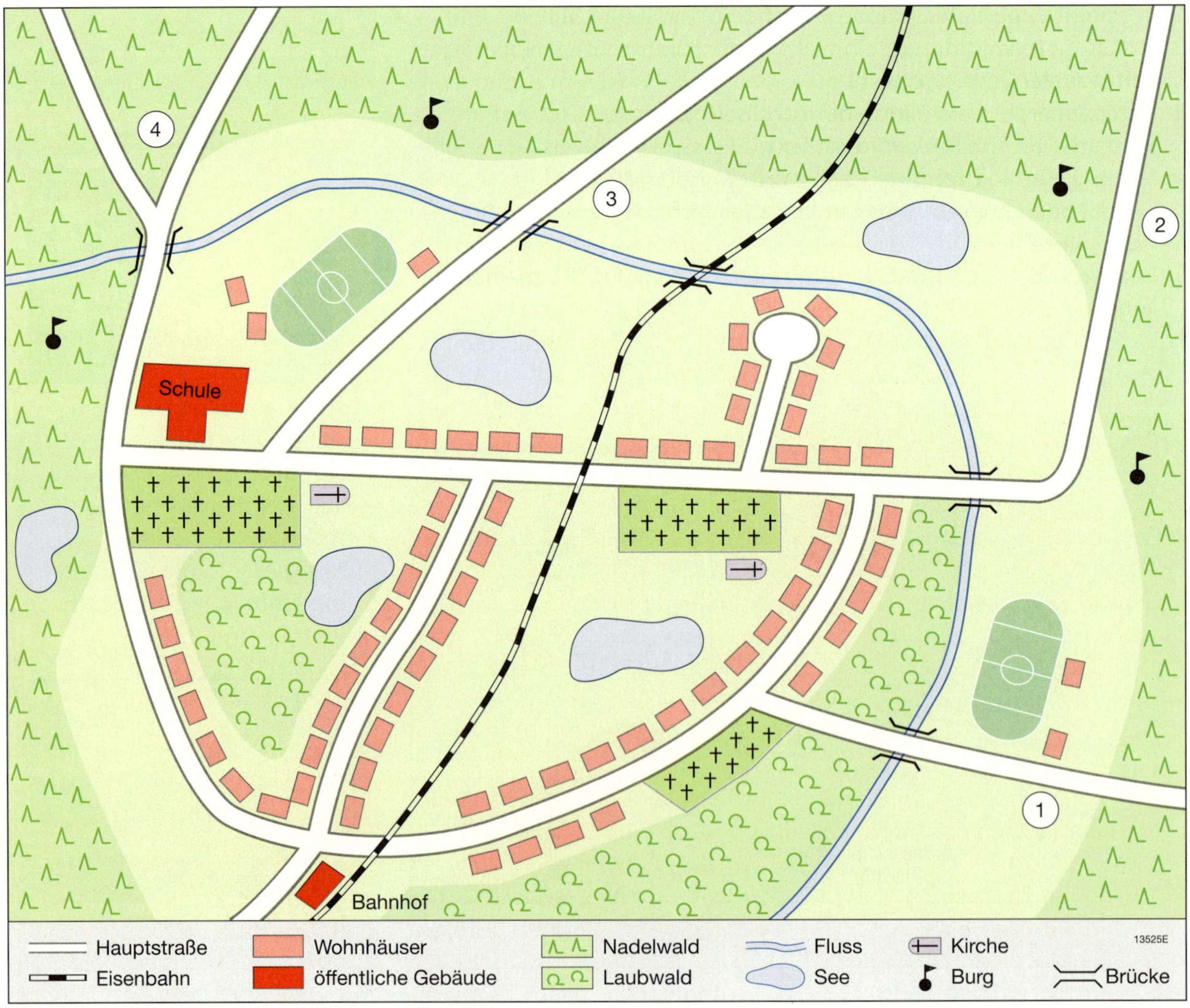

2 Von Planquadrat zu Planquadrat

Für diese Aufgabe brauchst du einen Partner.

a) Zeichnet jeweils ein Gitternetz mit 10 x 10 Kästchen und beschriftet es oben mit A–I und links mit 1–9.

b) Einer von euch zeichnet 10 Dinge (Ball, Baum usw.) in einzelne Planquadrate.

c) Der Zeichner diktiert seinem Gegenüber nun die Lage der Gegenstände, zum Beispiel: „In F4 ist ein Baum." Der Partner zeichnet alle 10 Dinge an die entsprechende Position seines Gitternetzes.

d) Kontrolliert euch gegenseitig. Wenn ihr korrekt gearbeitet habt, sehen eure Gitternetze gleich aus.

e) Tauscht nun die Rollen.

13526E	A	B	C	D	E	F	G	H	I
1									
2									
3									
4									
5									
6									
7									
8									
9									

3 Was verrät dir die Karte?

a) Was kannst du alles auf der Karte erkennen?

b) Wie weit liegt Gütendorf von Oststetten entfernt?

c) In welchen Höhenlagen befindet sich Gütendorf?

d) Auf welcher Höhe liegt die Burg?

e) In welchen Höhen befinden sich Brücken?

f) Wie groß ist der Höhenunterschied zwischen Lachweiler und Burgdorf?

g) Welche Seite würdest du zum Hinaufsteigen des Berges wählen, wenn du den Gipfel ohne große Anstrengung erreichen willst? Begründe deine Wahl.

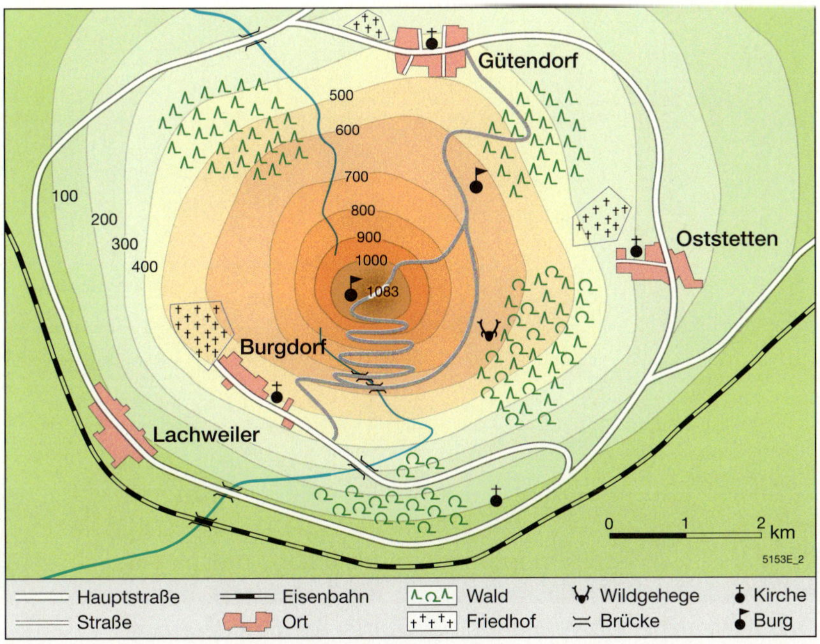

Grundbegriffe

Geografie
Gitternetz
Himmelsrichtung
Höhenlinie
Kompass
Legende
Maßstab
Maßstabsleiste
Mobilität
Nahraum
Nutzungskarte
Planquadrat
physische Karte
Stadtplan
thematische Karte
topografische Karte
Windrose

Cuxhaven an der Elbemündung – Salzgitter nordlich des Harzes

Landschaften in Niedersachsen

Niedersachsens natürliche Grenze im Norden ist die Nordsee. Die Gebiete, die direkt an der Küste und entlang der Unterläufe der Flüsse Ems, Weser und Elbe liegen, werden **Marschen** genannt. Sie liegen nur knapp über dem Meeresspiegel. Entstanden sind sie durch die Ablagerungen des Wassers nach der letzten Eiszeit, also ca. in den letzten 8000 Jahren.

Marschen werden durch **Deiche** vor Hochwasser geschützt und ständig entwässert. Landwirtschaftliche Betriebe nutzen die Wiesen und Weiden meist zur Viehhaltung.

M1 *An der Küste und an Flussmündungen*

Im Süden schließt sich die **Geest** an, die höher liegt als die Marschen. Die Geest macht mit ca. 60% den größten Teil der Landschaft Niedersachsens aus. Sie ist ein Hügelland, das insbesondere während der Eiszeiten seine heutige Gestalt erhalten hat. Die mächtigen Gletscher aus dem Norden hinterließen nach dem Abschmelzen sandigen und unfruchtbaren Boden. Das Wort Geest bedeutet übersetzt auch karg bzw. unfruchtbar.

In den feuchten Niederungen bildeten sich häufig Moore.

M2 *In der Geest: Moor und …*

Die bekannte Lüneburger Heide ist eine besondere große Geestlandschaft. Während der letzten Eiszeit (Ende vor 10000 Jahren) haben die Gletscher aus Nordeuropa Boden, Kies und Gesteinsbrocken abgehobelt und in Norddeutschland zu Hügeln zusammengeschoben. Die Schmelzwasser am Rand des Eises haben gleichzeitig Sand abgelagert. So ist das größte zusammenhängende Hügelland in Norddeutschland entstanden, die Lüneburger Heide.

Dieses Gebiet mit trockenen Böden ist heute mit Wäldern und Heide bedeckt.

M3 *… Heide*

Im südlichen Teil Niedersachsens finden wir eine Landschaft, die **Börde** genannt wird. Dieser Landstrich ist ca. 20 km breit und meist eben.

Hier finden sich kaum Waldflächen, denn die Börde wird seit Jahrhunderten landwirtschaftlich genutzt. Weil sich die Böden in dieser Landschaft besonders gut für den Ackerbau eignen, reiht sich hier Feld an Feld. Die Böden sind in diesem Gebiet besonders locker und sehr nährstoffreich und können sehr gut Wasser speichern.

M4 *Im Süden: Börde und ...*

Im Süden Niedersachsens beginnt die Zone der **Mittelgebirge**. Die Höhenzüge Deister, Süntel, Ith, Hils und Solling erreichen Höhen von 400 bis 500 Meter über dem Meeresspiegel. Diese waldreichen Höhenzüge liegen zwischen lang gezogenen Flusstälern. Vor allem Eichen, Buchen und andere Laubbäume kommen in den Wäldern vor.

Im westlichen Teil des Harzes liegt der Wurmberg. Er ist mit 971 Metern über dem Meeresspiegel der höchste Berg Niedersachsens.

M5 *... Mittelgebirge*

Bis auf die Zone der Mittelgebirge weisen die Landschaften in Niedersachsen nur geringe Höhenunterschiede auf. Landhöhen, die zwischen 2,3 m unter dem Meeresspiegel und 200 m über dem Meeresspiegel liegen, werden als **Norddeutsches Tiefland** bezeichnet. Dies trifft auf den größten Teil Niedersachsens zu.

1 Beschreibe das Aussehen der Marschen (M1).
2 Nenne die Merkmale der Geest (M2, M3).
3 Erkläre, welchen Einfluss die Eiszeiten auf die Entstehung dieser Landschaftsformen hatten.
4 Beschreibe, wie Börden genutzt werden (M4).
5 Bearbeite M6. Nenne Städte, die im Bereich
a) der Marschen liegen. b) der Börden liegen.
b) der Geest liegen. d) der Mittelgebirge liegen.
6 Bestimme, in welchem Bereich dein Heimatort liegt.

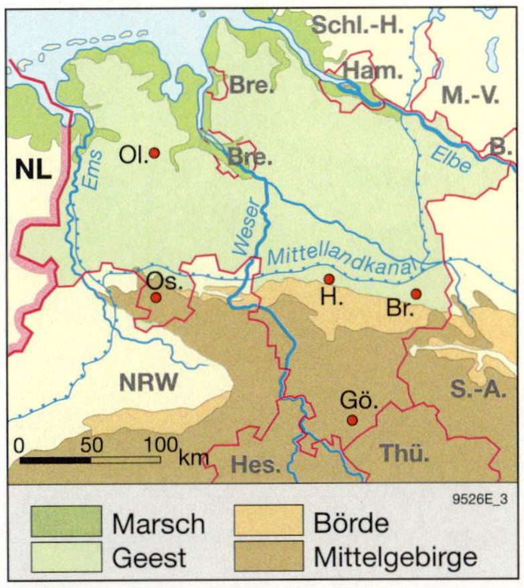

M6 *Landschaftsformen in Niedersachsen*

Landschaften in Niedersachsen

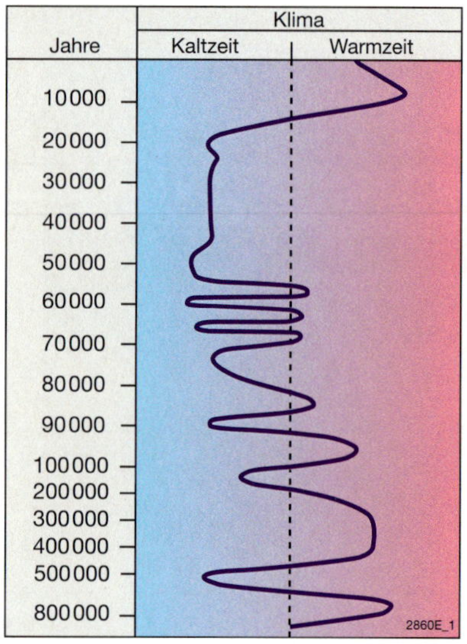

M1 *Zeittafel der Kalt- und Warmzeiten*

Spuren der Eiszeit

Die Landschaften in Niedersachsen sind vielfältiger als die meisten denken. Es gibt trockene und feuchte Gebiete sowie flache und hügelige Regionen. Doch woher kommen diese Unterschiede?

Die niedersächsischen Landschaften sind vor sehr langer Zeit entstanden. In den letzten 800000 Jahren änderten sich die Temperaturen auf der Erde immer wieder. Kaltzeiten (**Eiszeiten**) und Warmzeiten wechselten sich ab. In den Kaltzeiten lagen die Temperaturen im Sommer bei 5 °C und im Winter bei –40 °C.

Die Temperaturen in den Sommern der Kaltzeiten reichten nicht aus, um die Schneemassen zu schmelzen. Aus dem zusammengepressten Schnee entstanden **Gletscher**, die bis zu 4 km dick waren. Sie reichten vom Nordpol bis an den Rand der deutschen Mittelgebirge. Auf ihrem Weg Richtung Süden nahmen sie unterschiedlich große Steine, aber auch Sand und Ton mit. Gleichzeitig schoben sie riesige Geröllmassen vor sich her. In Warmzeiten schmolzen diese Gletscher langsam ab und das mitgeführte Material blieb liegen.

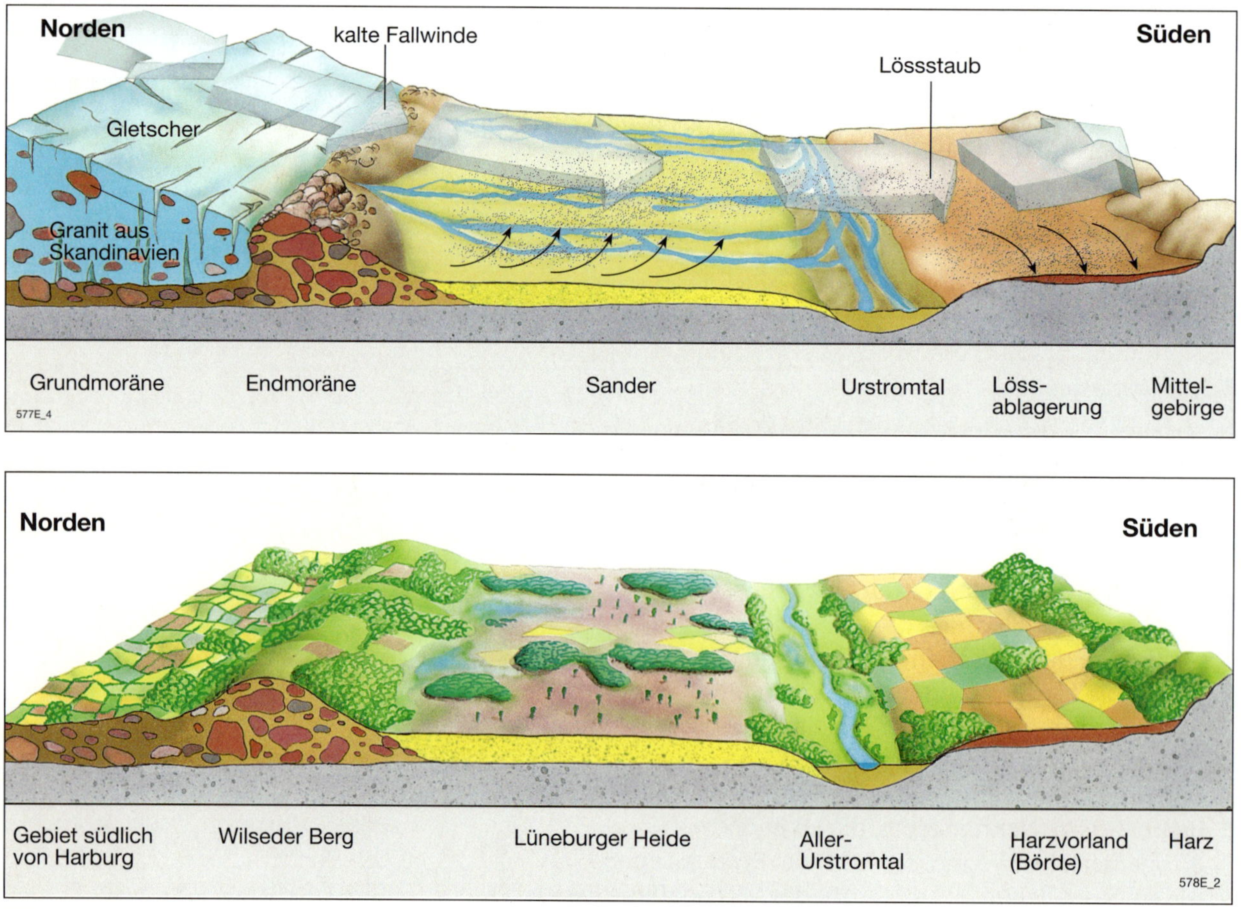

M2 *Norddeutschland während der letzten Eiszeit (oben) und heute (unten)*

M3 *Der Dammer Berg*

M4 *Die Aller*

Neue Landschaften entstehen

Auf diese Weise geformte Landschaften unterliegen einer bestimmten Reihenfolge. Man nennt dies die **glaziale Serie**. Die leicht wellige Landschaft, die unter dem Gletscher entstand, nennt man Grundmoräne. Die Geröllmassen, die der Gletscher vor sich her schob, ließen Hügelketten und kleine Berge entstehen. Sie heißen Endmoränen. Das Schmelzwasser spülte feinen Sand aus den Gletschern vor die Endmoräne. Dies sind die Sander. Im Urstromtal sammelte sich das Schmelzwasser in kilometerweiten Tälern, in denen heute noch Flüsse zu finden sind.

Die kalten Winde aus dem Norden wehten den Löss aus den Endmoränen an den Rand der Mittelgebirge.

Die Eiszeiten haben die Landschaften Niedersachsens geformt. Besondere Zeugen der Eiszeiten sind riesige Gesteinsbrocken, die sogenannten Findlinge. Diese wurden von Gletschern den langen Weg von Nordeuropa bis nach Norddeutschland transportiert und blieben beim Abtauen des Eises liegen.

1 a) Ermittle, wie viele Kaltzeiten und Warmzeiten es in den vergangenen 800 000 Jahren gab (M1).
b) Notiere, wie lange sie ungefähr dauerten.

2 a) Beschreibe die Vorgänge während der Eiszeit (Text, M2).
b) Erkläre die Begriffe Grundmoräne, Endmoräne, Sander und Urstromtal (Text, M2).

3 Ordne den Begriffen der glazialen Serie (M2 oben) die entsprechenden heutigen Landschaften (M2 unten) zu.

4 Ordne den beiden Landschaftsfotos M3 und M4 die Begriffe „Urstromtal" oder „Endmoräne" zu. Begründe deine Entscheidung.

M5 *Findling bei Stöckse (7,5 m lang, 3,7 m hoch, 330 t schwer)*

Niedersachsen im Überblick

Niedersachsen für Kenner

1 Sieh dir die Bilder auf den Seiten 178/179 an. Suche das dazugehörige Gebiet auf der Karte vorne im Buch.

2 Bearbeite die Karte Niedersachsen (M1). Schreibe alles auf.
- a) Benenne mithilfe der Karte vorne im Buch die Namen der Berge und Mittelgebirge: ①–⑧.
- b) Nenne die Namen der Städte nördlich des Mittellandkanals: No., Em., Wi., Cu., St., Ol., Ro., Lün., Me., Cl., Ve., Ver., Ue., Nor., Ce.
- c) Nenne die Städte, die südlich des Mittellandkanals liegen: Os., Sta., Ha., Wo., Ham., Hi., Sa., Br., Go., Gö.
- d) Nenne die Namen der Inseln, Landschaften und Regionen: 1 – 11.
- e) Nenne die Gewässernamen (blaue Buchstaben): a–g.

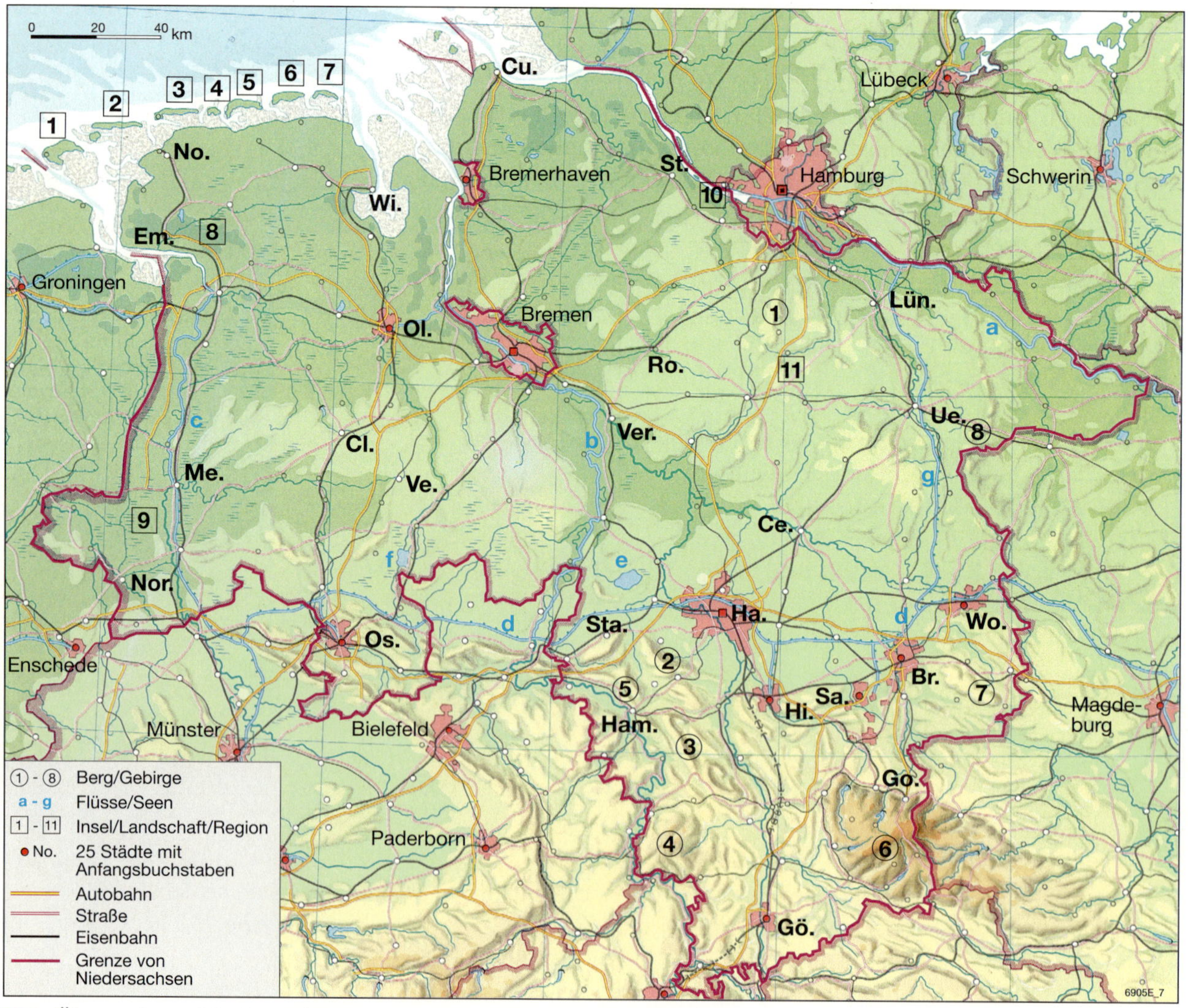

M1 *Übungskarte Niedersachsen*

Die Gliederung unseres Bundeslandes

Niedersachsen ist das zweitgrößte Land der Bundesrepublik Deutschland. 1946 wurde es aus den damaligen Ländern Hannover, Braunschweig, Oldenburg und Schaumburg-Lippe gebildet.

In Niedersachsen lebst du in einer Gemeinde. Diese ist entweder eine der acht kreisfreien Städte oder sie liegt in einem der 37 Landkreise. Die Landkreise und kreisfreien Städte müssen bestimmte Aufgaben erfüllen. Dazu zählen zum Beispiel die Müllabfuhr, die Pflege von Kreisstraßen, Schulen und Kreiskrankenhäusern.

3 a) Beschreibe mithilfe der Himmelsrichtungen die Lage deines Landkreises innerhalb Niedersachsens (M3).
b) Nenne die angrenzenden Landkreise.

M2 *Niedersächsisches Landeswappen*

M3 *Landkreise und kreisfreie Städte in Niedersachsen*

Landwirtschaft in Niedersachsen

Versorgung mit Lebensmitteln

In Niedersachsen wird über die Hälfte der Landesfläche landwirtschaftlich genutzt. Es werden pflanzliche und tierische Produkte erzeugt, die zu Lebensmitteln weiterverarbeitet werden. Die Landwirte sorgen durch ihre Arbeit also dafür, dass wir mit ausreichend Nahrungsmitteln versorgt werden. Heute ernährt ein Landwirt mit seinen Erzeugnissen rund 120 Menschen, 1950 waren es gerade einmal 10 Menschen.

Landwirte verfügen über ein großes Wissen und setzen bei ihrer Arbeit Maschinen und Computer ein. Sie spezialisieren sich meist auf einen Bereich wie zum Beispiel Milchviehwirtschaft oder Getreideanbau. Diese Entscheidung hängt von den natürlichen Gegebenheiten vor Ort ab. Einige Böden eignen sich beispielsweise nicht für den Anbau von Obst oder Gemüse und werden daher anders genutzt.

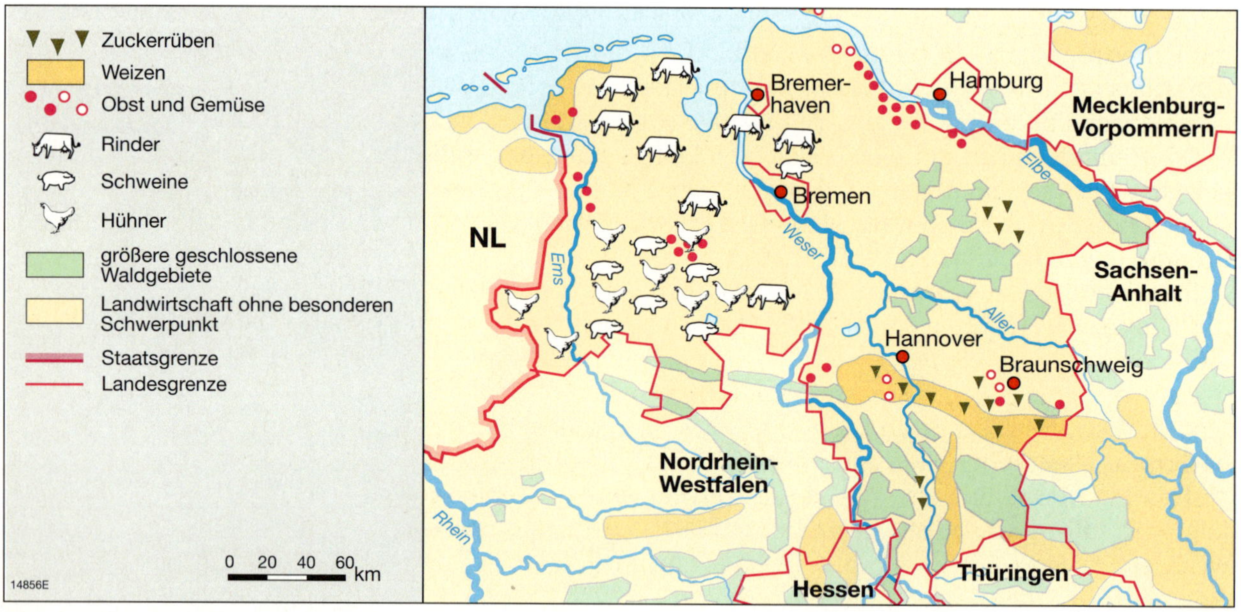

M1 *Landwirtschaft in Niedersachsen*

1 Nenne Schwerpunkte der Landwirtschaft (M1).

2 Nenne aus deinem Erfahrungsbereich Beispiele für tierische und pflanzliche Produkte aus der Landwirtschaft.

3 Ermittle je drei Städte, in deren Umgebung
   a) Viehhaltung betrieben wird,
   b) Weizen angebaut wird,
   c) Zuckerrüben angebaut werden,
   d) Obst und Gemüse angebaut werden (Atlas, M1).

4 Überprüfe die Aussage: „Immer weniger Landwirte produzieren immer mehr" (Text).

Woher kommt unser Frühstücksei?

In Niedersachsen wurden im Jahr 2005 12 Mio. Legehennen gehalten. Jedes ihrer Eier ist mit einem Code versehen, der uns über deren Herkunft aufklärt.

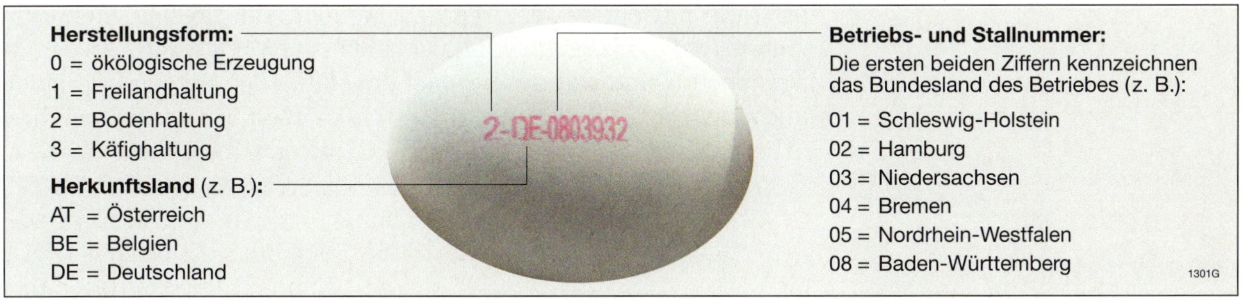

M2 *Erzeugercode auf einem Ei*

In der **Käfighaltung** teilen sich vier bis sechs Hennen einen Käfig mit Futtertrog und Tränke. Ein Huhn lebt auf einer Fläche, die kleiner ist als ein DIN A4 Blatt. Die Versorgung der Tiere erfolgt vollautomatisch und erfordert daher nur wenige Arbeitskräfte.

Die Hennen stehen auf einem schrägen Gitterboden, damit die gelegten Eier auf ein Förderband rollen. Der Kot fällt durch das Gitter und wird abtransportiert. Dies ist sehr hygienisch und hilft Erkrankungen der Tiere zu vermeiden.

Ihren natürlichen Verhaltensweisen wie Staubbaden und Scharren können die Hennen hier nicht nachgehen. Auch Nester oder Sitzstangen gibt es nicht.

Die Legehennen in der **Freilandhaltung** haben zusätzlich zu ihrem Stall mit Nestern, Sitzstangen und Einstreu tagsüber Auslauf im Freien. Dort steht jedem Huhn ungefähr ein Platz von 2 mal 2 Metern zur Verfügung. Die Versorgung mit Futter und Wasser erfolgt ebenfalls automatisch, die Einstreu wird regelmäßig ausgewechselt. Um die Tiere zu versorgen und zu pflegen sind mehr Arbeiter als bei der Käfighaltung erforderlich.

Die Freilandhühner haben die Gelegenheit ihre natürlichen Verhaltensweisen auszuleben. Allerdings sind Kälte, Nässe und der Kot der Hennen schlecht für die Gesundheit der Tiere. Auch der Kontakt zu frei lebenden Tieren ist gefährlich, wie der Ausbruch der Geflügelpest zeigte.

M3 *Käfighaltung*

M4 *Freilandhaltung*

5 a) Beschreibe die Käfig- und Freilandhaltung mit eigenen Worten (Text, M3, M4).
b) Zeige die Vorteile und Nachteile der beiden Haltungsformen auf (Text).

6 Erkläre, warum ein Ei aus der Freilandhaltung teurer ist als eines aus der Käfighaltung (Text).

Land und Stadt in Niedersachsen

Südoldenburg und die Massentierhaltung

Die Region Südoldenburg umfasst die beiden Landkreise Cloppenburg und Vechta. Dieses ländliche Gebiet ist für die Massentierhaltung bekannt. Tausende Mastschweine sowie mehrere Millionen Legehennen und Masthähne werden dort gehalten. Um diese vielen Tiere mit Futter versorgen zu können, sind riesige Anbauflächen erforderlich. Dort wird vor allem Mais angebaut. Im Landkreis Vechta werden zum Beispiel ungefähr 70 % der Gesamtfläche landwirtschaftlich genutzt.

M1 *Schweine in Mastboxen*

M2 *Schweinemastställe mit Futterspeichern*

M3 *Lage von Südoldenburg und Wolfsburg*

Besonders viel los ist hier natürlich nicht, denn die meisten Städte und Gemeinden sind recht klein. Aber genau das mag ich. Man ist eine kleine Gemeinschaft und kennt sich eben. In einer Großstadt ist vieles anonym und vor allem sehr hektisch. Hier haben wir ein großes Haus mit einem Garten. In einer Großstadt ist das doch fast unmöglich – viel zu teuer. Da nehmen wir es gerne in Kauf, etwas weiter zu fahren, um die Vorzüge einer Großstadt zu erleben.

M4 *Ein Jugendlicher aus Essen bei Cloppenburg*

1 a) Beschreibe die Lage Südoldenburgs (M4, Atlas).
b) Bestimme von Cloppenburg aus die drei nächstgelegenen Städte mit über 100 000 Einwohnern (Atlas). Notiere die Namen und die Entfernungen.
c) Berichte über die Landwirtschaft in Südoldenburg (Text, M1, M2).
d) Erläutere den Satz: „Die Landwirtschaft hat das Erscheinungsbild Südoldenburgs geprägt." (Text, M2).

2 Berichte über die Vorteile, in einer ländlichen Region zu leben (M3).

Wolfsburg und die Autostadt

Wolfsburg ist der Wirtschaftsstandort Nummer eins in Niedersachsen und bekannt durch das dort ansässige Volkswagenwerk. Auf dem acht Quadratkilometer großen Werksgelände werden jeden Tag rund 4000 Autos produziert. Insgesamt arbeiten dort über 50 000 Menschen. Im Umfeld der Stadt Wolfsburg sind durch das VW- Werk weitere Arbeitsplätze entstanden. Dort gibt es viele Firmen, die das VW-Werk beliefern.

Aber Wolfsburg bietet seinen über 120 000 Einwohnern und den Menschen aus der Region mehr als nur Arbeitsplätze. Es gibt zahlreiche Möglichkeiten, die Freizeit abwechslungsreich zu gestalten.

3 a) Beschreibe die Lage Wolfsburgs (M4, Atlas).
b) Beschreibe die Flächennutzung Wolfsburgs (M7).
c) Begründe, warum Wolfsburgs Lage für das VW-Werk verkehrsgünstig ist (M4, M7, Atlas).

4 Bewerte die wirtschaftliche Bedeutung des VW-Werks für Wolfsburg und dessen Umland.

5 a) Wähle eine Freizeiteinrichtung aus M5 und informiere dich über sie. Berichte anschließend in der Klasse.
b) Begründe, welche du am liebsten besuchen würdest.

6 Vergleiche die Einwohnerzahlen der Stadt Wolfsburg mit den Angaben zu Südoldenburg (M6).

7 Vergleiche die Freizeitmöglichkeiten von Wolfsburg und Südoldenburg (Text, M3, M5) .

phæno
DIE EXPERIMENTIERLANDSCHAFT

AUTOSTADT

Bade Land
WOLFSBURG

Kunstmuseum
Wolfsburg

M5 *Freizeitmöglichkeiten in Wolfsburg*

	Einwohnerzahl
Wolfsburg	119 991
Stadt Cloppenburg	31 899
Stadt Vechta	31 102
Landkreis Cloppenburg	157 672
Landkreis Vechta	134 520

M6 *Vergleich der Einwohner*

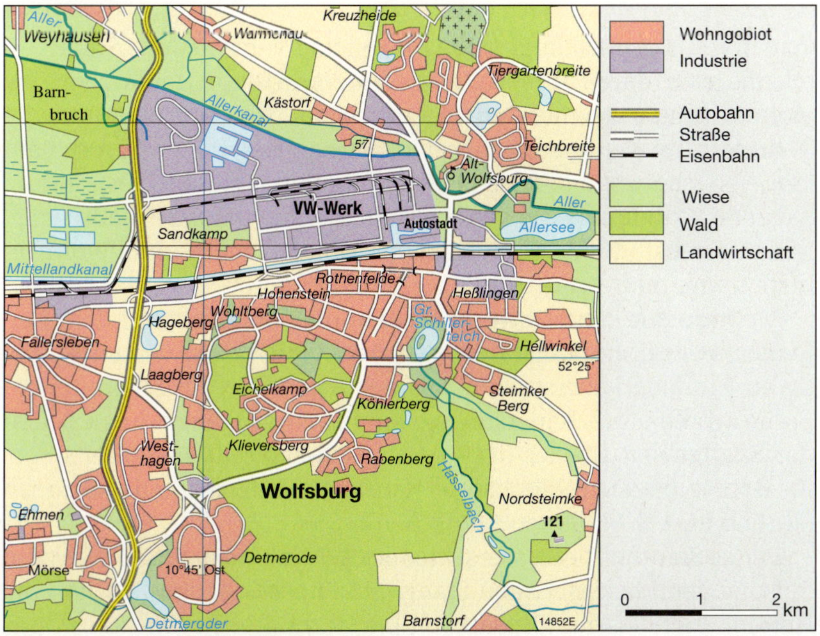

M7 *Flächennutzung Wolfsburg*

Landeshauptstadt Hannover

M1 *Das Leineschloss – Sitz des Landtags*

M2 *Der Sitzungssaal des Landtags*

Unsere Landeshauptstadt Hannover

Hannover ist mit mehr als 516 000 Einwohnern die größte Stadt in Niedersachsen. Gleichzeitig ist sie unsere **Landeshauptstadt**. Eine Landeshauptstadt ist die Hauptstadt eines Bundeslandes. Sie ist immer der Sitz der zuständigen Regierung.

In Hannover wird Politik für die Menschen des Bundeslandes gemacht. Hier tagt der Niedersächsische Landtag im Leineschloss. Die Regierung besteht aus dem Ministerpräsidenten und verschiedenen Ministern, die für spezielle Bereiche verantwortlich sind. So ist zum Beispiel der Kultusminister für die Schulen, der Innenminister für die Polizei und der Finanzminister für die Verteilung der Steuereinnahmen zuständig.

Hannover – eine vielseitige Stadt

M3 *Maschsee*

Wie in jeder Großstadt gibt es in Hannover verschiedene Stadtviertel, die sich durch ihre Nutzung unterscheiden. Hannovers Einwohner wollen wohnen, arbeiten, sich versorgen und erholen.

In der **City** befinden sich hauptsächlich Geschäfte, Büros, Banken, Versicherungen sowie Praxen für Ärzte und Rechtsanwälte.

Große **Wohngebiete** verteilen sich über die gesamte Stadtfläche. In der Innenstadt liegen die älteren Wohngebiete. Neuere Wohngebiete findet man vor allem am Stadtrand.

Die **Industrie- und Gewerbegebiete** mit Betrieben wie dem Reifenhersteller Continental oder dem VW-Werk liegen verkehrsgünstig an Hauptverkehrsstraßen, Wasserwegen oder Eisenbahnlinien. Breite Straßen und Schienenwege für die Stadtbahnen durchziehen das Stadtgebiet. Über 270 000 Menschen haben ihren Arbeitsplatz in Hannover. Den Flughafen Hannover-Langenhagen benutzen jährlich über 5 Millionen Menschen.

In der Stadt gibt es unterschiedliche **Erholungsgebiete** wie zum Beispiel den Maschsee, den Stadtwald Eilenriede, den Zoo und die Herrenhäuser Gärten. Zusätzlich bieten zahlreiche Theater, Kinos und Museen Abwechslung vom Alltag.

M4 *Herrenhäuser Gärten*

M5 *VW- Werk*

Bekannt ist Hannover als Messestadt, zum Beispiel mit der Computermesse CEBIT und der Industriemesse Hannover-Messe. Für die medizinische Versorgung gibt es mehrere Krankenhäuser und die Medizinische Hochschule (MHH). An der MHH, an der Universität und an Fachhochschulen studieren über 40000 Menschen.

1 Nenne eine Funktion, die nur eine Landeshauptstadt hat (Text).
2 Zähle die Funktionen einzelner Stadtviertel auf, die sie für ihre Einwohner übernehmen (M6).
3 Ordne die Bilder M3–M5 den entsprechenden Stadtvierteln zu (M6).

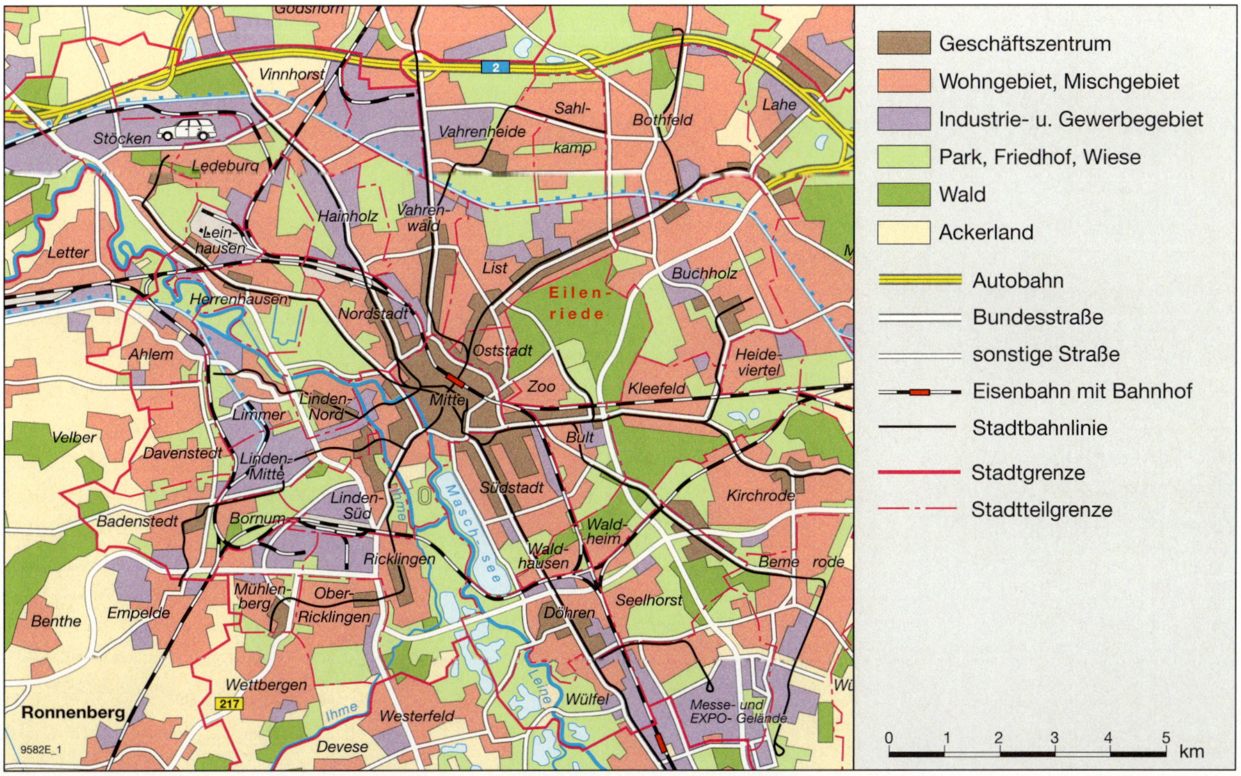

M6 *Flächennutzung und Stadtviertel von Hannover*

Mobilität in Niedersachsen

Verkehrswege in Niedersachsen

> **i Öffentliche Verkehrsmittel**
> Das sind zum Beispiel Busse und Bahnen. Sie stehen der Öffentlichkeit zur Nutzung zur Verfügung. Unter dem Begriff Öffentlicher Personennahverkehr (ÖPNV) versteht man Entfernungen unter 50 km bzw. unter einer Stunde Reisedauer.

Niedersachsen ist das zweitgrößte Bundesland der Bundesrepublik Deutschland. Damit sowohl Personen als auch Güter ohne Probleme durch ganz Niedersachsen transportiert werden können, ist ein gutes Verkehrsnetz wichtig. Dieses besteht in Niedersachsen aus Straßen, Wasserwegen und Schienen.

Wasserwege sind für die Mobilität von Menschen nicht so wichtig. Will man von einem Ort zum anderen gelangen, fährt man meist mit dem Auto oder mit öffentlichen Verkehrsmitteln.

1 a) Nenne die Autobahnen, die von Westen nach Osten und jene, die von Norden nach Süden verlaufen (M2).
b) Vergleiche die Zahlen. Was fällt auf?

2 Benenne die wichtigsten Wasserwege Niedersachsens (M2).

3 Bestimme für folgende Strecken mögliche Verkehrswege:
a) Cuxhaven–Braunschweig, b) Göttingen–Wilhelmshaven,
c) Osnabrück–Emden, d) Nordhorn–Uelzen.

4 Vergleiche die Nutzung öffentlicher Verkehrsmittel im Vergleich zum Auto (M1).

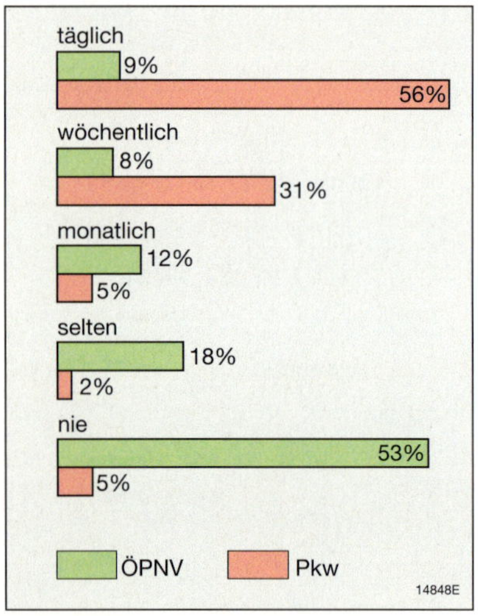

M1 *Nutzung öffentlicher Verkehrsmittel im Vergleich zum Auto*

M2 *Wichtige Verkehrswege in Niedersachsen*

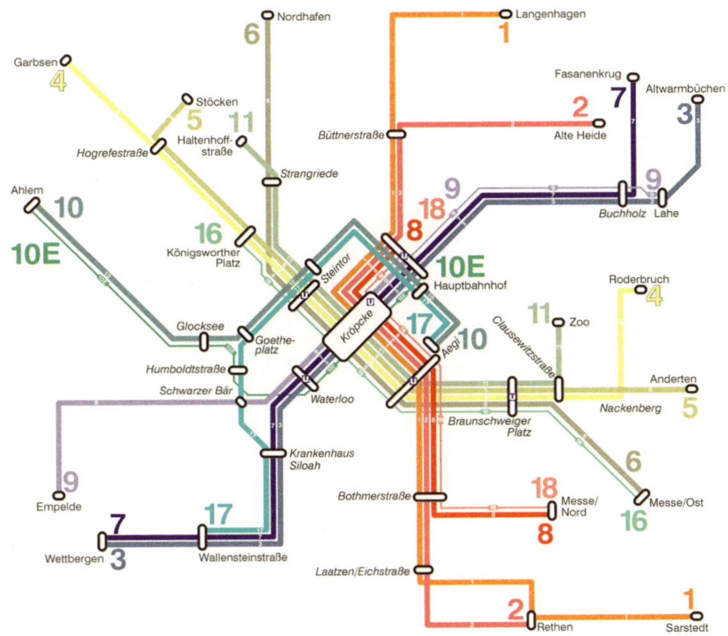

M3 *Liniennetz der Stadtbahn in Hannover*

M4 *Stadtbahn*

Öffentliches Verkehrsmittel in Hannover: die Stadtbahn

Lisa fährt zum ersten Mal mit dem Zug nach Hannover, um ihre Brieffreundin Miriam zu besuchen. Sie treffen sich vor dem Gebäude des Hauptbahnhofs „unter'm Schwanz", also am Denkmal von König Ernst August.

Sie begeben sich zum Kröpcke, einem zentralen Platz, an dem sich eine unterirdische Station der Stadtbahn befindet.

Miriam geht sofort zur Tafel mit dem Stadtbahnnetz. Lisa ist total verwirrt, als sie die vielen bunten Linien und Zahlen sieht. Doch Miriam erklärt ihr, wie man den Plan liest: „Wir sind hier in der Mitte – am Kröpcke. Die bunten Linien mit den dazugehörigen Zahlen sind die Stadtbahnlinien. Die Wörter in dem Plan sind die Haltestellen. Wollen wir nach Langenhagen fahren, müssen wir die orangefarbene Linie, die Linie 1, nehmen."

M5 *Reiterstandbild Ernst August I.*

5 Bestimme, in welcher Farbe die Linien 3, 4, 8 und 17 dargestellt sind (M3).

6 Miriam möchte mit Lisa folgende Orte besuchen:
a) das Freizeitbad Aqualaatzium (Haltestelle Rethen),
b) den Freizeitpark Campo Arena (Haltestelle Anderten),
c) den Zoo (Haltestelle Zoo).
Bestimme die Linien, mit denen sie fahren müssen (M3).

7 Ermittle folgende Wegstrecken (Vorsicht, du musst umsteigen):
a) vom Zoo zur Haltestelle Alte Heide,
b) von Garbsen zur Haltestelle Waterloo.

Miteinander leben

Von überall her

Als meine Mutter damals in Hannover ankam, fühlte sie sich wie in einer anderen Welt! Hohe Häuser, knallige Lichter, rasende Autos und hetzende Menschen! Das gab es in ihrem kleinen Dorf in der Türkei nicht. Obwohl sie kein Wort Deutsch konnte, musste sie schon drei Tage später in eine deutsche Schule. Für sie war das sehr schwierig. Sie verstand gar nichts im Unterricht. ... Für mich ist das heute leichter. Ich kann sowohl Türkisch als auch Deutsch sprechen. Außerdem gibt es in meiner Klasse viele Kinder, die aus einem anderen Land stammen oder deren Eltern bzw. Großeltern vor vielen Jahren nach Deutschland gekommen sind.

M1 *Birsen Alici aus Hannover*

M2 *Birsens Klasse*

1 Beschreibe, wie Birsens Mutter die Ankunft in Hannover erlebt hat.

2 In M2 findest du die Herkunftsländer der ausländischen Schülerinnen und Schüler in Birsens Klasse. Notiere die Länder und ergänze die Hauptstädte (siehe zur Atlasarbeit S. 198).

3 Gestaltet ein Plakat zu den Herkunftsländern der ausländischen Schüler in eurer Klasse. Kennzeichnet die Staaten in einer Karte und fügt Fotos aus diesen Ländern hinzu.

Sich kennenlernen – Verständnis wecken

In Hannover leben ungefähr 75000 Ausländerinnen und Ausländer. Durch Aktionen und Projekte können sich die unterschiedlichen Kulturen gegenseitig vorstellen. Menschen aus verschiedenen Ländern lernen sich kennen und besser verstehen. Das beginnt schon im Kindergarten, setzt sich in der Schule fort und mündet im täglichen Miteinander am Arbeitsplatz, im Wohnviertel, bei Spiel und Sport.

M3 *Bunte Vielfalt bei Straßenmusik*

M4 *Ein türkischer Imbiss*

> Zuwanderung ist stets beides: Belastung und Bereicherung. Man kann über das eine nicht sprechen, ohne auch das andere zu sehen und zu nennen. Viele Vorteile, die uns die Zuwanderung und der Kontakt mit anderen Kulturen gebracht haben, nehmen wir gar nicht mehr wahr, weil sie für uns inzwischen selbstverständlich sind … Wir sind kulturell reicher geworden: Musik aus anderen Ländern hat vielen von uns neue Welten geöffnet. Wir hören heute vieles mit Freude, was uns noch vor zwei oder drei Jahrzehnten fremd war … Ganz nebenbei: Wir essen heute auch anders. Die Einwanderer haben ihre Rezepte mitgebracht, ihre Spezialitäten, ihre Gewürze und Getränke. Pizza und Döner sind aus unseren Straßen nicht mehr wegzudenken.

M5 *Auszug aus einer Rede des ehemaligen Bundespräsidenten Johannes Rau (2000)*

4 Berichte, wo dir in deinem Leben andere Kulturen und Lebensweisen begegnen.

5 Nimm Stellung zu folgender Aussage: „Menschen mit verschiedenen Hautfarben, anderen Sprachen und Gewohnheiten bereichern unser Leben" (Text, M3–M5).

Miteinander leben

Kontakte knüpfen – zusammen leben

In Deutschland leben ungefähr 6,7 Millionen Ausländerinnen und Ausländer. Sie bilden einen Teil unserer Bevölkerung, auch wenn sie nicht die deutsche Staatsangehörigkeit besitzen. Oft haben sie es schwer, mit ihren Lebensweisen und Ansichten angenommen zu werden. Doch gemeinsam leben heißt nicht, dass alle gleich leben müssen, sondern dass man das Anderssein des anderen anerkennt.

> Für uns ist die … Gestaltung einer Stadt mit vielen verschiedenen Volksgruppen eine schwierige Aufgabe. Aber sie kann bewältigt werden. Dazu müssen alle Menschen dieser Stadt lernen, die Verschiedenheit der Lebens- und Wohnweisen anderer Volksgruppen zu verstehen und sie zu schätzen. Die Vielfältigkeit von Menschen und Lebensweisen macht unsere Stadt und ihre Stadtteile viel interessanter. … Das Zusammenleben setzt jedoch voraus, dass jeder bestimmte Regeln … einhält.

M1 *Meinung des Stadtplaners Ümit Bayam*

M2 *Tobias hilft Amela und Ataman bei den Hausaufgaben.*

M3 *Zeichnung eines Jungen bei einem Malwettbewerb der Stadt Osnabrück zu dem Thema: „Kinder einer Stadt – gemeinsam Zukunft gestalten"*

1 Berichte über Schwierigkeiten beim Zusammenleben von Menschen aus verschiedenen Kulturen (Text).

2 Erkläre mit eigenen Worten, was es heißt, das Anderssein der anderen anzuerkennen.

3 Ümit Bayan findet es wichtig, beim Zusammenleben Regeln einzuhalten (M1). Diskutiert, welche Regeln dies sein könnten.

M4 *Um deutlich zu machen, wie viele Kulturen im Stadtteil Schinkel vertreten sind, wurde das Stadtteilfest von Kindern in ihren Heimatsprachen eröffnet.*

M5 *Ausländische Bürgerinnen und Bürger beim Stadtteilfest*

Stadtteilfest in Osnabrück

Auch in Osnabrück, im Stadtteil Schinkel, leben viele unterschiedliche Kulturen zusammen. Auf einem Fest hatten die Bewohner die Gelegenheit sich kennenzulernen.

Lange vor dem Fest gaben sich die Schulen des Stadtteils große Mühe, ein attraktives Angebot für junge und alte Menschen auf die Beine zu stellen. Sie hatten für diesen Tag ein aufwendiges Bühnenprogramm vorbereitet. Auf zwei Bühnen wurde getanzt, gesungen und gemeinsam Musik gemacht. Bei der Organisation des Festes waren alle Bürger eingeladen. Auch viele ausländische Bürger haben sich beteiligt. Sie haben zum Beispiel griechische, türkische und russische Spezialitäten angeboten.

Die Organisatoren des Festes erhofften sich durch dieses Fest, dass der Stadtteil mit seinen unterschiedlichen Kulturen zusammenwächst und die Menschen ins Gespräch kommen.

4 Beschreibe das Projekt, mit dem versucht wurde, das Zusammenleben verschiedener Kulturen im Osnabrücker Stadtteil Schinkel zu fördern (Text, M4, M5).

5 Bewerte, wie sinnvoll eine solche Veranstaltung für das Zusammenleben verschiedener Kulturen ist.

6 Diskutiert, was ihr in der Klasse oder in der Schule für ein besseres Zusammenleben tun könntet. Denkt zum Beispiel an Fußballturniere, gemeinsames Kochen, Gesprächskreise oder Spiele.
Tipp: Weitere Anregungen findet ihr im Ideenpool (M6).

„Fete International"
– mit verschiedenen Gerichten, Musik, Kleidern, Bräuchen

„Wo komme ich her?"
– die ausländischen Schülerinnen und Schüler aus der Klasse stellen ihr Heimatland vor (Geschichte, Politik, Bevölkerung)

„Religionen der Welt"
– eine Collage über verschiedene Religionen basteln

...

M6 *Ideenpool*

Mit dem Atlas arbeiten

Damit du mit dem Atlas gut und schnell arbeiten kannst, gliedert er sich in drei große Teile:

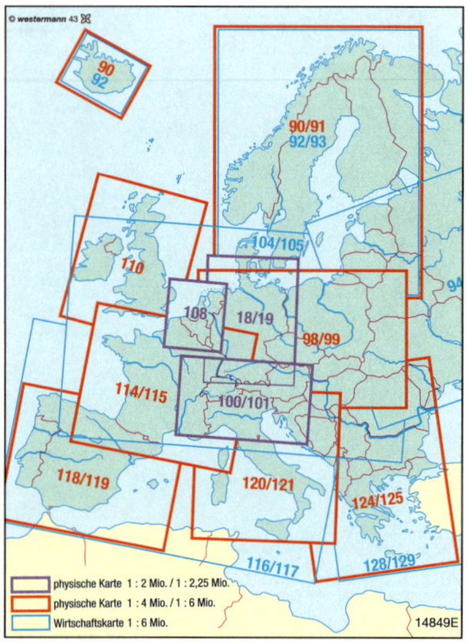

M1 *Kartenübersicht*

Teufelsmoor **7**, B 1
Teutoburger Wald **7**, A 2
Texas **130**, D 3
Thailand **97**, 2 F 4
Thale **11**, F 3
Thana **107**, F 4
Tharros **54**, 1 D 4
Thasos **76**, D 3
The Pas **129**, J 4
The Wash **68**, D 3
Thebae (Theben) **55**, 3 G 5
Theben (Ägypten) **84**, D 1
Theben (Griechenland) **76**, C 4
Thedinghausen **8**, C 4
Theiß **65**, G 3

1299G

M2 *Auszug aus einem Register*

1. Teil: Inhaltsverzeichnis
Mit dem Inhaltsverzeichnis arbeitest du, wenn du zu einem Land oder einem bestimmten Thema eine Karte suchst.

Hier sind alle Karten nach Themen, Ländern und Erdteilen (**Kontinente**) geordnet. Es enthält die Überschriften aller Karten im Atlas. Hinter der Überschrift findest du die jeweilige Seitenzahl, auf der sie zu finden sind.

2. Teil: Kartenübersicht
Mit der Kartenübersicht arbeitest du, wenn du weißt, wo sich der gesuchte Ort oder das Land ungefähr befindet.

Sie beginnt meist mit Karten zum Nahraum, also für uns Niedersachsen oder Norddeutschland. Dann kommen die Karten von Deutschland, anschließend die von Europa. Nach Europa sind die Karten der übrigen Erdteile aufgeführt und Übersichten, die die ganze Welt betreffen. Innerhalb der einzelnen Abschnitte gibt es physische und thematische Karten.

3. Teil: Register
Mit dem Register arbeitest du, wenn du nach einem bestimmten Begriff suchst.

Das Register findest du hinten im Atlas. Es ist ein alphabetisches Verzeichnis aller Namen, die auf den Karten im Atlas vorkommen, wie Orte, Länder, Berge, Flüsse, Meere, **Ozeane** und Wüsten. Hinter jedem Namen stehen die Seitenzahl und das **Planquadrat**. Mit diesen Angaben kannst du im Gitternetz den von dir gesuchten Begriff finden. Wenn du vergessen hast, wie du mit dem Gitternetz arbeitest, lies noch einmal auf der Seite 164 nach.

1 Suche nach folgenden Orten Niedersachsens. Notiere die Angaben aus dem Register und vervollständige die Sätze.
a) Die Stadt Meppen liegt an den Flüssen … und … .
b) In der Nähe der Stadt Damme liegt ein See namens … .
c) Am Ems-Jade-Kanal liegt eine Stadt namens E… .
d) Eine größere Stadt nordöstlich von Braunschweig heißt W… .
e) Der Brocken ist ein …
f) Die Stadt Cuxhaven liegt an der Mündung der … .

2 Suche mit deinem Platznachbarn verschiedene Länder, Städte, Berge usw. Du nennst beispielsweise eine Stadt und dein Platznachbar sucht diese im Register. Er nennt die Seitenzahl und die Angaben zum Planquadrat, schlägt die entsprechende Seite im Atlas auf und zeigt dir die Stadt. Anschließend tauscht ihr.

Die deutsche Nordseeküste

M1 *Übungskarte deutsche Nordseeküste*

1 Bearbeite die Übungskarte M1.
  a) Suche mithilfe der Schritte auf Seite 198 eine Karte in deinem Atlas, die dir bei der Erarbeitung der Übungskarte helfen kann.
  b) Nenne alle Staaten, die an der Nordsee liegen.
  c) An die Nordsee grenzen viele Staaten, sie werden Anliegerstaaten genannt. Nenne für jeden Anliegerstaat zwei Hafenstädte (Atlas).

Nordsee
Sie ist ein Randmeer des Atlantik, durchschnittlich 94 m tief und gehört zu den von Schiffen am stärksten befahrenen Meeren der Welt.

Die deutsche Nordseeküste

Ebbe und Flut

Jan fährt in den Ferien an die Nordsee. Am Strand angekommen ist er sehr enttäuscht, denn bis zum Horizont erblickt er nur graublauen Schlick. Wasser ist nicht zu sehen. Wie ist das möglich?

Das Wasser der Nordsee ist immer in Bewegung. Mal zieht es sich zurück und gibt den Blick auf den Meeresboden frei, dann kommt das Wasser wieder und bedeckt das Land bis an die Deiche. Von Ebbe spricht man, wenn das Wasser zurückweicht. Das Auflaufen des Wassers nennt man Flut. Diesen ständigen Wechsel von Ebbe und Flut bezeichnet man als **Gezeiten** (Tiden). Der Unterschied zwischen Hoch- und Niedrigwasser ist der Tidenhub. In der Nordsee beträgt er über drei Meter.

1 Vervollständige die folgenden Sätze in deinem Heft:
Das Steigen des Wassers heißt ...
Das Fallen des Wassers heißt ...
Der höchste Wasserstand heißt ...
Der niedrigste Wasserstand heißt ...

2 a) Berechne mithilfe von M1 die Zeitabstände zwischen dem höchsten und dem niedrigsten Wasserstand.
b) Nenne Uhrzeiten, zu der Jan das Meer sehen kann (M1).
c) Bestimme die Aufnahmezeiten der Fotos (M1, M3, M4).

Datum	Uhrzeit	Gezeiten
23.7.	03:34	NW
23.7.	09:55	HW
23.7.	16:28	NW
23.7.	22:38	HW
24.7.	04:37	NW
24.7.	10:44	HW
24.7.	17:14	NW
24.7.	23:15	HW

NW = Niedrigwasser
HW = Hochwasser

M1 *Gezeitentabelle*

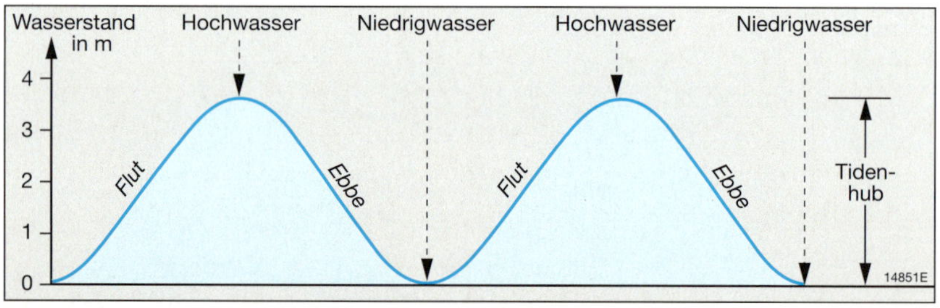

M2 *Gezeitenkurve (Tidekurve)*

M3 *Wattwanderung bei Ebbe*

M4 *Badespaß bei Flut*

M5 *Husumer Hafen bei Ebbe und Flut*

Für den Gezeitenwechsel sind verschiedene Kräfte verantwortlich, die auf die Wassermassen der **Ozeane** einwirken.

Die erste Kraft ist die Fliehkraft. Das ist so, als wenn du einen Mitschüler bei den Händen nimmst und ihr euch schnell umeinander dreht. Ihr werdet nach außen gedrückt. So drehen sich auch Erde und Mond um einen gemeinsamen Mittelpunkt. Dabei entstehen Fliehkräfte.

Der zweite Effekt beruht auf der Anziehungskraft. So wie die Erde Sachen anzieht, geht auch vom Mond eine Schwerkraftwirkung aus. Auch wenn die Kraft des Mondes viel schwächer ist, zieht er dennoch alle Gegenstände auf der Erde zu sich an. Diese Kraft wirkt vor allem auf das Wasser der Erde.

Das Zusammenwirken dieser Kräfte lässt in den Ozeanen der Erde zwei gleich große Flutberge entstehen. Einer ist dem Mond zu-, der andere dem Mond abgewandt. Aus den Gebieten zwischen den Flutbergen fließt das Wasser fort. Dort herrscht Ebbe.

3 Erkläre mit eigenen Worten die Entstehung von Ebbe und Flut (Text, M6).

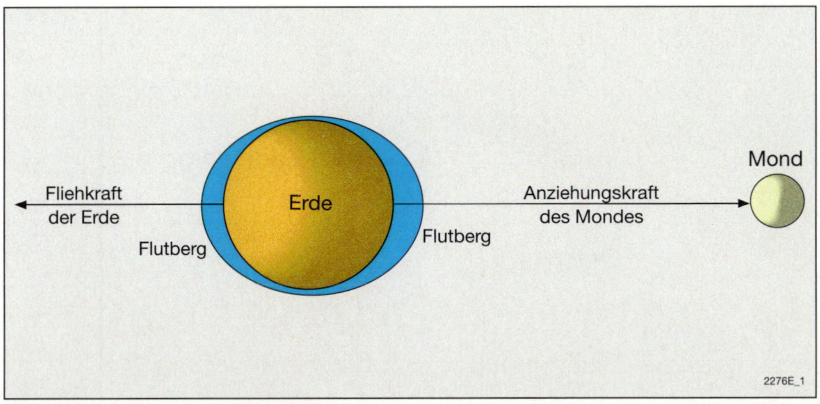

M6 *Entstehung der Gezeiten*

Die deutsche Nordseeküste

M1 *Deichbruch bei der Sturmflut 1962*

Menschen brauchen Deiche

Seit über 2000 Jahren siedeln Menschen an der Nordseeküste. Um ihre Siedlungen vor dem ansteigenden Meeresspiegel zu schützen, errichteten sie ihre Dörfer auf künstlich aufgeschütteten Erdhügeln. Diese nennt man Wurften oder auch Warften.

Um sich besser vor den enormen Kräften des Meeres zu schützen, schütteten die Menschen entlang der Küste Deiche auf. Zunächst waren es niedrige Erdwälle, die mit Rasenbahnen abgedeckt wurden. Im Laufe der Jahrhunderte wurden die **Deiche** verändert. Zum einen wurden die Deiche höher. Heute sind sie bis zu 8,50 Meter hoch. Zum anderen hat man ihr Profil verändert. Die heutigen Deiche sind zur Meerseite viel flacher und länger als früher. Treffen Wellen auf die flache Seite, verlieren sie beim Auslaufen langsam ihre Kraft. Früher prallten die Wellen mit voller Wucht auf die Deiche. Moderne Deiche bieten einen besseren Schutz.

Insbesondere im Herbst und Winter kann die Nordsee gefährlich werden. Zu diesen Jahreszeiten bedrohen **Sturmfluten** die Küste. Viele Menschen an der Küste erinnern sich noch an die Sturmflut im Februar 1962. Durch den Sturm wurde das Wasser gestaut und in die Flussmündungen von Ems, Weser und Elbe getrieben. Als die Deiche im Inland brachen, starben über 300 Menschen und Tausende wurden obdachlos.

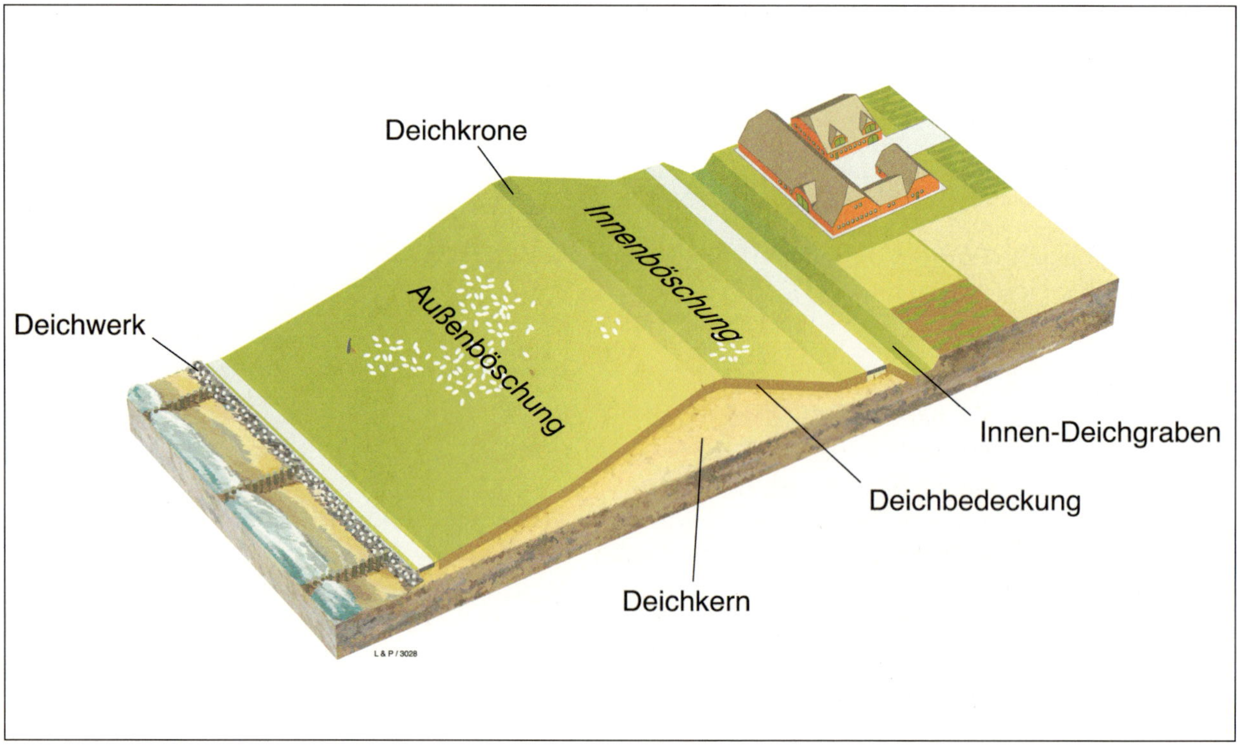

M2 *Aufbau eines modernen Deichs*

M3 *Die Quellerpflanze*

M4 *Lahnungen im Bau …*

M5 *… und viele Jahre später*

Die Landgewinnung

Deichbau ist eine Form des Küstenschutzes, um Landverlust zu verhindern. Gleichzeitig versucht man, vor dem Deich neues Land zu gewinnen.

Im Meerwasser schweben kleinste Tonteilchen, Sandkörner, Tier- und Pflanzenreste. Wenn das Wasser ruhig ist, sinken diese Stoffe zu Boden und bilden den Schlick. Pfahlreihen mit Flechtwerk aus Stroh und Reisig (Lahnungen) beschleunigen diesen Vorgang der Aufschlickung. Wenn das neu entstandene Land bei Hochwasser kaum noch überspült wird, legt man Entwässerungsgräben an. Sie heißen Grüppen. Zwischen den Grüppen werden Queller angepflanzt. Sie vertragen das Salzwasser und halten den Schlick fest. So wird der **Watt**boden allmählich höher. Ist das neu gewonnene Land hoch genug, wird es eingedeicht. Dieses Land bezeichnet man als Koog oder Polder. Vor dem neuen Deich beginnt die Landgewinnung dann von neuem.

Durch Gräben (Siele) wird das neue Land entwässert. Damit das Wasser in die Nordsee abfließen kann, werden sogenannte Sieltore in den Deich eingelassen. Diese Sieltore sind so gebaut, dass sie sich bei Ebbe öffnen und bei Flut von allein schließen.

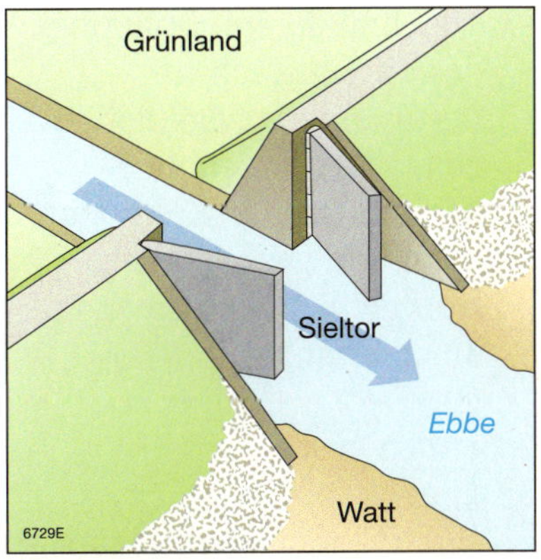

M6 *Sieltor bei Ebbe*

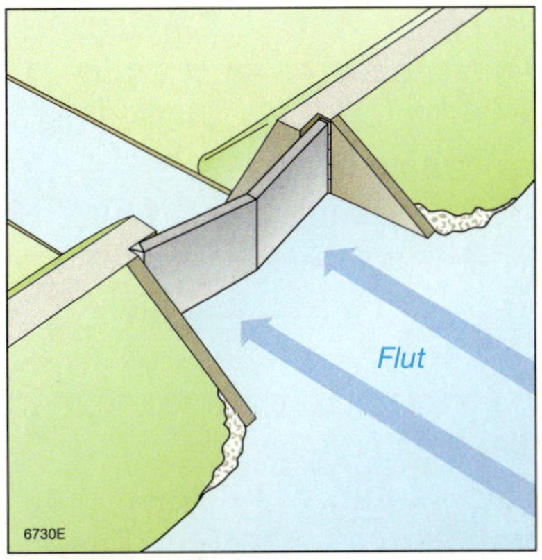

M7 *Sieltor bei Flut*

1 Beschreibe den Aufbau eines modernen Deichs (M2).

2 Verfasse einen kurzen Bericht über den Vorgang der Landgewinnung (Text, M3–M5). Verwende dabei folgende Begriffe: Schlick, Queller, Lahnungen, Grüppen, Koog.

3 Fülle Erde und Wasser in ein Glas und rühre kräftig um. Warte zehn Minuten und beobachte. Erläutere an diesem Beispiel den Vorgang der Aufschlickung.

4 Erkläre die Aufgabe und Bedeutung von Sieltoren (Text, M6, M7).

5 a) Stelle die Maßnahmen des Küstenschutzes der Forderung von Umweltorganisationen gegenüber, die Natur sich selbst zu überlassen.

b) Bewertet die Forderungen und diskutiert sie in der Klasse.

Ein Luftbild auswerten

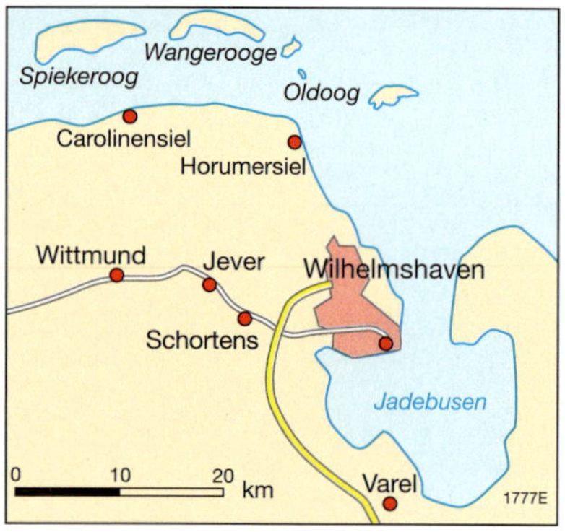

M1 *Lage von Horumersiel*

Der Ferienort Horumersiel an der Nordsee

„Ein Bild sagt mehr als tausend Worte.“ Dieser Satz trifft auch auf das Luftbild zu. Deshalb werden Luftbilder für viele Bereiche genutzt, zum Beispiel für die Erstellung von Karten, die Planung von Baugebieten oder die Suche nach archäologischen Fundstätten.

Um ein Luftbild zu verstehen, musst du allerdings dessen Sprache kennen. Sieh dir das Luftbild von Horumersiel zunächst in aller Ruhe an. Notiere in Stichwörtern, was dir zu dem Bild einfällt. Tauscht eure Gedanken und Eindrücke in der Klasse aus.

Beachte die Schritte der Bildauswertung, um das Luftbild so gut wie möglich zum Reden zu bringen.

1. Schritt: Orientierung
- Benenne die Informationen der Bildunterschrift.
- Bestimme die Lage der abgebildeten Orte oder der Landschaft (Kontinent, Land und genaue Lage, Norden, Süden, im Landesinneren, an der Küste).

2. Schritt: Beschreibung
Beschreibe
- erkennbare Flächen (zum Beispiel Siedlung, Hafen, Campingplatz, Meer, Strand, Felder, Wald und anderes),
- erkennbare Linien (zum Beispiel Straße, Fluss, Weg und anderes),
- erkennbare Punkte (zum Beispiel Bäume, Häuser, Segelschiffe, Menschen und anderes).

Halte bei der Beschreibung eine Reihenfolge ein: Vordergrund, Mitte des Bildes, Hintergrund oder Meer, Küste, Ort.

M2 *Luftbild von Horumersiel bei Wilhelmshaven*

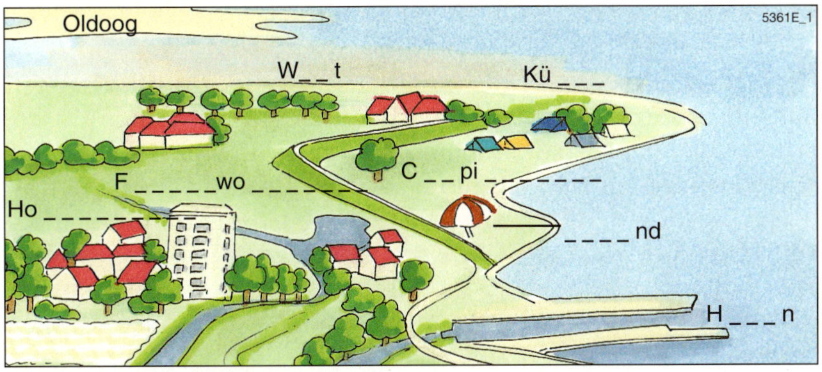

M3 *Skizze des Luftbildes*

3. Schritt: Erklärung
Stelle Zusammenhänge zwischen den entdeckten Einzelheiten her, zum Beispiel
a) zwischen Küste und Meer,
b) den abgebildeten Einrichtungen und dem Ort,
c) den Feldern und Grünflächen und dem Ort.

Aussagen.
a) Es herrscht gerade Ebbe.
b) Hier können sich Menschen erholen. Das zeigen der Segelschiffhafen, der Campingplatz und der Badestrand. Horumersiel muss ein Ferienort sein.
c) Äcker und Grünflächen zeigen günstige Bedingungen für die Landwirtschaft. Also muss in Horumersiel Landwirtschaft betrieben werden.

4. Schritt: Zeichnung
Fertige eine Skizze an und trage wichtige Bildinhalte ein (M3).

Das Wattenmeer

M1 *Wattwurm*

Wo Mensch und Natur sich begegnen

Das Wattenmeer ist der Teil der Nordsee, der durch die **Gezeiten** abwechselnd trocken fällt und wieder überflutet wird. Das Wasser fließt bei Ebbe und Flut durch tiefe Furchen (Priele). Den Meeresboden, der bei Ebbe frei liegt, nennt man Watt.

Das **Watt** bildet für Pflanzen und Tiere einen einzigartigen Lebensraum. Bei Ebbe spielt sich das Leben vor allem im Boden ab. Zwar leben dort nur wenige Tierarten wie zum Beispiel Muscheln, Sandwürmer und Schnecken, diese sind aber in großen Mengen vorhanden.

Im Wattenmeer brüten, fressen und rasten Millionen von Vögeln. Es ist auch ein wichtiges Gebiet für heranwachsende Fische. Seehunde und sogar Schweinswale leben hier. 250 Pflanzenarten, die ausschließlich im Watt wachsen, sind hier zu Hause.

Auch der Mensch möchte das Wattenmeer für sich nutzen. Die Ansprüche von Bewohnern, Touristen, Fischern und Industriebetrieben sind dabei sehr unterschiedlich. Daher ergeben sich rund um das Wattenmeer verschiedene **Nutzungskonflikte**.

1 Nenne die Tierarten, die im Wattenmeer leben (Text).

2 a) Ermittle die in M2 dargestellten Nutzungskonflikte.
b) Beurteile, ob der Mensch für den Lebensraum Wattenmeer eine Gefährdung darstellt.

M2 *Nutzungskonflikte im Wattenmeer*

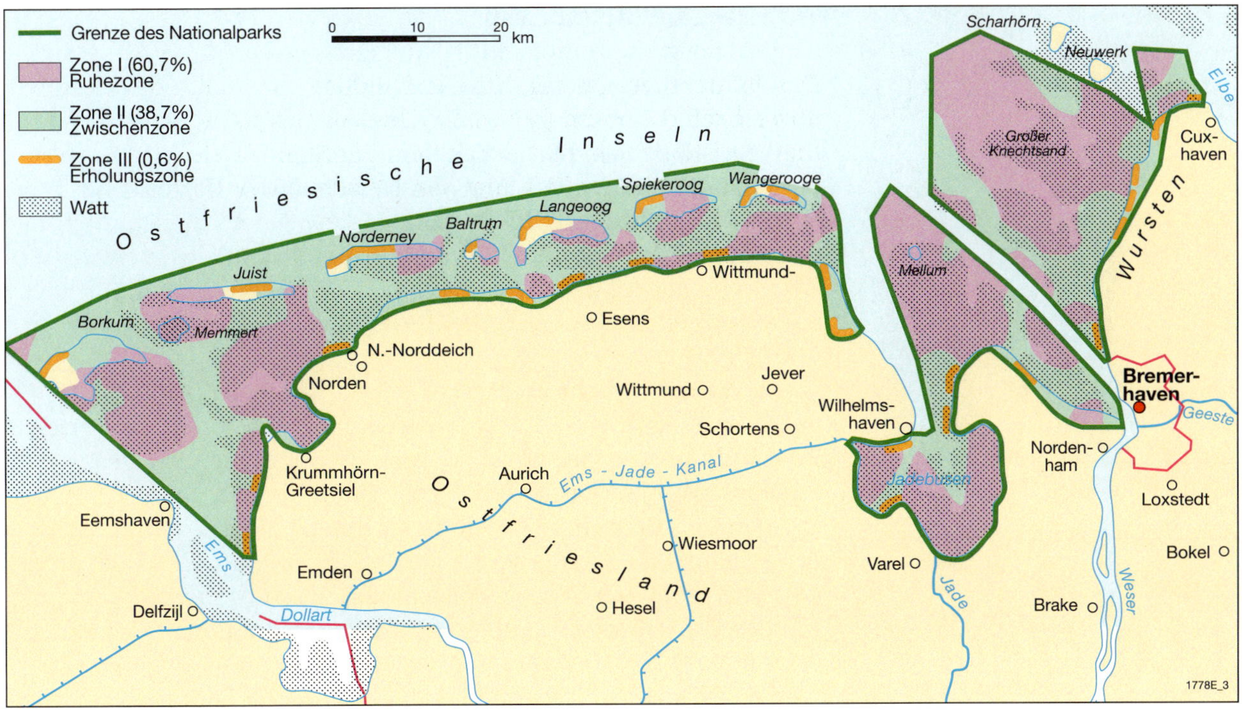

M3 *Nationalpark Niedersächsisches Wattenmeer*

Der Nationalpark Niedersächsisches Wattenmeer

Die Niedersächsische Landesregierung hat große Teile des Wattenmeeres unter Schutz gestellt. 1986 wurde der Nationalpark Niedersächsisches Wattenmeer gegründet und drei unterschiedliche Schutzzonen geschaffen. Für Besucher des **Nationalparks** gelten bestimmte Regeln, damit die Pflanzen- und Tierwelt keinen Schaden nimmt.

In der Ruhezone gelten die strengsten Bestimmungen. Die Natur soll hier ungestört bleiben. Die Dünen und vor allem die Salzwiesen im Uferbereich sind Brutgebiete der Vögel. Auf einigen Sandbänken im Wattenmeer liegen die Ruheplätze der Seehunde.

Die Zwischenzone ist im Vergleich zur Ruhezone weniger streng geschützt. Den Anwohnern und den Touristen ist es hier erlaubt, mit dem Boot zu fahren oder im Watt zu wandern.

In der Erholungszone liegen Hotels, Badestrände, Freizeiteinrichtungen und Gebäude für den Erholungs- und Kurbetrieb. Es ist jedoch verboten, mit Autos oder Motorrädern zu fahren.

M4 *Hinweisschild*

3 Beschreibe die Zoneneinteilung im Nationalpark (M3).

4 a) Folgende Piktogramme zeigen einige Regeln zum richtigen Verhalten. Gib ihren Inhalt mit eigenen Worten wieder.

b) Entwickle weitere Regeln. Schreibe sie auf oder entwerfe selbst Piktogramme.

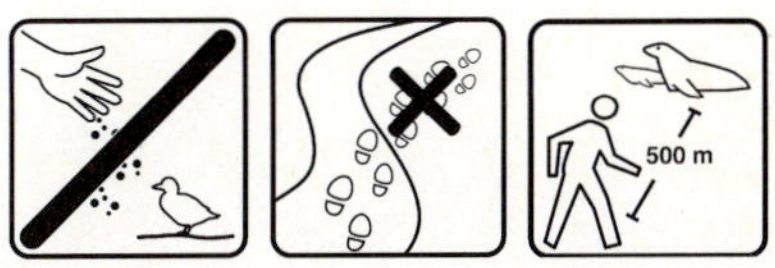

Hast du den Durchblick?

1 In der Landeshauptstadt

1. Wie heißt die Hauptstadt Niedersachsens?
2. Wo tagt der niedersächsische Landtag?
3. Wie viele Einwohner hat die Landeshauptstadt?
4. Nenne fünf Sehenswürdigkeiten der Stadt.
5. Maschsee, Eilenriede und die Herrenhäuser Gärten sind … in der Landeshauptstadt.
6. Nenne vier Stadtviertel der Landeshauptstadt.

2 Hier stimmt etwas nicht

Suche in jeder Reihe den Begriff, der nicht zu den anderen passt. Begründe deine Wahl

1. Hochgebirge – Geest – Marsch – Börde
2. Amrum – Baltrum – Norderney – Juist
3. Queller – Lahnung – Wattwurm – Koog
4. Deichkrone – Außenböschung – Deichkern – Deichgipfel
5. Kieser – Grundmoräne – Urstromtal – Endmoräne
6. Viehhaltung – Bergbau – Zuckerrübenanbau – Weizenanbau

3 Geheimschrift!

Ein eigenartiger Text. Wer kann ihn lesen?

SAD REEMNETTAW
Deu tsch land gr enzt an di eN ord see.
Dortliegteinedereigenartigstenlandschaftenderwelt,daswatt.
_s b_st_ht aus Sand- und Schlickfläch_n.
KCILHCS TSI RENIEF MMALHCS; RED HCIS MA NEDOBSE-REEM TZTESBA:
Beiflutwirddaswattüberschwemmt, beiebbefälltestrocken.
Unageafähra alale zwölf Stunadena kommt eianea neuaea Flut.
Tiere viele leben im Wattboden, Beispiel zum Muscheln, Wattwürmer und Garnelen.
Vieleein Vögelein lebenein vonein ihnenein, so zum Beispiel Strandläufer, Säbelschnäbler und Austernfischer.
MITTENIMWATTLIEGENDIEHALLIGEN:
Aufdiesenkleineninselnlebennochetwa300menschen.
EID NEGILLAH NEGAR RUN NIE SIB IEWZ RETEM rebü ned legepressawhcoh suanih.
man auf etwa hohen künstlichen Die Häuser Erdhügeln allerdings hat Meter fünf angelegt.
Trotzdem stehen bei Sturmfluten die HALLIGENSCHONMALUN-TERWASSER.

4 Was gehört wozu?

Ordne den Bildern folgende Begriffe zu.

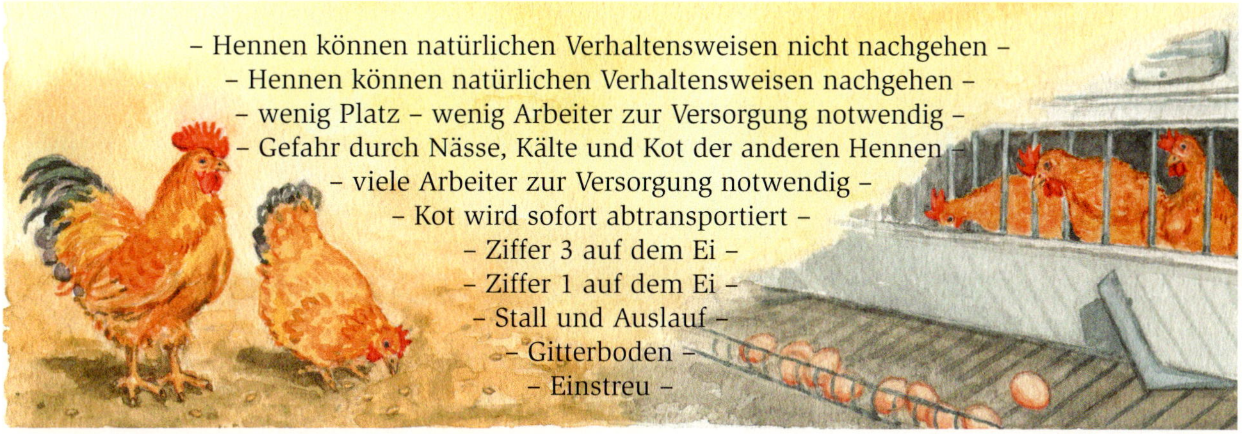

– Hennen können natürlichen Verhaltensweisen nicht nachgehen –
– Hennen können natürlichen Verhaltensweisen nachgehen –
– wenig Platz – wenig Arbeiter zur Versorgung notwendig –
– Gefahr durch Nässe, Kälte und Kot der anderen Hennen –
– viele Arbeiter zur Versorgung notwendig –
– Kot wird sofort abtransportiert –
– Ziffer 3 auf dem Ei –
– Ziffer 1 auf dem Ei –
– Stall und Auslauf –
– Gitterboden –
– Einstreu –

5 Buchstabensalat

Richtig geordnet ergeben die Buchstaben Begriffe rund um das Thema Landwirtschaft. Die Anfangsbuchstaben sind dick gedruckt. Die rot markierten Buchstaben ergeben einen Lösungssatz.

1. TEIDE**G**ER
2. LIETUNGHAH**V**
3. CHOKOGISL**Ö**
4. GO**B**EILISE
5. GRÜN**D**E
6. **Z**ERRUBÜCKE
7. B**O**ST
8. SCHI**B**OLIEF
9. **B**OFAUHERN
10. GENNHEELEN

N _ _ _ _ _ _ _ _ _ _ _ _ I _ _ _ G _ _.

6 Ebbe oder Flut?

Grundbegriffe

Börde
Bundesland
City
Deich
Geest
Gezeiten (Tiden)
glaziale Serie
Industrie- und Gewerbegebiet
Landeshauptstadt
Landgewinnung
Landwirtschaft
Marsch
Nationalpark
öffentliche Verkehrsmittel
Stadtviertel
Watt

Blick auf Europa – Das Brandenburger Tor in Berlin

Die Großlandschaften in Deutschland

M1 *Norddeutsches Tiefland*

M2 *Mittelgebirge*

Von der Küste zu den Alpen

In Deutschland unterscheiden wir von Norden nach Süden vier Großlandschaften:

Das **Norddeutsche Tiefland** erstreckt sich von den Küsten der Nord- und Ostsee bis zu den **Mittelgebirgen**. Es ist überwiegend flach und erreicht nur Höhen bis 200 Meter. In den Mittelgebirgen wechseln bewaldete Höhenzüge und langgestreckte Täler. Südlich der Donau beginnt das von 300 Meter bis auf 800 Meter ansteigende **Alpenvorland**. Das **Hochgebirge** der Alpen mit dem höchsten Berg Deutschlands, der Zugspitze, bildet die Südgrenze unseres Landes.

M5 *Vier Großlandschaften*

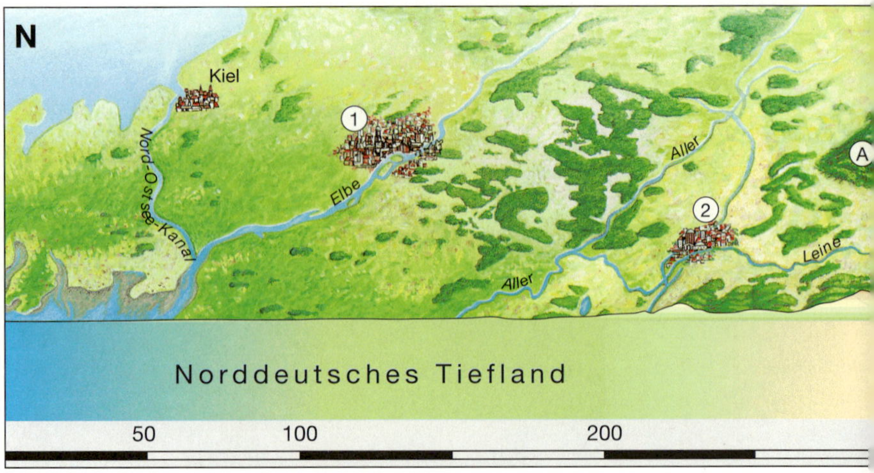

M6 *Ein Landschaftsquerschnitt durch Deutschland*

M3 *Alpenvorland*

M4 *Hochgebirge (Alpen)*

1 Beschreibe die Großlandschaften Deutschlands und erkläre ihre Besonderheiten (Text, M1–M5).

2 Arbeite mit dem Atlas:

a) Nenne im Landschaftsquerschnitt die Städte 1 bis 3 und die Gebirge A und B (M6).

b) Ordne den vier Großlandschaften (M5) folgende Städte zu: Kassel, Rostock, Hannover, Würzburg, Zwickau, München, Berchtesgaden.

c) Die deutschen Mittelgebirge erreichen Höhen bis fast 1500 Meter. Stelle mithilfe des Atlas fest, ob das für den Harz, die Eifel, das Erzgebirge, die Schwäbische Alb und den Schwarzwald zutrifft.

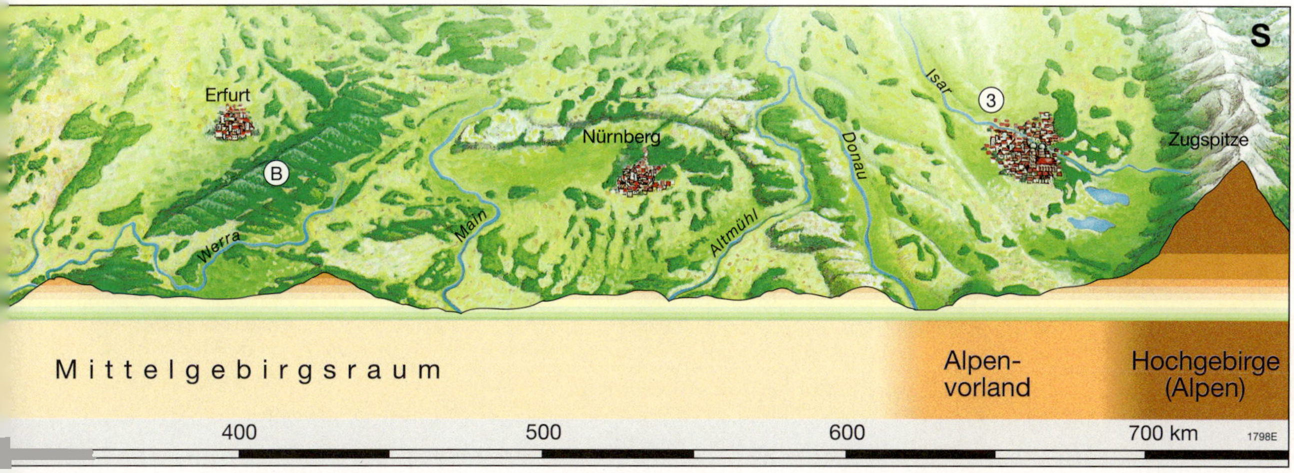

M1 *Die Müritz*

M2 *Fischerhütte am See*

Die Müritz

Die Müritz ist mit 117 km² Wasserfläche nach dem Bodensee der zweitgrößte See in Deutschland. Sie liegt im Bereich der Mecklenburgischen Seenplatte im **Norddeutschen Tiefland**. Die Landschaft ist vor etwa 12 000 Jahren entstanden. Zu der Zeit schoben 1000 m hohe Eisgletscher wie eine Planierraupe große Geröllmassen von Norden Richtung Süden vor sich her. Nach dem Abtauen der **Gletscher** blieb das Wasser zurück. Es entstand die Seenplatte, eine Landschaft mit Wäldern, Mooren und vielen Seen.

Das Land der vielen Seen ist das Land der tausend Vogelarten. Hier leben sogar Fisch- und Seeadler. Diese Landschaft ist naturnah geblieben, da es kaum Industrie und wenig Verkehr gibt.

M3 *Die Lage der Müritz und des Kaiserstuhls in Deutschland*

M4 *Das Müritz-Seengebiet*

Der Kaiserstuhl

Nordwestlich von Freiburg, mitten im Oberrheinischen Tiefland, erhebt sich der Kaiserstuhl. Entstanden ist dieses kleine Gebirge vor 30 Millionen Jahren. Zu dieser Zeit öffneten sich im Rheingraben zahlreiche **Vulkane**. Dabei stieg flüssiges Gestein (Magma) aus dem Inneren der Vulkane an die Erdoberfläche, floss über die Vulkanhänge und erkaltete. Die so entstandene Landschaft wurde später Kaiserstuhl genannt.

Der Kaiserstuhl hat ein sehr mildes Klima und ist einer der wärmsten Orte in Deutschland. Seine Hänge werden von der Sonne besonders stark erwärmt. Der Boden des Kaiserstuhls besteht an vielen Stellen aus Löss. Dies ist ein gelbbrauner Gesteinsstaub, der am Ende der **Eiszeit** entstand und besonders fruchtbar ist. Um den Boden an den Berghängen landwirtschaftlich nutzen zu können, haben die Menschen schon früh Terrassen angelegt. Auf ihnen betreiben sie noch heute Obst- und Ackerbau. Besonders gute Bedingungen bieten der gute Boden und das milde Klima für den Weinanbau. Deshalb ist der Kaiserstuhl eines der wichtigsten Weinanbaugebiete in Deutschland.

M5 *Weinbau auf Terrassen*

1 Beschreibe die Lage der Müritz und die Lage des Kaiserstuhls in Deutschland (M3, M4, Text).
2 Zähle die Besonderheiten des Müritz-Seengebietes in Stichwörtern auf (M1, M2, M4, Text).
3 Berichte, wie der Kaiserstuhl entstanden ist (Text).
4 Erläutere, warum der Kaiserstuhl günstig für den Weinanbau ist (M5, M6, Text).

M6 *Weinbauterrassen am Kaiserstuhl*

Landschaften in Deutschland

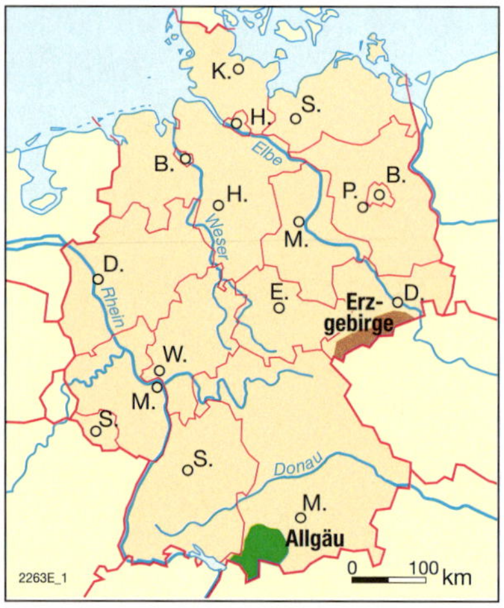

M1 *Lage des Erzgebirges und des Allgäus in Deutschland*

Im Erzgebirge

Das Erzgebirge liegt an der Grenze zwischen Deutschland und der Tschechischen Republik. Früher wurden dort Bodenschätze wie Silber und **Zinn** abgebaut. Maulwürfen gleich wühlten die Bergleute Gänge in die Erde. Viele davon blieben erhalten. Sie ziehen heute Tausende Touristen an, die in die Berge steigen oder fahren, um sich in den heutigen Schaubergwerken einen Eindruck vom schweren Bergmannsleben zu verschaffen.

Der Bergbau hat das Erzgebirge im späten **Mittelalter** zu einer reichen Region in Deutschland gemacht. Vor 200 Jahren aber verlor der Bergbau an Bedeutung. Es gab immer weniger Bodenschätze. Die Menschen mussten sich damals nach neuen Erwerbsquellen umsehen. Viele Bergleute fanden eine Beschäftigung im Handwerk. Vor allem wurden Holzspielzeug und Musikinstrumente hergestellt.

Heute ist der Tourismus die größte Einnahmequelle für die Bevölkerung. Am Fichtelberg wird Wintersport betrieben, zahlreiche Loipen ziehen Skilangläufer an. Im Sommer gibt es Wandermöglichkeiten in den ausgedehnten Wäldern.

M2 *Der Geisingberg im Erzgebirge*

M3 *Allgäulandschaft*

M4 *Grünlandwirtschaft*

Das Allgäu

Am Fuß der Alpen, südöstlich von München, liegt das Allgäu. Die landwirtschaftlichen Bedingungen sind dort ungünstig. Das Gelände ist steil, die Böden sind nährstoffarm und die Niederschläge sehr hoch. Hier wachsen auf Wiesen und Feldern Gräser, Futterpflanzen, Kleearten und Kräuter. Durch diese **Grünlandwirtschaft** haben sich die bäuerlichen Betriebe auf Rinder- und Schafzucht, Kälbermast und Milchwirtschaft spezialisiert.

Neben der Gründlandwirtschaft entwickelte sich der Tourismus. Schon um 1900 kamen die ersten Urlauber, um für einige Wochen Luft und Landschaft zu genießen. Von Jahr zu Jahr stieg die Besucherzahl. Das Allgäu wurde ein beliebtes Urlaubsgebiet. Aber erst die Einrichtung von Wanderwegen, Seilbahnen und Unterkünften auf den Bergen machten den Tourismus zu dem, was er heute ist: die beherrschende Wirtschaft. So gibt es heute kaum eine Bauernfamilie, die nicht nebenher Zimmer an Gäste vermietet.

1 Beschreibe die Lage des Erzgebirges und die Lage des Allgäus (M1, Text).
2 Nenne Berufe, die die Menschen im Erzgebirge früher hatten (Text).
3 Nenne Freizeitmöglichkeiten des Erzgebirges im Sommer und im Winter (Text).
4 Erkläre, warum im Allgäu hauptsächlich Grünlandwirtschaft betrieben wird (Text).
5 Berichte, wie sich der Tourismus im Allgäu entwickelte (Text).

Eine Übungskarte bearbeiten

Mit einer Übungskarte kannst du dein Wissen über eine Region überprüfen und vertiefen. In diesem Beispiel ist es Deutschland (M1). Der Karteninhalt ist hier verschlüsselt dargestellt. So sind Landschaften und Gebirge mit Zahlen, Gewässer hingegen mit Kleinbuchstaben gekennzeichnet und Städte sind mit ihren Anfangsbuchstaben abgekürzt. Diese Einzelheiten sind in der **Legende** erklärt. Mithilfe der **Maßstabsleiste** kannst du Entfernungen zwischen einzelnen Punkten bestimmen.

1. Schritt:
Karte im Atlas suchen
Suche im Atlas eine Karte heraus, mit der du die gesuchten Städte, Gebirge, Landschaften und Flüsse bestimmen kannst. In der Bildunterschrift der Karte wird gesagt, um welche Region es sich handelt. In diesem Beispiel brauchst du eine physische Karte von Deutschland.

2. Schritt:
Eintragungen bestimmen
Bestimme mithilfe des Atlas die Eintragungen der Übungskarte. Gehe dabei systematisch vor. Bestimme zum Beispiel erst die Städte, dann die Gewässer usw. Schreibe die jeweilige Abkürzung in dein Heft und ergänze den Namen der Stadt oder des Flusses.

3. Schritt:
Ergebnisse überprüfen
Vergleicht eure Ergebnisse in der Klasse und verbessert mögliche Fehler.

Du kannst auch versuchen, die Karte ein zweites Mal ohne den Atlas zu lösen und so überprüfen, was du bereits gelernt hast.

M1 *Eine physische Karte von Deutschland*

Eine Kartenskizze zeichnen

Die Kartenskizze zeigt einen Raum, ein Land oder einen Kontinent in einer einfachen Darstellung. In fünf Arbeitsschritten kannst du selbst eine Kartenskizze anfertigen. Hier kannst du am Beispiel Niedersachsen üben.

Das brauchst du zum Zeichnen:
- Transparentpapier
- Buntstifte in Blau, Braun, Rot, Schwarz
- Bleistift
- Radiergummi
- Lineal oder Geodreieck

1. Schritt: Umrisse zeichnen
Schlage vorn im Buch oder im Atlas die Landschaftskarte von Niedersachsen auf. Lege Transparentpapier (Pergamentpapier) auf die Karte und befestige es mit Büroklammern.

Auf dem Transparentpapier zeichnest du zunächst mit dem Bleistift einen Rahmen, der den Kartenausschnitt deiner Skizze begrenzt. Zeichne danach die Grenzen Niedersachsens mit einem roten Stift nach (ohne die Inseln).

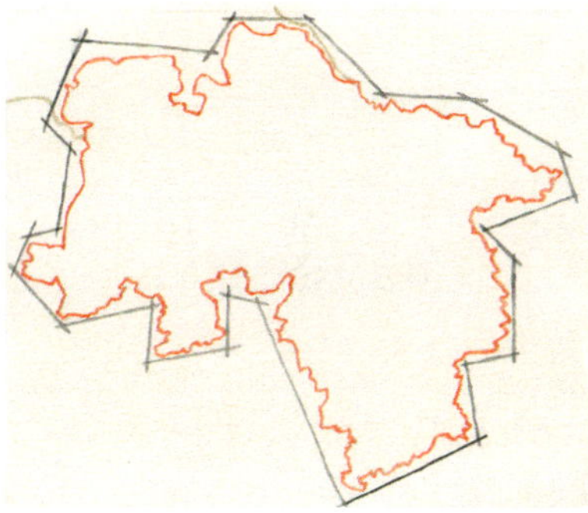

M1 *1. Schritt*

2. Schritt: Flussnetz und Kanäle einzeichnen
Trage nun die Gewässer ein. Zeichne das Flussnetz und die Kanäle mit einem blauen Stift nach. Dabei kannst du den wichtigsten Flussläufen großzügig folgen. Kleinere Flussbiegungen werden einfach begradigt. Umkreise wichtige Seen und male sie blau aus.

Ems, Weser, Aller, Leine, Elbe, Hase, Oste, Hunte, Oker,
Mittellandkanal, Elbe-Seiten-Kanal, Küstenkanal,
Steinhuder Meer, Dümmer

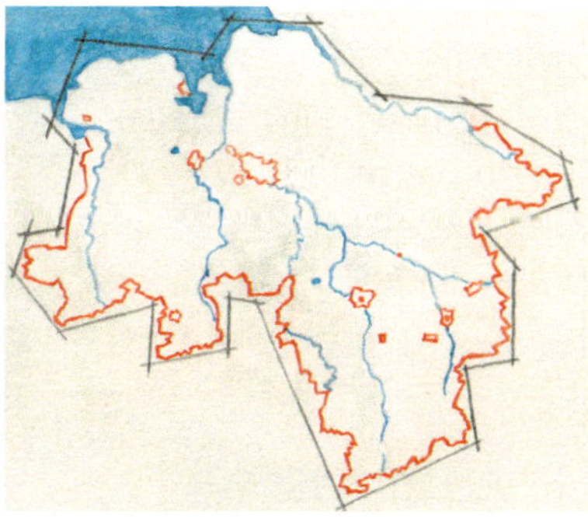

M2 *2. Schritt*

3. Schritt: Gebirge einzeichnen
Um die Gebirge einzuzeichnen, nimmst du einen braunen Stift. Damit umfährst du zum Beispiel den Harz und malst die Fläche braun an.

Harz, Solling, Deister, Wiehengebirge, Teutoburger Wald,
Elm, Ith, Hils

4. Schritt: Städte einzeichnen
Markiere mit einem roten Stift die wichtigsten Städte.

Göttingen, Hildesheim, Hannover, Braunschweig, Wolfsburg,
Lüneburg, Cuxhaven, Wilhelmshaven, Oldenburg, Osnabrück, Celle

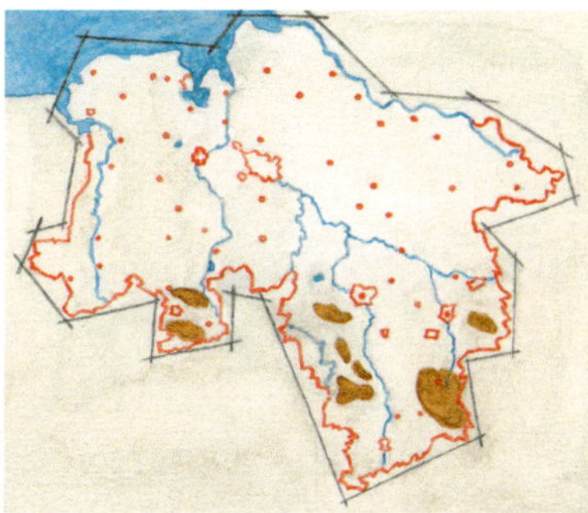

M3 *3. und 4. Schritt*

5. Schritt: Beschriften
Beschrifte nun deine „stumme" Karte. Übertrage dazu die Namen von der Niedersachsenkarte. Für Städte und Gebirge nimm einen schwarzen Stift, für Flussnamen einen blauen Stift.
Gib der Skizze eine Überschrift.

Die Gliederung Deutschlands

M1 *Die Wappen der deutschen Bundesländer*

Ein Staat mit 16 Ländern

Die Bundesrepublik Deutschland ist ein Staat mit einer Fläche von rund 357 000 km². Auf dieser Fläche liegen 16 unterschiedlich große Länder. Sie werden Bundesländer genannt. Die Hauptstadt von Deutschland ist Berlin.

Die Bundesländer liegen wie große und kleine Puzzleteile über der Fläche Deutschlands verteilt. 13 Länder bezeichnet man als Flächenstaaten. Sie haben eine eigene Landeshauptstadt und viele andere Städte. Weiterhin gibt es drei Stadtstaaten Berlin, Hamburg und Bremen mit Bremerhaven. Sie sind jeweils Stadt und Bundesland zugleich.

1 Ordne den alphabetisch aufgelisteten Ländern der Bundesrepublik Deutschland (M2) das richtige Wappen aus M1 zu (Atlas).
Tipp: Die Buchstaben, die unter dem jeweiligen Wappen stehen, ergeben ein Lösungswort.

2 Nenne die Länder Deutschlands, die ein Wappentier haben. Finde heraus, um welche Tiere es sich handelt.

Bundesland	Fläche in km²	Einwohner in Mio.	Bundesland	Fläche in km²	Einwohner in Mio.
Baden-Württemberg	35 800	10,7	Niedersachsen	47 600	8,0
Bayern	70 600	12,5	Nordrhein-Westfalen	34 100	18,0
Berlin	890	3,4	Rheinland-Pfalz	19 800	4,0
Brandenburg	29 500	2,5	Saarland	2 600	1,0
Freie Hansestadt Bremen	404	0,7	Sachsen	18 400	4,2
Freie und Hansestadt Hamburg	755	1,8	Sachsen-Anhalt	20 400	2,4
Hessen	21 100	6,0	Schleswig-Holstein	15 800	2,8
Mecklenburg-Vorpommern	23 200	1,7	Thüringen	16 200	2,3

M2 *Größe und Einwohnerzahl der Bundesländer Deutschlands (Stand 2007)*

3 Schreibe die 16 Länder Deutschlands nach der Größe der Landesfläche auf. Nenne auch die Landeshauptstädte (M2, M3).

Bundesland	Landeshauptstadt
Bayern	München
Niedersachsen	

4 Zeichne zu den Einwohnerzahlen der 16 Länder (M2) ein Säulendiagramm. Hinweise, wie du das Diagramm anlegen kannst, findest du auf Seite 245.

M3 *Die Bundesländer Deutschlands*

Berlin

M1 *Die Lage von Berlin in Deutschland*

Berlin: die Hauptstadt Deutschlands

Die Stadt Berlin ist nicht nur ein Bundesland, sondern auch die Hauptstadt der Bundesrepublik Deutschland. Hier werden die wichtigsten politischen Entscheidungen getroffen. Im Regierungsviertel befinden sich die Regierungsgebäude und der Amtssitz des Bundespräsidenten, ebenso die Vertretungen der Bundesländer und einige **Botschaften** anderer Staaten. Berlin ist mit rund 900 km² und mit 3,4 Millionen Einwohnern die größte deutsche Stadt.

Durch seine zentrale Lage in Europa ist Berlin darüber hinaus ein internationaler Verkehrsknotenpunkt. Hier kreuzen sich Eisenbahnstrecken, Autobahnen und Wasserstraßen.

Berlin ist auch eine Stadt der Kultur. Historische Gebäude, bedeutende Museen und Galerien, aber auch Filmfestivals und Konzerte ziehen jedes Jahr viele Besucher an.

1 Erkläre, warum Berlin zwei politische Aufgaben wahrnimmt (Text und Seite 220/221).

M2 *Der Potsdamer Platz – das neue Zentrum Berlins*

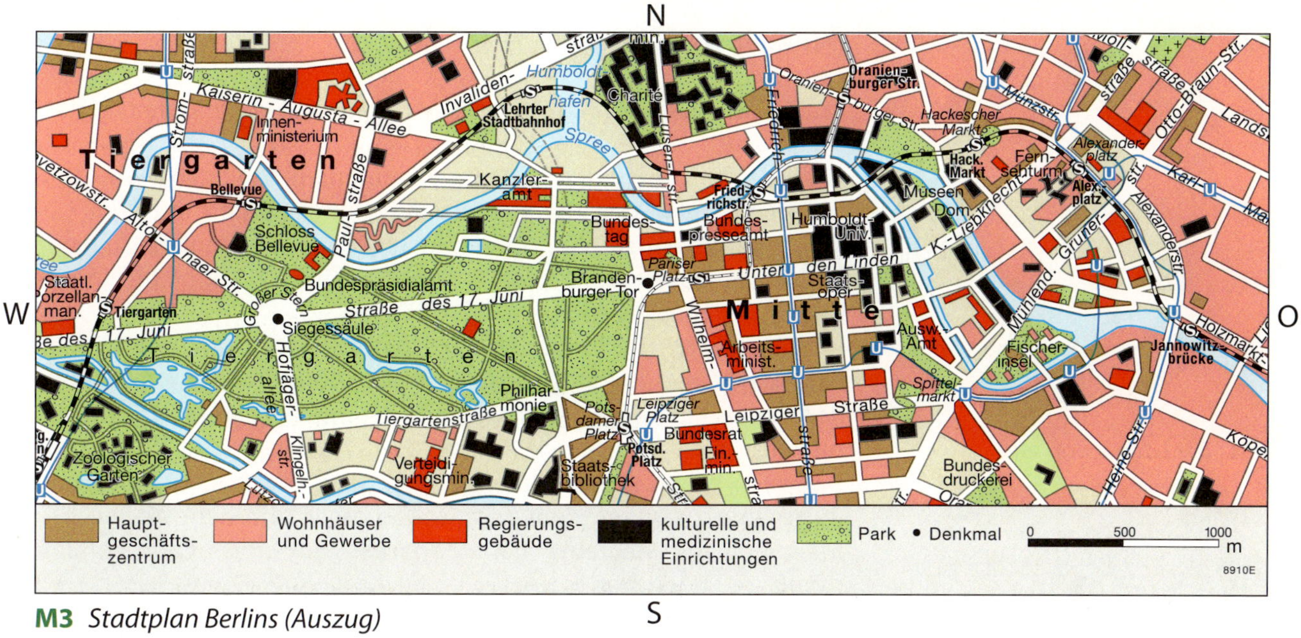

M3 *Stadtplan Berlins (Auszug)*

Im Schloss Bellevue hat der Bundespräsident seinen Amtssitz. Er ist das Staatsoberhaupt der Bundesrepublik Deutschland. Seine Hauptaufgabe ist es, unser Land im Inland und im Ausland zu vertreten.

Der Reichstag ist der Sitz des Deutschen Bundestages. Hier tagen die gewählten Vertreterinnen und Vertreter unseres Volkes. Sie entscheiden über neue Gesetze und überwachen die Arbeit der Regierung.

Im Bundeskanzleramt trifft sich die Regierung: die Bundeskanzlerin/der Bundeskanzler und Ministerinnen und Minister. Sie beraten über nationale und internationale Probleme und regieren unser Land.

M4 *In Berlin befinden sich der Sitz des Bundespräsidenten, der Bundestag und das Bundeskanzleramt.*

2 a) Nenne die Gebäude, in denen der Bundespräsident, die Bundeskanzlerin/der Bundeskanzler bzw. der Bundestag arbeiten (M4).

b) Suche die Gebäude in der Karte M3. Beschreibe ihre Lage mithilfe der Himmelsrichtungen (Dein Standort ist das Brandenburger Tor).

3 Nenne Aufgaben von Bundespräsident, Bundeskanzlerin/Bundeskanzler und Bundestag (M4).

Orientierung in Europa

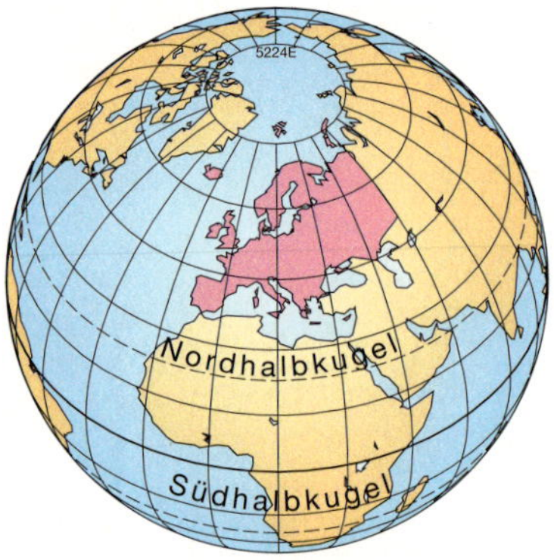

M1 *Die Lage Europas*

Der Kontinent Europa

Mit 10 Millionen km² ist Europa nach Australien der zweitkleinste **Kontinent**.

Im Gegensatz zu den anderen Kontinenten, die nach allen Himmelsrichtungen klar abgegrenzt sind, bildet Europa mit dem östlich angrenzenden Kontinent Asien eine zusammenhängende Landmasse: Eurasien. Diese ist mit 54 Millionen km² die größte Landmasse der Erde.

Nach Norden, Westen und Süden hin wird Europa von Meeren begrenzt. Die äußersten Punkte unseres **Kontinent**s sind im Norden Kniveskjellodden (Norwegen), im Süden Tarifa (Spanien) und im Westen Cabo da Roca (Portugal). Als Grenze nach Osten und Südosten gelten das Uralgebirge, der Fluss Ural sowie die Verbindungslinie zwischen dem Kaspischen Meer und dem Asowschen Meer und die Meerenge des Bosporus. Die Straße von Gibraltar trennt im Südwesten Europa von Afrika.

Europa

Der Name Europa kommt vermutlich aus Asien vom Wort „ereb" („dunkel"). Von Asien aus liegt Europa im Westen. Dort geht die Sonne abends unter. Es ist das Abendland.

Eine andere Deutung des Namens Europa geht auf eine griechische Sage zurück. Die Griechen des Altertums (ca. 1800–300 v. Chr.) glaubten an Götter. Der Göttervater Zeus verliebte sich in eine schöne Königstochter. Sie hieß Europa. Eines Tages spielte sie am Strand des Mittelmeeres. Da verwandelte sich Zeus in einen Stier und entführte das schöne Mädchen auf die Insel Kreta. Seither trägt der Erdteil, auf dem die Königstochter nun lebte, den Namen Europa.

1 Benenne die in M2 eingezeichneten Begrenzungen von Europa (Text, physische Europakarte im Atlas). Erstelle eine Liste.

2 Erzähle mit eigenen Worten den Inhalt der griechischen Sage über die Entstehung Europas (i-Kasten).

3 Erkläre, warum man den Kontinent Europa auch „Abendland" nennt (i-Kasten).

M2 *Die Begrenzungen Europas*

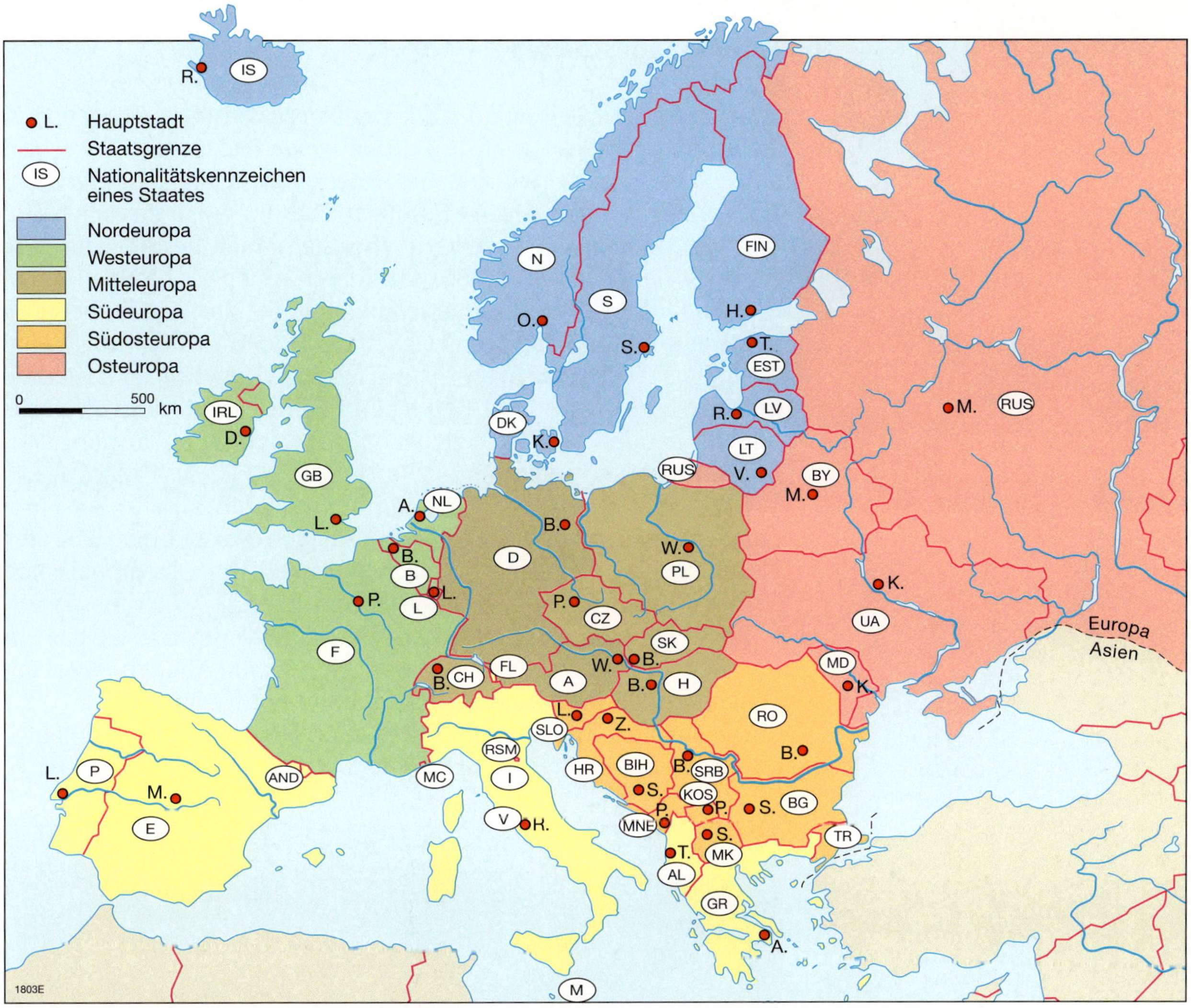

M3 *Die Staaten Europas und ihre Zugehörigkeit zu den europäischen Großregionen*

Die Staaten Europas

Mehr als 40 Länder gehören zu Europa. Fast die Hälfte des Kontinents nimmt der europäische Teil Russlands ein. Es gibt aber auch „Zwergstaaten" wie Monaco. Die Staaten Europas lassen sich je nach ihrer Lage zu Großräumen zusammenfassen.

Auch bei der Bevölkerungsverteilung gibt es Unterschiede. Eine Zone hoher **Bevölkerungsdichte** zieht sich von Großbritannien über Mitteleuropa nach Norditalien. Weitere dicht besiedelte Gebiete gibt es an den Küsten West- und Südeuropas.

4 Stelle die Staaten Europas nach ihrer Zugehörigkeit zu Nord-, Ost-, West-, Mittel-, Süd- und Südosteuropa zusammen.

5 Bestimme mithilfe des Atlas von einer europäischen Großregion die Hauptstädte der Staaten (M3). Lege eine Tabelle an.

Europa – vielfältig gegliedert

M1 *Die Alpen*

Europas Landschaften

Kein anderer Erdteil ist so stark gegliedert wie Europa. So wie in Deutschland prägen auch in Europa weite Tiefebenen, Berg- und Hügelländer, **Mittelgebirge** und **Hochgebirge** die Landschaften. Die Alpen sind das „Dach" Europas. Über 60 Berge erreichen Höhen von mehr als 4000 Metern. Hier liegt auch der höchste Berg Europas, der Montblanc (4807 m). In den Alpen entspringen Rhein und Rhone, der Po und zahlreiche Flüsse, die zur Donau fließen.

Mit ihren Mündungsdeltas stellen die Donau und der Rhein eine Besonderheit dar. Bezeichnet werden solche Mündungen nach dem griechischen Buchstaben Delta (Δ), der die Form eines Dreiecks hat. Es handelt sich um ein weit verzweigtes System von zahlreichen Abflussrinnen.

Das Tiefland zieht sich wie ein breites, grünes Band mit einer Länge von mehr als 4000 Kilometern von Westeuropa über die Norddeutsche Tiefebene bis nach Russland. Im Osteuropäischen Tiefland sind zehn Flüsse länger als der Rhein.

Im Süden schließt sich die Zone der Mittelgebirge an. Sie besteht aus Bergländern mit Höhen zwischen 600 und 1400 m. Becken, Senken und Täler trennen die Bergländer voneinander.

Die Hochgebirge trennen Mittel- und Westeuropa von Südeuropa, das dem Mittelmeer zugewandt ist.

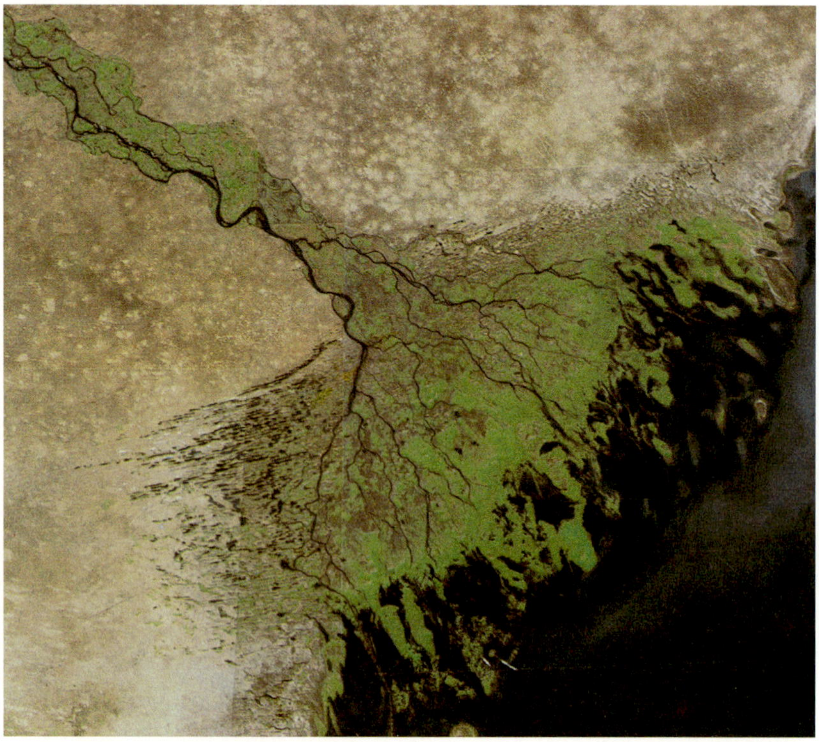

M2 *Wolgadelta*

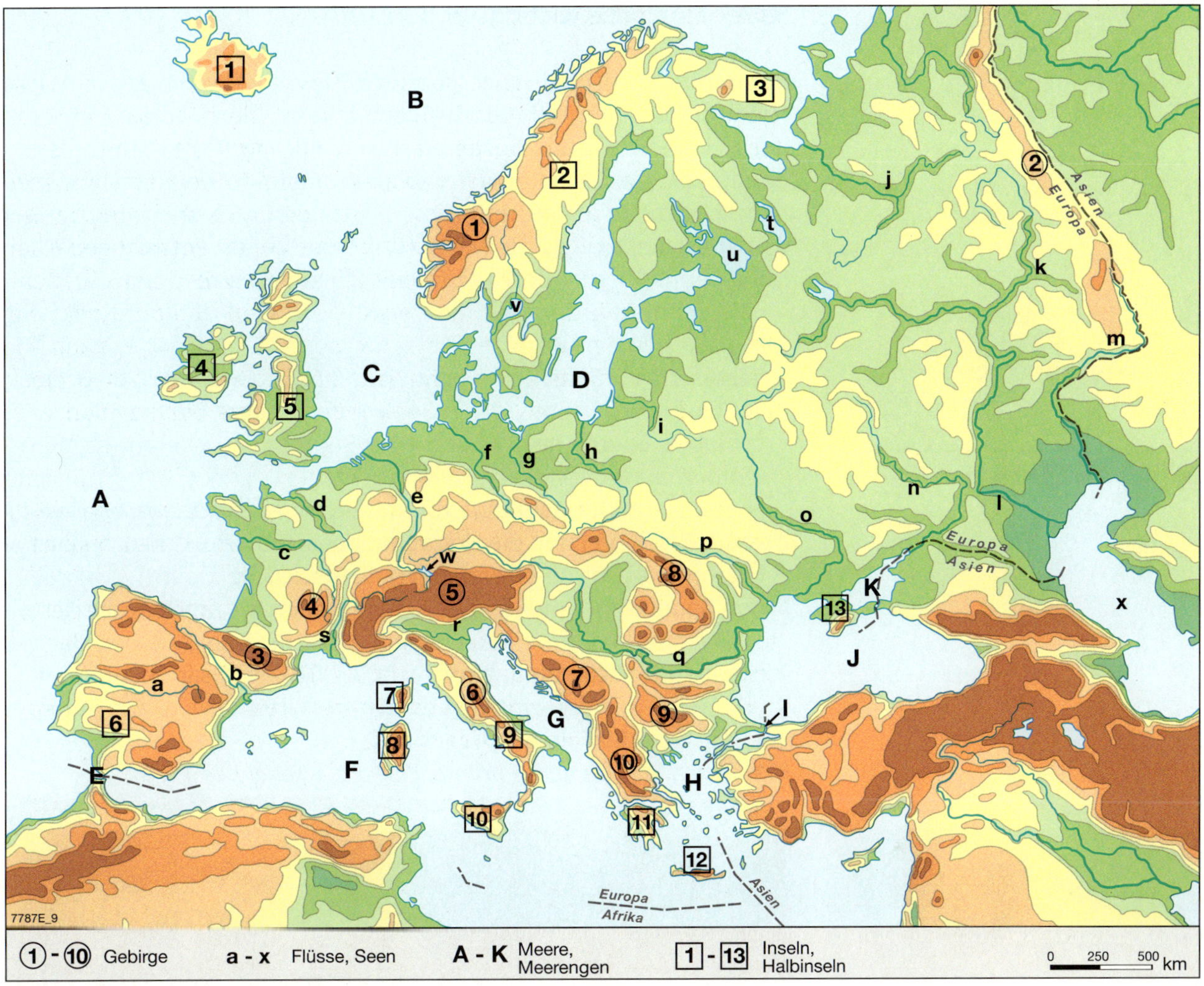

M3 *Großlandschaften in Europa*

Ein Drittel Europas besteht aus Inseln (zum Beispiel Island) und Halbinseln (zum Beispiel Italien). Die Länge der Küsten misst 48 000 Kilometer. Somit hat Europa eine längere Küstenlinie als das dreimal so große Afrika. Dabei werden die Küsten der vielen kleinen Inseln nicht mitgezählt.

1 Ermittle mithilfe der Maßstabsleiste in M3:
   a) die Nord-Süd-Länge Europas (von Kartenrand zu Kartenrand),
   b) die West-Ost-Breite Europas (von Kartenrand zu Kartenrand).

2 Erkläre die Begriffe „Tiefland“, „Mittelgebirge“ und „Hochgebirge“ (Text).

3 Nenne zehn Flüsse Europas aus M3 und stelle fest, in welche Meere sie münden.

4 Erkläre den Begriff „Deltamündung“ (Text).

5 Erläutere den Unterschied zwischen „Insel“ und „Halbinsel“.

Wirtschaften in Europa: Finnland

M1 *Finnland in Europa*

Holz – Finnlands wichtigster Rohstoff

Finnlands Landschaft wird von zwei Besonderheiten geprägt: den rund 60 000 Seen und den riesigen Nadelwäldern. Fast drei Viertel der Fläche Finnlands bestehen aus Wald. Die Holzwirtschaft des Landes hat damit eine reiche Rohstoffquelle. In Finnland wachsen hauptsächlich Fichten und Kiefern, da häufig Temperaturen unter 0 °C herrschen. Erst ab Mitte Juni beginnt das Frühjahr und ab Ende September ist bereits mit Nachtfrösten zu rechnen.

Unsere Hauptaufgabe besteht darin, dafür zu sorgen, dass der Wald erhalten bleibt. ... Den Sommer über setzen die Waldarbeiter junge Bäume ein, die vorher in Baumschulen herangezogen wurden, sie forsten auf.

Erst wenn der Boden gefroren ist, können die schweren Holzerntemaschinen und die Holzverlader eingesetzt werden. ... Eine Holzerntemaschine ersetzt 15 Waldarbeiter. Sie krallt sich um einen Baum, sägt ihn direkt über dem Boden ab, entfernt die Äste und sägt den Stamm in gleichgroße Stücke. Diese werden dann meist zum nächsten See gebracht, zu Flößen zusammengestellt und auf dem Wasser ins Sägewerk transportiert.

M2 *Bericht des Försters Koiranta, Revier am Keitelesee*

M3 *Pflanzen mit dem Pflanzrohr*

M4 *Eine Holzerntemaschine im Einsatz*

Holzverarbeitung in Finnland

Die finnische Wirtschaft hat sich auf die Verarbeitung des Rohstoffes Holz spezialisiert oder wie man auch sagt: auf das „Veredeln" des Holzes. In Betrieben werden aus Fichten- und Kiefernstämmen Schränke, Stühle, Regale, Karton und Papier hergestellt. Selbst Fertighäuser werden produziert. Das meiste Holz wird jedoch für die Produktion von Zellulose verwendet.

Die Holz verarbeitende Industrie gehört allerdings auch zu den großen Umweltverschmutzern des Landes. Inzwischen hat die Regierung strenge Auflagen zum Umweltschutz erlassen. Die Abwässer der Zellstoff- und Papierfabriken müssen in Kläranlagen gereinigt werden. Der Ausstoß von Schadstoffen wird durch Luftfilter verringert. Auch der Baumbestand selbst muss geschützt werden. Es ist Pflicht, die gerodeten Flächen aufzuforsten.

Nur ein geringer Teil der Produkte aus der Holzverarbeitungsindustrie wird im Land selbst verkauft. Fast 90 Prozent werden in andere Länder ausgeführt (exportiert).

Rohstoff
Ausgangsmaterial, das zur Herstellung von Gütern benötigt wird.

Zellulose – Grundstoff für Papier
Aus dem Rohstoff Holz wird ein Stoff gewonnen, den man Zellulose oder auch Zellstoff nennt. Das ist eine feinfaserige weiche, weiße Masse. Sie ist Ausgangsprodukt für die Herstellung von Papier, Karton oder Kunstseide (zum Beispiel Viskose). Fichten und Kiefern liefern das Rohmaterial. Das entrindete, zerkleinerte Holz wird unter hohem Druck bei ca. 140–180 °C mehrere Stunden gekocht. Dabei werden verschiedene Chemikalien zugesetzt.

1. Beschreibe, welche Tätigkeiten die Waldarbeiter und deren Maschinen im Sommer bzw. Winter verrichten (M2).
2. Erkläre, warum die Bäume im Winter gefällt werden (M2).
3. Nenne die Arbeitsschritte einer Holzerntemaschine (M2).
4. Berichte über die Holzwirtschaft in Finnland (Text, M5).
5. Erläutere zwei Umweltprobleme, die durch die Holzverarbeitungsindustrie entstehen.
6. Nenne Maßnahmen, die in Finnland gegen die Umweltverschmutzung durchgeführt werden (Text).
7. Beurteile die Bedeutung der Holzindustrie für die Wirtschaft Finnlands.

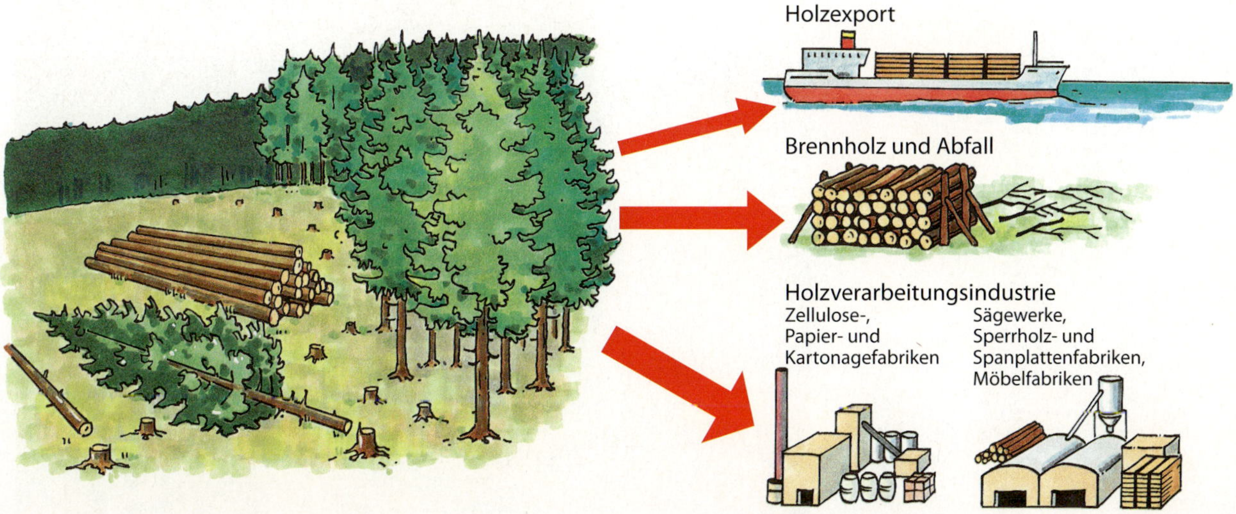

M5 *Die Holzwirtschaft in Finnland*

Orangen aus Spanien

M1 *Lage Spaniens in Europa*

E-Mail von Mira an Pablo
Montag, 7. Januar 2008, 19:10
Lieber Pablo,
stell dir vor, was ich im Supermarkt entdeckt habe. Orangen aus Spanien, aus der **Huerta** von Murcia. Kann es sein, dass ihr jetzt im Winter Orangen erntet? Bei uns gab es schon den ersten Frost. Um keine Erkältung zu bekommen, esse ich nun viele Orangen.
Wie schön war doch unser Urlaub im Sommer bei euch.
Tschüss, Mira

E-Mail von Pablo an Mira
Mittwoch, 9. Januar 2008, 13:05
Holá Mira!
Sind unsere Orangen nicht super? Wir ernten sie tatsächlich jetzt. Aber eigentlich dürfte es bei uns keine Orangen geben. Im Sommer, in der Hauptwachstumszeit der Orangen, gibt es bei uns in Murcia so gut wie keine Niederschläge. Damit sie wachsen können, müssen wir die fehlenden Niederschläge durch künstliche Bewässerung ersetzen. Deshalb sieht es bei uns aus wie in einem Garten, denn Huerta heißt Garten. Überall gibt es bewässerte Felder, auf denen Obst angebaut wird. Kleine Höfe liegen in den Feldern. Die meisten Bauern besitzen nur ein bis zwei Hektar Land.
Lass dir die Orangen schmecken.
Hasta la vista, Pablo

M2 *Orangenplantage*

E-Mail von Mira an Pablo
Mittwoch, 9. Januar 2008, 14:10
Lieber Pablo,
ich befürchte, dass du jetzt zur Ernte wenig Zeit hast. Aber ich muss noch etwas wissen. Wir bewässern unseren Garten im Sommer auch manchmal, indem wir das Regenwasser sammeln. Woher nehmt ihr aber so viel Wasser?
Ich habe übrigens noch mehr Obst aus Spanien im Supermarkt entdeckt.
Tschüss, Mira

E-Mail von Pablo an Mira
Mittwoch, 9. Januar 2008, 15:03
Holá, Mira!
Ich antworte dir gleich, denn die nächsten Lkws kommen in ein paar Minuten und müssen beladen werden. Wir benötigen wirklich viel Wasser. Bei uns fallen die Niederschläge ja nur im Winter. Wir nutzen das Grundwasser und das Flusswasser aus Segura. Zusätzlich bekommen wir Wasser aus dem Fluss Tajo. Es wird 400 Kilometer weit durch Röhren hierher geleitet. Die beste Methode ist die Tröpfchenbewässerung. Dort läuft das Wasser durch Kunststoffleitungen zu jeder einzelnen Pflanze. Sie erhält so die Wassermenge, die sie benötigt. Als Anlage sende ich dir eine Zeichnung, die dir die Tröpfchenbewässerung zeigt.
Adiós, Pablo

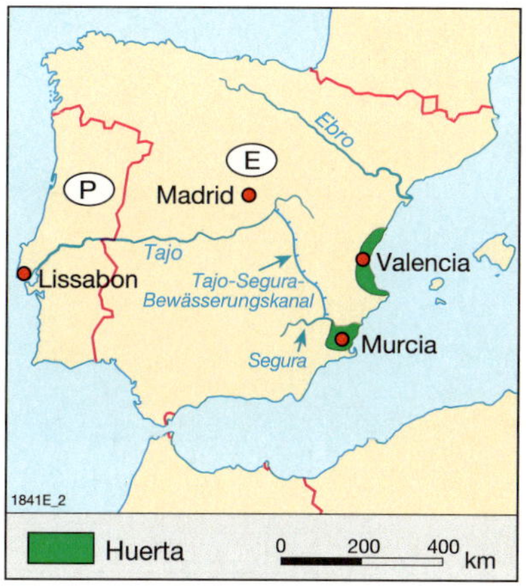

M3 *Huertas in Spanien*

M4 *Tröpfchenbewässerung*

1 Suche im Atlas die beiden Huerta-Gebiete (M3). Notiere einen Ort aus jeder Huerta.
2 Erkläre, woher das Wasser für die Huertas kommt (Text).
3 Beschreibe die Tröpfchenbewässerung (Text, M4).

Verkehrswege in Europa

M1 *Unterwegs mit dem Flugzeug …*

M2 *… mit dem Schiff …*

Unterwegs in Europa

Millionen von Menschen sind täglich mit unterschiedlichen Verkehrsmitteln in Deutschland und Europa unterwegs. Sie fahren mit dem Auto, überqueren mit dem Autoreisezug die Alpen, fliegen mit einem Flugzeug nach Mallorca oder sind als Geschäftsreisende mit dem ICE unterwegs.

1 Du willst verreisen. Beschreibe die Wege:
- a) Mit dem Autoreisezug von Sankt Petersburg nach Rom? Durch welche Länder kommst du?
- b) Mit dem Flugzeug von Frankfurt nach Palma de Mallorca?
- c) Mit dem Auto von Wilhelmshaven nach Zürich?

2 Nenne die zehn wichtigsten Flughäfen Europas.

3 Nenne jeweils drei große Seehäfen
- a) in Deutschland,
- b) in Europa.

4 Liste auf, zwischen welchen Ländern es Verbindungen mit einer Fähre gibt.

5 Miss die Entfernungen (Luftlinie) zwischen
- a) Tunis und Warschau,
- b) Madrid und Frankfurt/Main,
- c) Zürich und Rom,
- d) Moskau und Paris,
- e) Stockholm und Istanbul.

M3 *… mit dem Auto …*

M4 *… mit dem Zug*

M5 *Wichtige Verkehrswege in Europa*

1 Euronetz – Ein Partnerspiel zu den Hauptstädten und Ländern Europas

Spielanleitung:
Der eine Spieler zählt in Gedanken vor sich hin bis zur Zahl 44 und dann wieder von vorn. Der andere Spieler sagt: "Stopp!" "17!", sagt zum Beispiel der Spieler, der gezählt hat. Diesmal muss die Europa-Netz-Masche Nummer 17 entschlüsselt werden. Beide Spieler suchen diese Zahl im Spielnetz. Die 17 liegt in der Masche B-K-A. Nun heißt es für die Spielpartner, flott im Atlas die Hauptstädte zu finden und damit die Masche zu entziffern.
Gewonnen hat derjenige, der als erster die Hauptstädte gefunden hat.

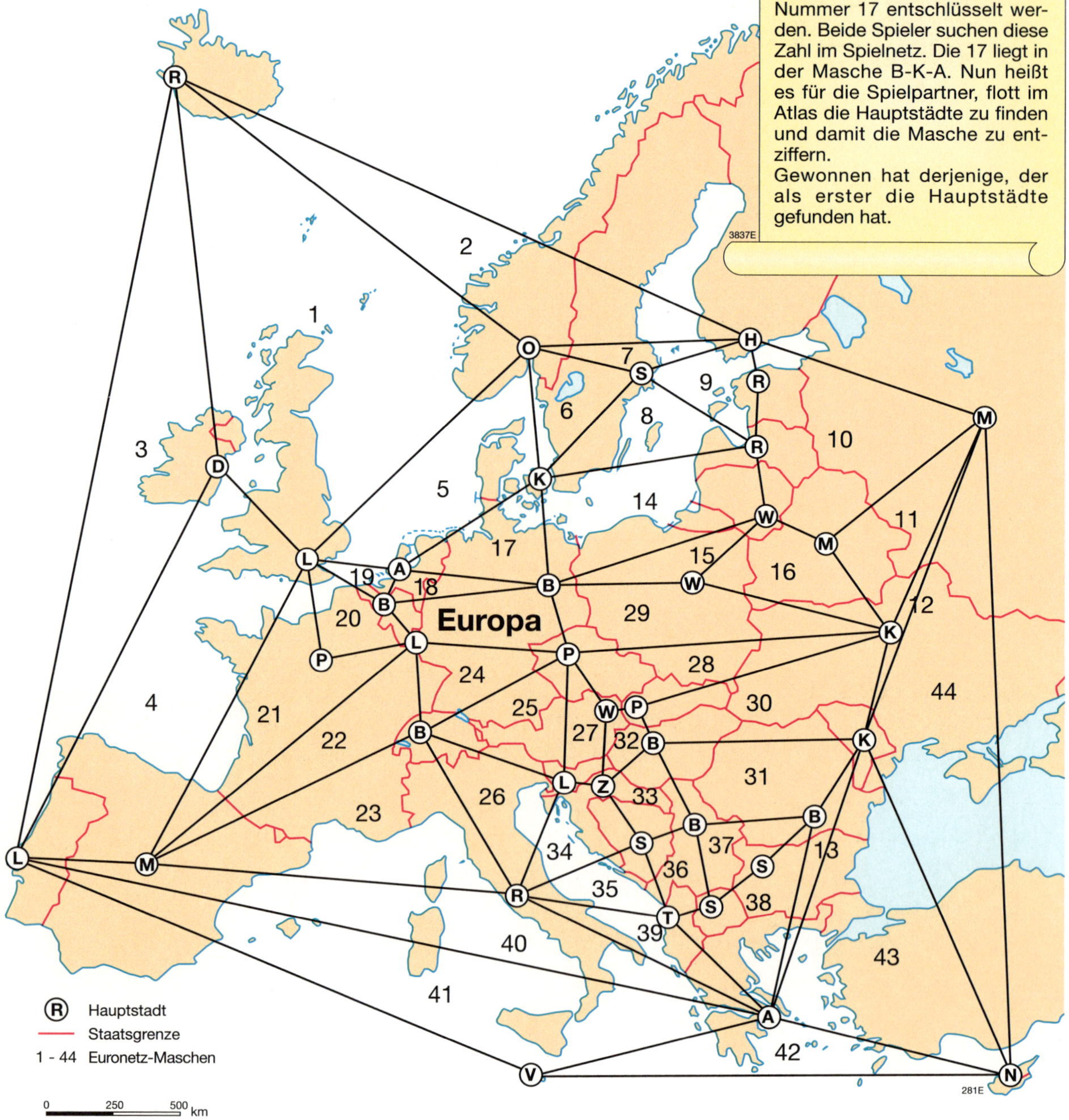

2 Landschaft im Blick

Aus welchen Großlandschaften stammen diese Bilder? Begründe!

3 Kennst du die Bundesländer?

In dieser Deutschlandkarte fehlen noch einige Angaben. Was bedeuten die Zahlen und Buchstaben?
Lege eine Tabelle an und schlage im Kapitel nach. Ordne die Städte den Ziffern und die Bundesländer den Buchstaben zu.

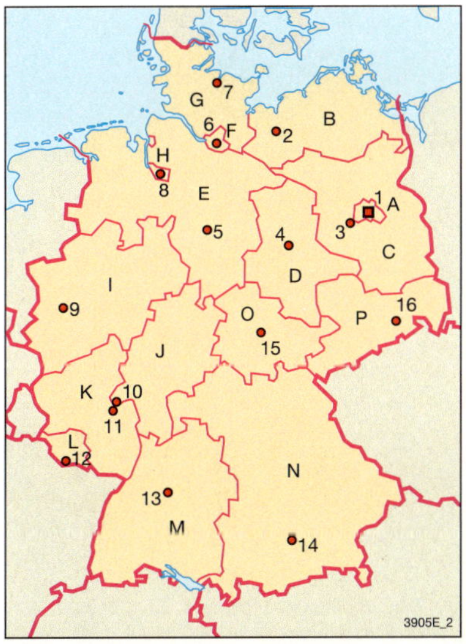

4 Buchstabensalat

Welche Länder verbergen sich hinter dem Buchstabensalat?

1. UGNNRA
2. GELBINE
3. CHIESORETRE
4. KECHRRNAFI
5. LPNOE
6. STLNADE
7. IILEATN
8. CTLDNEAUDSH
9. TAMAL
10. DNNNFAIL
11. AEIUKNR
12. OCANOM

5 Großes Durcheinander

Ein Kartenzeichner hat acht Teile gezeichnet, aber es fehlt noch die Beschriftung. Gib jedem Ausschnitt einen treffenden Namen.

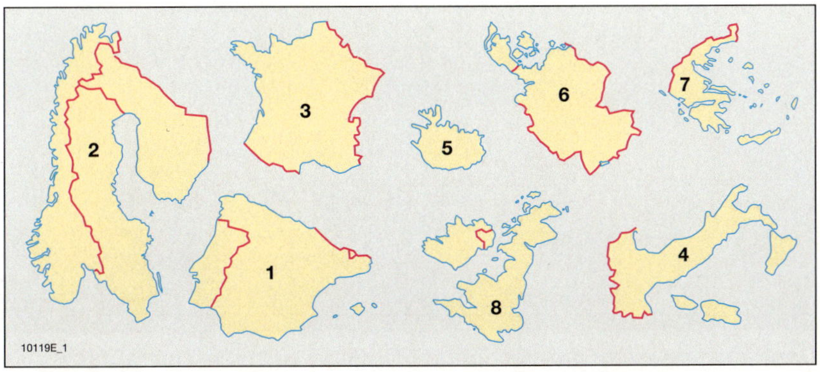

Grundbegriffe

Alpenvorland
Bundesland
Europa
Flächenstaat
Großlandschaften
Hauptstadt
Hochgebirge
Holzwirtschaft
Huerta
Mittelgebirge
Norddeutsches Tiefland

Das Planetensystem unserer Sonne – Die Sternenspirale einer Galaxis

Uranus
Erde
Venus
Sonne
Merkur
Mars
Saturn

Die Erde im Planetensystem

M1 *Die Planeten des Sonnensystems*

Das Weltall und unsere Galaxis

Das Weltall ist so groß, dass wir es uns nicht mehr vorstellen können. Hier gibt es unzählige Sterne. Sie sind nicht gleichmäßig im Weltall verteilt, sondern in Sternenhaufen angeordnet. Ein solcher Sternenhaufen heißt Milchstraße oder Galaxis. Der Name Galaxis geht auf das griechische Wort für Milch (galaktos) zurück.

Im Weltall gibt es über 100 Milliarden Galaxien. Eine davon ist „unsere Galaxis“. Sie besteht aus Milliarden Sternen, die wie auf einer Spirale angeordnet sind und kreisen. Einer dieser Sterne ist unsere Sonne. Sie ist nur ein winziger Punkt am Rand der Spirale.

Die Sterne, die wir in klaren Nächten am Himmel sehen, sind Sonnen im Weltall.

Unser Sonnensystem

Den Mittelpunkt unseres Sonnensystems bildet die Sonne. Sie ist ein normaler Stern, eine glühende Gaskugel, die ihr Licht zur Erde sendet. Acht Planeten umkreisen die Sonne auf eigenen Umlaufbahnen. Die Planeten leuchten nicht selber. Sie werden von der Sonne angestrahlt.

Einer dieser Planeten ist unsere Erde. Sie ist eine Ausnahme unter den acht Planeten, denn nur auf der Erde gibt es Leben. Sie hat die richtige Entfernung zur Sonne, sodass es auf der Erde nicht zu heiß und nicht zu kalt ist.

Erde und Mond

Die Erde hat einen Begleiter (Trabanten), das ist der Mond. Er umkreist die Erde auf einer Umlaufbahn. Auch er leuchtet nicht selber, sondern wird von der Sonne angestrahlt.

Planet	Durchmesser	Umlaufzeit um die Sonne	Entfernung von der Sonne
Merkur	4800 km	88 Tage	58 Mio. km
Venus	12100 km	224 Tage	108 Mio. km
Erde	12760 km	365 Tage	150 Mio. km
Mars	6970 km	687 Tage	228 Mio. km
Jupiter	143000 km	12 Jahre	779 Mio. km
Saturn	120000 km	29 Jahre	1432 Mio. km
Uranus	51100 km	84 Jahre	2884 Mio. km
Neptun	49500 km	165 Jahre	4500 Mio. km

M2 *Die Planeten in Zahlen – aufgelistet nach ihren Entfernungen zur Sonne*

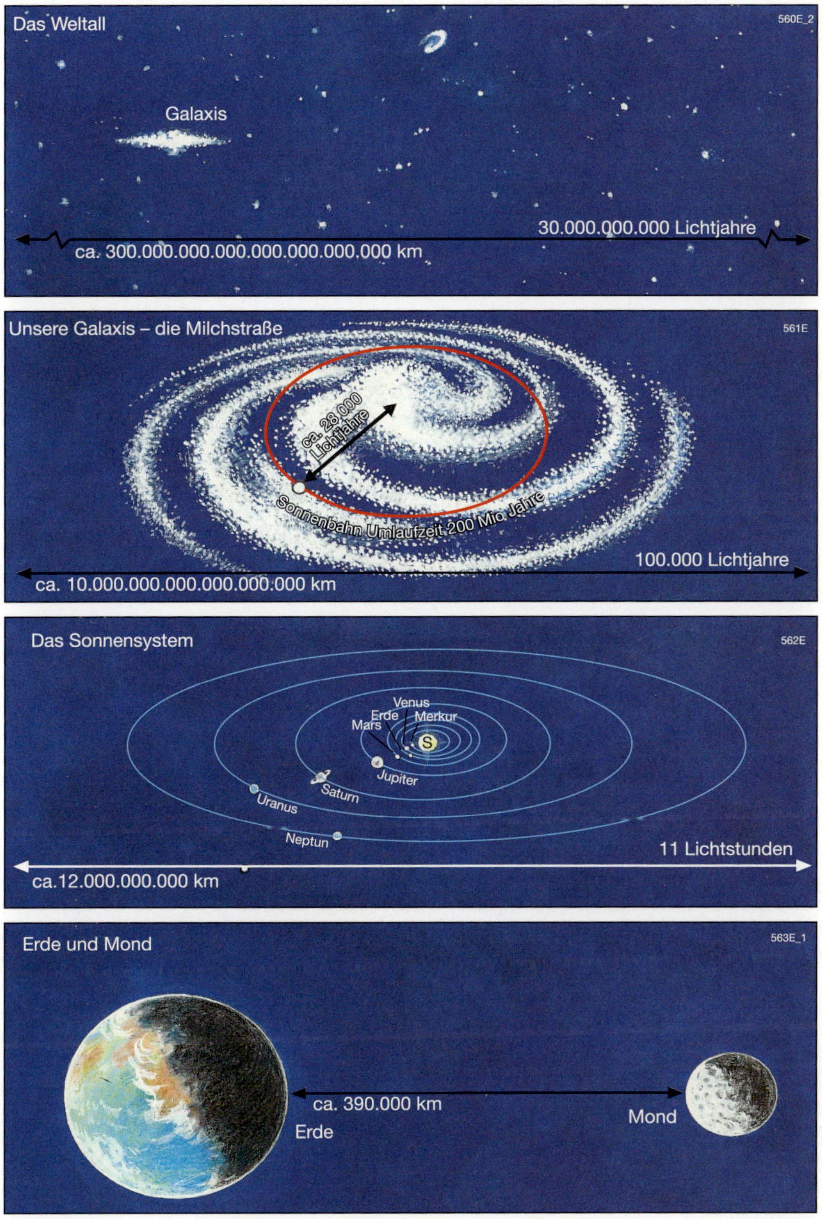

M3 *Weltall – Galaxis – Sonnensystem – Erde und Mond*

1 Erkläre mithilfe der Texte und M3 folgende Begriffe:
a) Weltall, b) Galaxis, c) Sonnensystem,
d) Planeten, e) Mond.

2 Beschreibe, wodurch sich die Erde von den übrigen Planeten unseres Sonnensystems unterscheidet.

3 Das Bild M4 zeigt die „aufgehende Erde". Begründe, von welchem Standort das Foto aufgenommen wurde.

4 Prüfe den Zusammenhang zwischen der Entfernung von der Sonne und der Umlaufzeit um die Sonne (M2, Seite 236/237).

Lichtjahr

Wenn du das Licht im Zimmer anmachst, scheint es so, als wäre das Zimmer im Nu mit Licht erfüllt. Das stimmt aber nicht ganz. Das Licht braucht eine winzige Zeitspanne, um von der Glühlampe zu den Wänden zu gelangen. Die Geschwindigkeit des Lichtes ist aber mit rund 300 000 Kilometern in der Sekunde so groß, dass wir das nicht merken.

Bei größeren Entfernungen ist allerdings auch die Laufzeit des Lichtes länger. So braucht das Licht für die 150 000 000 Kilometer von der Sonne bis zur Erde 8,3 Minuten.

Wegen der riesigen Entfernungen im Weltall werden hier Strecken in Lichtjahren angegeben. Ein Lichtjahr ist die Strecke, die das Licht in einem Jahr zurücklegt.

Lichtjahr: 9 460 800 000 000 km
Lichtstunde: 1 080 000 000 km
Lichtminute: 18 000 000 km
Lichtsekunde: 300 000 km

M4 *Erdaufgang im Weltraum*

Die Erde und ihre Kugelgestalt

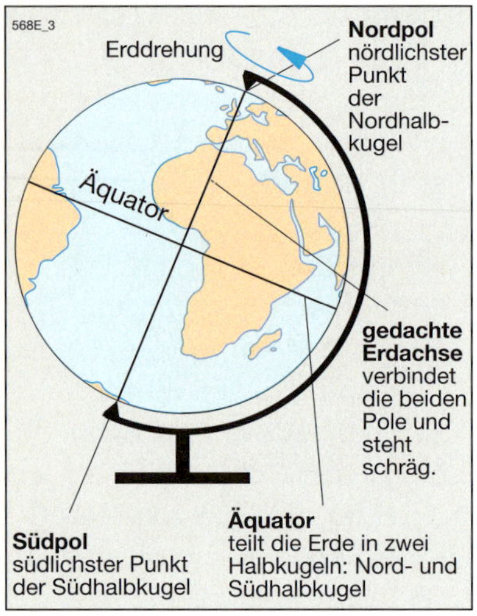

M1 *Globus*

Der Globus – ein verkleinertes Abbild der Erde

Astronauten können aus ihren Raumfahrzeugen erkennen, dass die Erde ungefähr die Form einer Kugel hat. Ein verkleinertes Abbild der Erdkugel ist der **Globus**. Er zeigt uns die Erde beinahe so, wie sie von den Astronauten aus dem Weltraum gesehen wird. Der Nordpol und der Südpol sind beim Globus durch einen Stab verbunden. Er stellt die **Erdachse** dar. Weil die Erdachse schräg zur Umlaufbahn der Erde um die Sonne steht, ist die Achse des Globus auch schräg.

Der **Äquator** ist eine gezeichnete Linie, die die Erde in eine **Nordhalbkugel** und eine **Südhalbkugel** teilt. Er zeigt den größten Erdumfang. Seine Länge beträgt 40077 Kilometer.

Um auf der Erde selbst einen Eindruck von ihrer Kugelgestalt zu gewinnen, muss man ans Meer reisen und ein Schiff beobachten, das auf die Küste zufährt.

M2 *Ein Schiff fährt auf die Küste zu.*

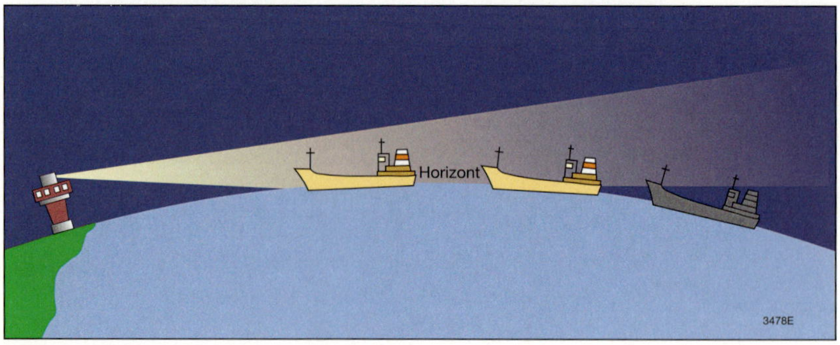

M3 *Ein Schiff nähert sich der Küste.*

1 Erkläre den Aufbau eines Globus und beurteile seinen Nutzen.

2 a) Beschreibe die drei Bilder in M2.
b) Begründe, warum du ein Schiff nicht sofort sehen kannst, wenn es sich der Küste nähert (M2, M3).

Der Lauf der Sonne

„Im Osten geht die Sonne auf,
nach Süden nimmt sie ihren Lauf,
im Westen wird sie untergehen,
im Norden ist sie nie zu sehen."

M4 *Merksatz*

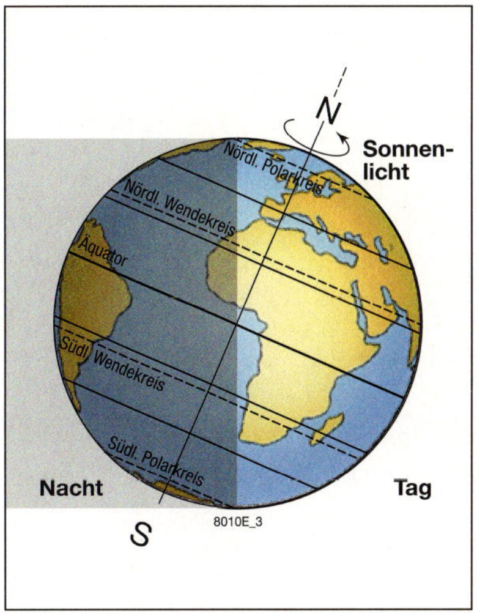

M5 *Entstehung der Tageszeiten*

Dieser Vers beschreibt den Bogen, den die Sonne aus unserer Sicht täglich nimmt. Es scheint so, als würde sie sich dabei um die Erde drehen und dadurch den Wechsel zwischen Tag und Nacht verursachen. In der Tat glaubten die Menschen noch vor einigen Jahrhunderten, dass die Erde der Mittelpunkt im Weltall sei und sich alle Planeten um sie bewegen würden.

Wie entstehen Tag und Nacht?

Die Erde wird – wie die anderen Planeten auch – von der Sonne bestrahlt. In 24 Stunden dreht sich die Erde einmal um die eigene Achse, und zwar in West-Ost-Richtung. Man nennt das **Erdrotation**. Deshalb siehst du die Sonne am Morgen im Osten aufgehen und am Abend im Westen untergehen. Bei klarem Wetter kann man den Wechsel von Tag und Nacht gut beobachten. Zunächst beginnt es am Himmel zu dämmern. Es wird heller. Dann erscheint im Osten die Sonne. Um 12 Uhr mittags erreicht sie den höchsten Punkt. Dann sinkt sie wieder, bis sie abends im Westen untergeht.

Da die Erde die Gestalt einer Kugel hat, wird immer nur eine Hälfte von der Sonne angestrahlt. Dort ist dann Tag. Die andere Hälfte liegt im Schatten. Dort ist Nacht.

- Stellt einen Globus in die Mitte des verdunkelten Klassenzimmers.
- Beleuchtet ihn mit einer starken Taschenlampe oder einem Tageslichtprojektor.
- Dreht den Globus langsam um seine Achse.
- Beschreibt, wie die Tag- und die Nachtzone über die Erde wandern.

M6 *Ein Experiment*

3 Gib den Merksatz M4 mit eigenen Worten wieder.
4 Erkläre den Begriff Erdrotation (M5, M7, Text).
5 Erläutere die Entstehung von Tag und Nacht (M6, M7, Text).

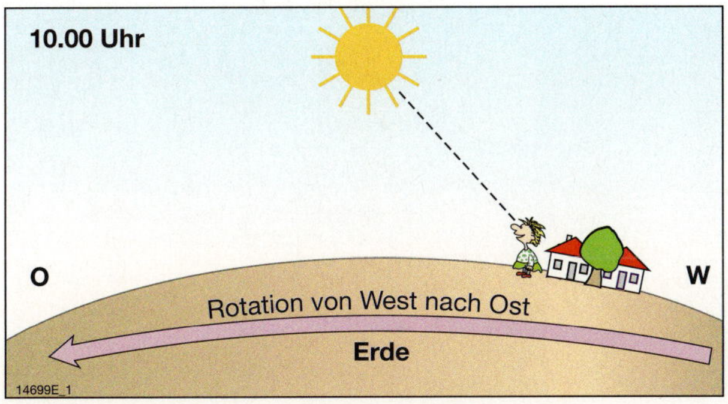

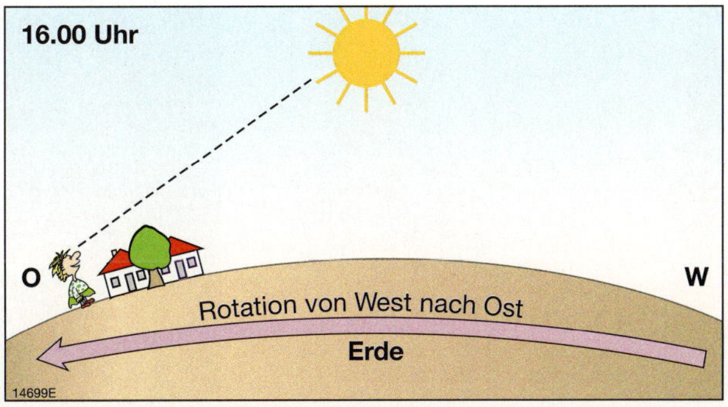

M7 *Die Erdrotation in West-Ost-Richtung*

Die Jahreszeiten auf der Erde

M1 *Sommer*

M2 *Winter*

Die Jahreszeiten auf der Erde

In Australien feiert man Weihnachten mit einem Tannenbaum am Strand bei ungefähr 30 °C im Schatten. Wenn bei uns also Winter herrscht, haben die Menschen auf der Südhalbkugel Sommer und umgekehrt.

Dies liegt an der Schrägstellung der Erdachse, der gedachten Linie durch den Nordpol und den Südpol. Diese Schrägstellung behält die Erde auf ihrer Umlaufbahn um die Sonne innerhalb eines Jahres stets bei. Damit ist der Nordpol im Sommer der Sonne zugewandt und im Winter von der Sonne abgewandt. Dadurch wird die Erde im Verlauf eines Jahres unterschiedlich beleuchtet und unterschiedlich stark von der Sonne erwärmt. Das führt zur Entstehung der Jahreszeiten.

1 Die Bilder M1 und M2 zeigen Jahreszeiten auf der Nordhalbkugel.
a) Ordne die Bilder dem 21. Juni und dem 21. Dezember zu.
b) Begründe deine Zuordnung.

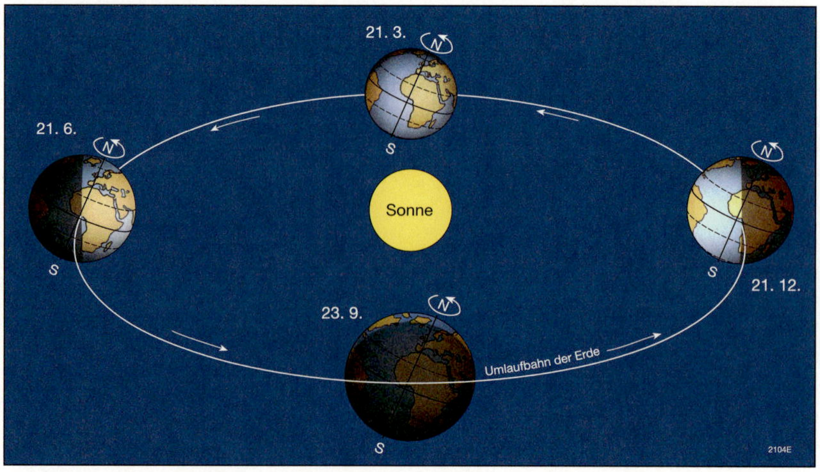

M3 *Die Umlaufbahn der Erde um die Sonne*

M4 *Der Sonnenbogen zu verschiedenen Jahreszeiten*

- Stellt eine Lichtquelle in die Mitte des verdunkelten Klassenzimmers. Dies könnte zum Beispiel eine Tischlampe sein. Sie soll die Sonne darstellen.
- Eine Mitschülerin oder ein Mitschüler „wandert" mit einem Globus im Kreis um die Lichtquelle, so wie die Erde auf ihrer Umlaufbahn um die Sonne.
- Dabei müsst ihr besonders darauf achten, dass die Erdachse immer die gleiche Richtung und Neigung beibehält.

M5 *Ein Experiment*

2 Beschreibe, wie sich der Sonnenbogen in den verschiedenen Jahreszeiten verändert (M4).
3 Beschreibe, wie der 21. Juni am Nordpol verläuft und wie am Südpol (M6, Text).
4 Vervollständige den Satz: „Wenn die Erdachse nicht geneigt wäre, dann …"

M6 *Die Sonneneinstrahlung am 21. Juni und am 21. Dezember*

Die Oberfläche der Erde

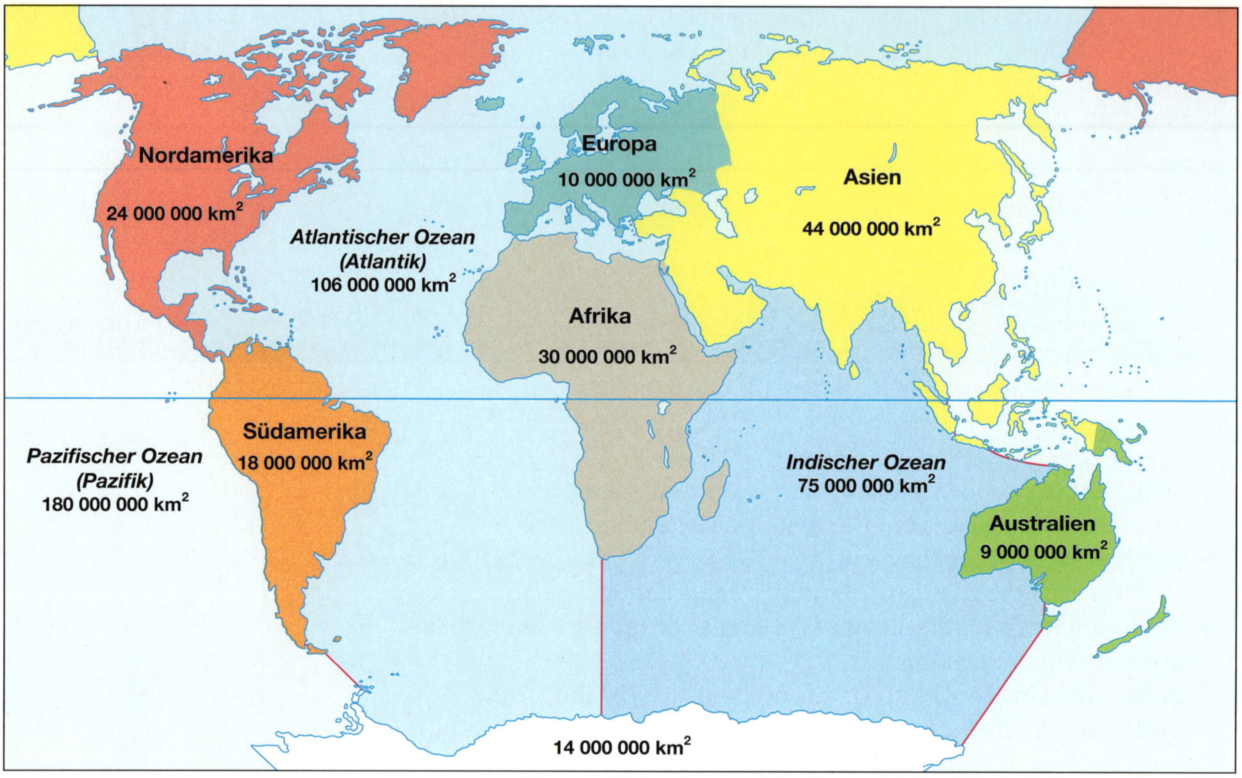

M1 *Kontinente und Ozeane*

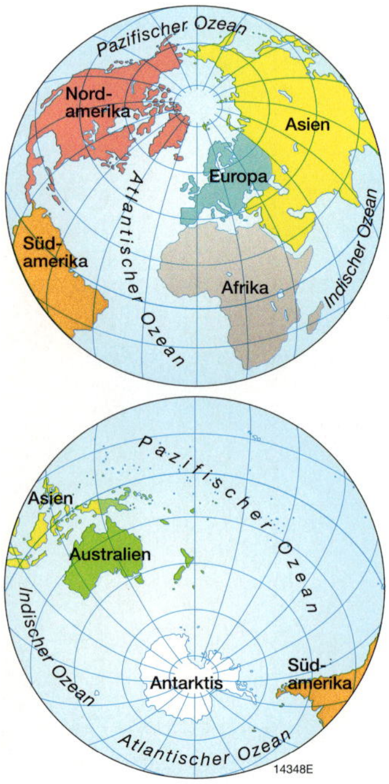

M2 *Die Verteilung von Land und Wasser auf der Erde*

Kontinente und Ozeane

Die Erde wird als „blauer Planet" bezeichnet. Vom Weltall aus betrachtet, erscheint sie blau, weil der größte Teil ihrer Oberfläche mit **Ozeanen** und Meeren bedeckt ist.

Die großen zusammenhängenden Landmassen der Erde werden als Erdteile oder **Kontinente** bezeichnet. Sie ragen wie riesige Inseln aus den Weltmeeren heraus. Die Land- und Wassermassen der Erde unterteilen wir in sieben Kontinente und drei Ozeane.

Ein Vergleich der Wasser- und Landflächen auf der Erde zeigt, dass die Wasserflächen doppelt so groß wie die Landflächen sind. Außerdem sind Wasser und Land auf der Erde sehr unterschiedlich verteilt. Auf der **Nordhalbkugel** liegen die großen Landflächen. Auf der **Südhalbkugel** findet man die größeren Wasserflächen.

1 Liste die Ozeane und die Kontinente der Erde ihrer Größe nach auf (M1).
2 Vergleiche die Größe aller Wasserflächen mit der Größe aller Landflächen (Text, M1).
3 Beschreibe die Lage der Kontinente auf der Erdoberfläche (M1, M2).
4 Zeichne mithilfe der Methodenseite 245 ein Säulendiagramm für die Flächengrößen der Kontinente und Ozeane (M1).

Ein Säulendiagramm zeichnen

Zahlen aus Texten oder Tabellen lassen sich zeichnerisch darstellen, damit sie anschaulicher werden. Eine solche Zeichnung heißt Diagramm.

Ein Säulendiagramm eignet sich besonders gut, um Zahlenwerte miteinander zu vergleichen. Je größer eine Zahl ist, desto höher ist die dazugehörige Säule.

Du benötigst:
- ein DIN-A4-Blatt (Rechenheft),
- ein Geodreieck oder Lineal,
- einen Bleistift,
- verschiedene Farbstifte.

1. Schritt: Zeichnen der Hochachse

a) Entscheide zuerst, wie hoch die Hochachse werden muss und wie sie eingeteilt werden soll. Schau dir dazu den höchsten und den niedrigsten Zahlenwert an. In unserem Beispiel (M1) gilt: 10 Millionen km^2 entsprechen einer Säulenhöhe von 1 cm (das sind 2 Rechenkästchen). Weil der Pazifische Ozean eine Fläche von 180 Millionen km^2 hat, wird diese Säule 18 cm hoch. Das heißt: Die Hochachse unseres Säulendiagramms muss etwas länger als 18 cm sein.

b) Zeichne an der linken Seite des Blattes die Hochachse und lass zum Rand ungefähr 3 cm Platz, zum unteren Rand rund 5 cm.

c) Unterteile die Hochachse in Abständen von 1 cm (2 Rechenkästchen). Schreibe an das untere Ende der Hochachse eine 0 und dann fortlaufend die Zehnerzahlen von 10 bis 180. Damit entspricht der erste Strich bei der 10 einer Fläche von 10 Millionen km^2 usw.

2. Schritt: Zeichnen der Rechtsachse

a) Entscheide, wie lang die Rechtsachse werden muss. Das hängt davon ab, wie viele Säulen gezeichnet werden sollen. In unserem Beispiel gilt: für die Ozeane 3 Säulen und für die Kontinente 7 Säulen. Jede Säule soll 1 Rechenkästchen breit sein und zwischen den Säulen soll 1 Rechenkästchen Platz sein. Daher muss die Rechtsachse etwas länger als 10 cm sein.

b) Zeichne von der Zahl 0 aus (nach rechts) die zweite Achse.

3. Schritt: Zeichnen der Säulen

a) Beschrifte die Achsen.

b) Sortiere die Zahlenwerte nach der Größe. Bestimme die Höhe jeder Säule und zeichne sie ein.

c) Beschrifte die Säulen und male sie mit verschiedenen Farben aus. (Orientiere dich bei den Kontinenten an den Farben in M1 und M2 auf Seite 244.)

d) Gib dem Säulendiagramm einen Namen.

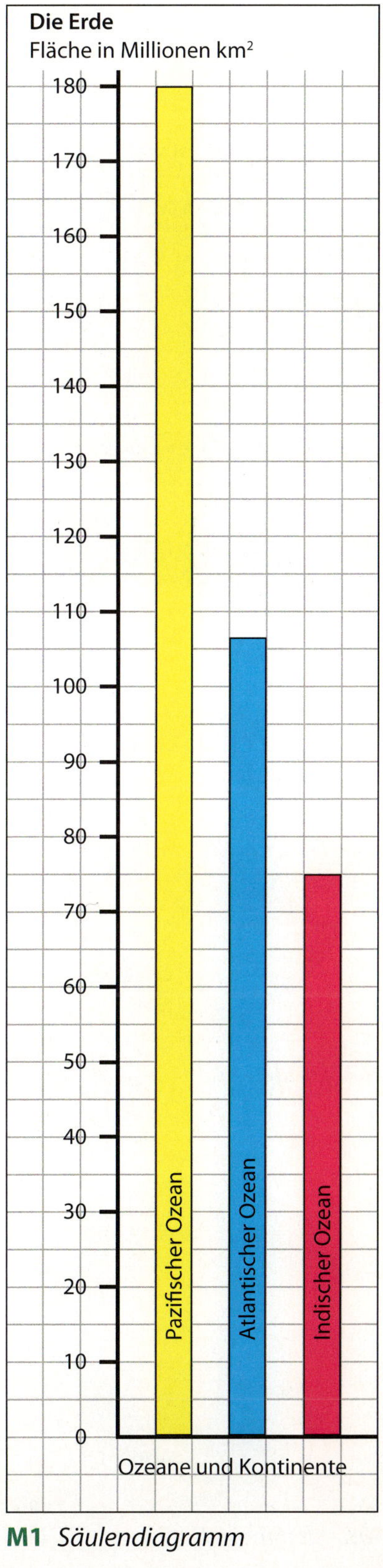

M1 *Säulendiagramm*

Das Gradnetz der Erde

Hilferuf im Atlantik

M1 *Titanic*

15. April 1912: Um 0.15 Uhr sendet die Titanic, das größte Passagierschiff seiner Zeit, ein Notsignal (CQD: come quick danger).

„CQD ... CQD ... an alle Schiffe! Hier ist die Titanic. Wir sinken nach einem Zusammenstoß mit einem Eisberg! Unsere augenblickliche Position ist: 43° Nord, 50° West. CQD ... CQD ... CQD ...“

Mit Volldampf fährt die Carpathia auf die angegebene Stelle zu und trifft um 4.10 Uhr am Unglücksort ein. Von der Titanic ist nichts mehr zu sehen. Nur rund 700 Menschen können gerettet werden, 1517 finden im eiskalten Wasser den Tod.

Wie war es für die Carpathia möglich, im weiten Atlantik die Unglücksstelle zu finden?

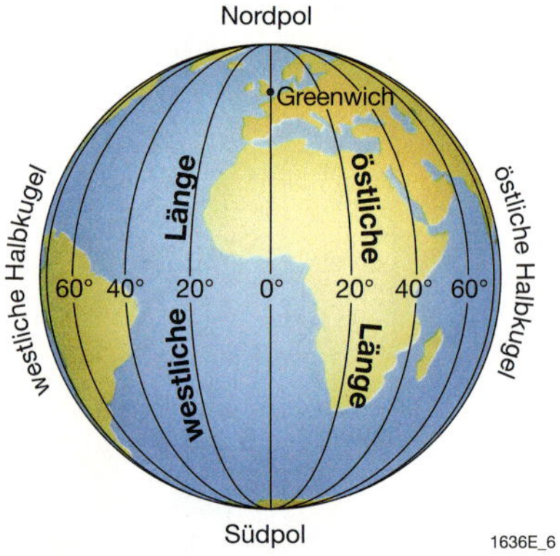

M2 *Längengrade*

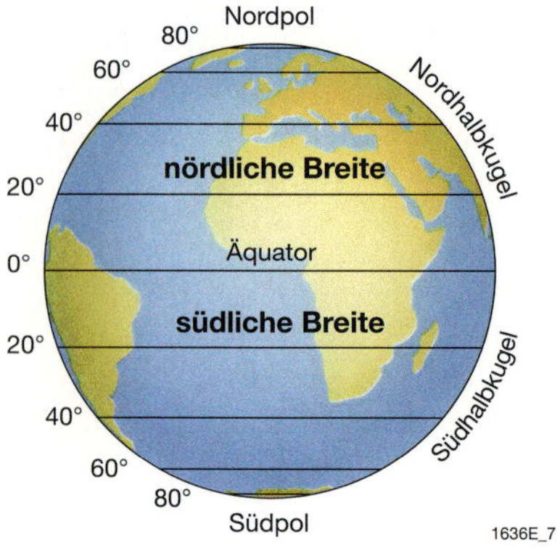

M3 *Breitengrade*

Ein Gradnetz zur Orientierung

Um die genaue Lage eines Ortes auf der Erde bestimmen zu können, wurde das Gradnetz erfunden. Es ist ein gedachtes Netz von Linien, mit dem unser Globus überzogen wurde (M2, M3).

In Nord-Süd-Richtung verlaufen die **Längengrade** (Meridiane). Sie reichen als Halbkreise von Nordpol zu Südpol und sind alle gleich lang. Sie werden in Grad angegeben und beginnen in Greenwich, einem Vorort von London. Dort verläuft der Nullmeridian (0°). Von Greenwich aus zählt man 180 Längengrade nach Westen (westliche Länge) und 180 Längengrade nach Osten (östliche Länge).

Zur Bestimmung eines Ortes im Gradnetz benötigt man auch die **Breitengrade**. Um die Mitte der Erdkugel verläuft als gedachte Linie der Äquator. Er ist der längste Breitengrad und teilt die Erde in eine **Nordhalbkugel** und eine **Südhalbkugel**.

Der Äquator hat die geografische Breite 0°. Von ihm aus werden 90 Breitengrade nach Norden (nördliche Breite) und 90 Breitengrade nach Süden (südliche Breite) gezählt. Der Abstand der Breitengrade ist immer gleich. Sie selbst werden nach Norden und Süden immer kleiner. Die beiden 90. Breitengrade sind nur noch Punkte, der Nordpol und der Südpol.

Die Lage eines Ortes im Gradnetz wird durch die Angabe des Breitengrades sowie des Längengrades bestimmt. Auf dem Schnittpunkt dieser beiden Linien liegt der Ort.

GPS

GPS ist die Abkürzung für Global Positioning System. Es ist ein System, mit dem Standorte auf der Erde und in der Luft punktgenau bestimmt werden können.

Damit die GPS-Technik in allen Gebieten der Welt zu jeder Zeit genutzt werden kann, müssen mindestens 24 Satelliten die Erde umkreisen. Durch diese hohe Anzahl ist gesichert, dass über jedem beliebigen Ort ausreichend Satelliten schweben. Mit den Messungen von vier Satelliten kann ein Standort ganz genau berechnet werden. Der Benutzer eines GPS-Empfangsgerätes kann so seine genaue Position in Bezug auf Längengrad, Breitengrad und Höhe abfragen und bestimmen.

M4 *GPS-Satelliten umkreisen die Erde*

1 Finde mithilfe des Altas heraus:
a) zwischen welchen Breitengraden Europa liegt;
b) zwischen welchen Längengraden Afrika liegt.

2 a) Bestimme mithilfe des Atlas die geografische Breite folgender Städte: Freiburg, Leverkusen, Oslo, Peking, Athen.
b) Gib an, auf welchen Kontinenten diese Städte liegen.

3 a) Bestimme mithilfe des Atlas die geografische Länge folgender Städte: Essen, Göttingen, London, Riga, Zagreb.
b) Gib an, auf welchem Kontinent diese Städte liegen.

4 Stelle die genaue Lage folgender Städte im Atlas fest: New Orleans, Kairo, Hamburg.

5 Finde mithilfe deines Atlas heraus, um welche Städte es sich bei den folgenden Gradangaben handelt:
a) 20° Nord – 100° West;
b) 33° Süd – 18° Ost;
c) 40° Nord – 33° Ost.

6 Stelle auf einem Globus fest, wo etwa die Titanic gesunken ist. Wiederhole dies auf der Atlaskarte „Erde – physische Übersicht".

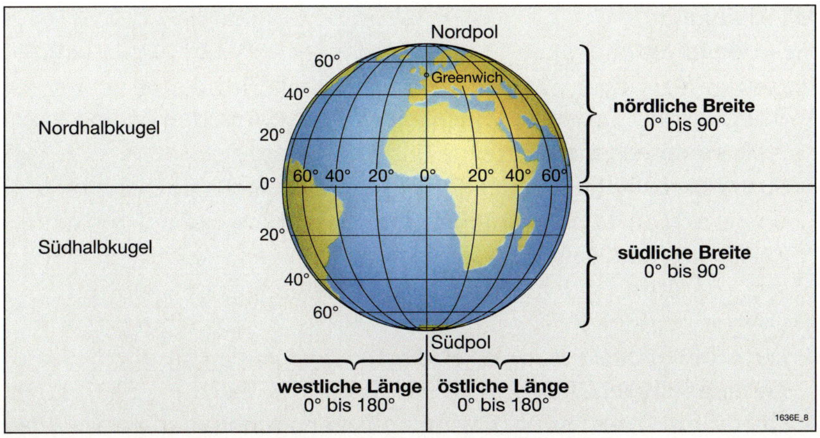

M5 *Das Gradnetz der Erde*

Wenn du die geografische Lage eines Ortes bestimmst, stelle dir folgende Fragen:
1. Liegt der gesuchte Ort nördlich oder südlich des Äquators?
2. Liegt der gesuchte Ort östlich oder westlich vom Nullmeridian?

Die Erde im Überblick

Kontinente und Ozeane

Die sieben Kontinente sind von den Weltmeeren oder Ozeanen umgeben.

Dort, wo die Landmassen zusammenhängen, hat man Grenzen festgelegt.

M1 *Übungskarte „Rekorde der Erde"*

1. Bearbeite M1. Ordne den Buchstaben A bis C und den Zahlen 1 bis 7 die entsprechenden Ozeane und Kontinente zu.
2. Suche die Lage der „Rekorde der Erde" mithilfe der Buchstaben a bis l in M1. Im Register des Atlas findest du Hinweise auf genauere Karten im Atlas. Lege eine Liste an:

	Name	Kontinent
a		

3. Der größte Kontinent ist Asien. Nenne drei Länder, die auf diesem Kontinent liegen (Atlas).
4. Der größte Ozean ist der Pazifische Ozean. Nenne mithilfe des Atlas vier Länder auf vier Kontinenten, die an diesen Ozean grenzen.

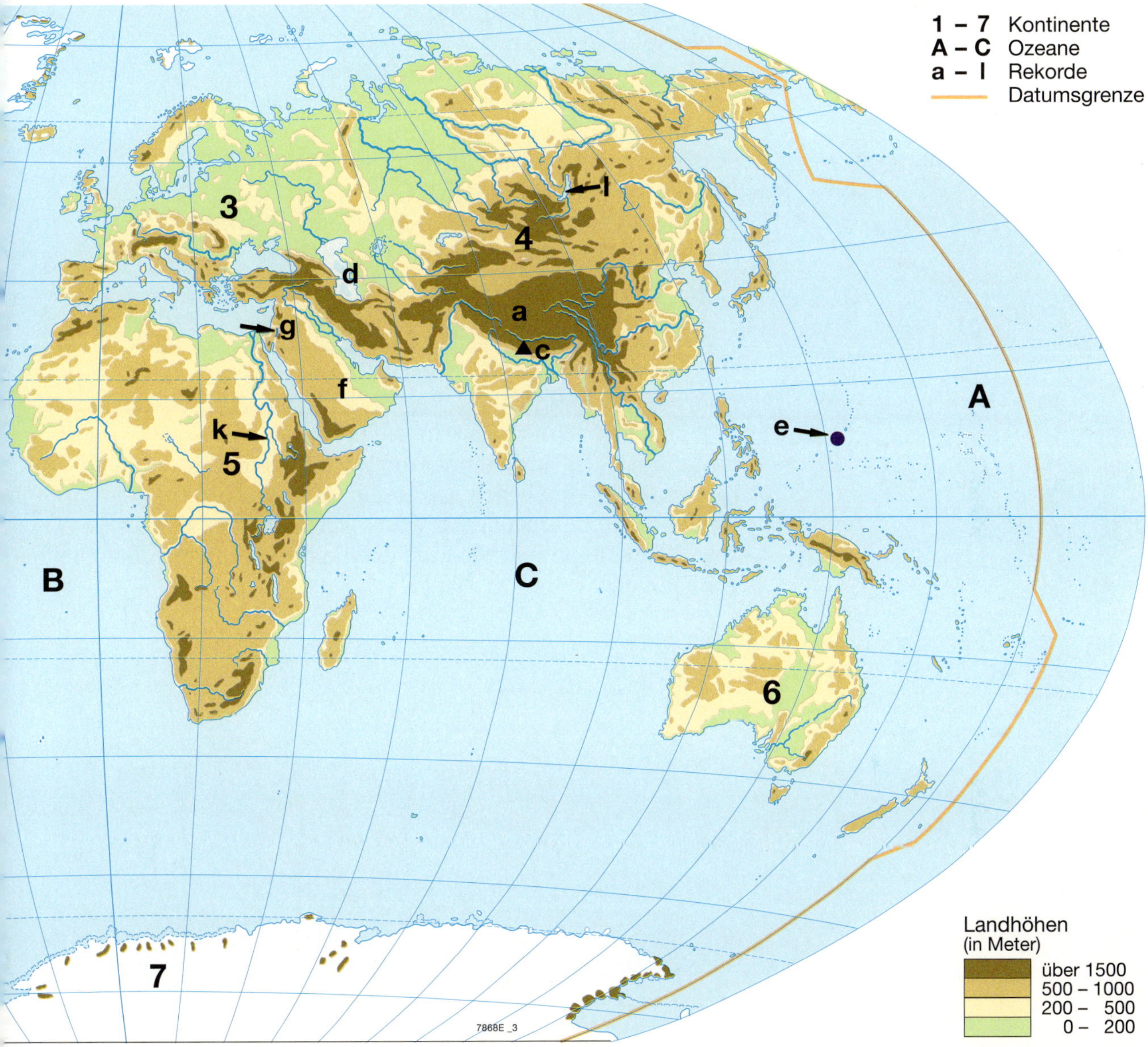

Das Gebirge mit den höchsten Bergen:	Himalaya	Der höchstgelegene schiffbare See der Erde:	Titicacasee (3812 m)
Der höchste Berg:	Mount Everest (8872 m)	Der tiefste See:	Baikalsee (1620 m)
Die tiefste Stelle der Landoberfläche:	am Toten Meer (–4 01 m)	Der größte See:	Kaspisches Meer (371 800 km²)
Das längste Gebirge:	Rocky Mountains/Anden (14 000 km)	Die tiefste Meeresstelle:	Witjas Tief (–11 034 m)
Der höchste Vulkan:	Cotopaxi (5897 m)	Die größte Insel:	Grönland (2 Mio. km²)
Der längste Fluss:	Nil (6671 km)	Die größte Halbinsel:	Arabien (3 Mio. km²)

M2 *Zwölf „Rekorde der Erde"*

Hast du den Durchblick?

1 Finde die richtigen Begriffe.

1. Unsere Galaxis im Weltall (STRIMLASCHES)
2. Festländer der Erde (TENNETINKO)
3. Zwei Drittel der Erdoberfläche bestehen daraus (RASWES)
4. Ein Buch mit vielen Karten (LSAAT)
5. Darstellung der Himmelsrichtungen (SENIWORD)
6. Der Begleiter der Erde (DNOM)
7. Eine Grundlage des Lebens auf der Erde (OSNEN)
8. In unserem Sonnensystem gibt es acht davon (NNPETLAE)
9. Ungefähre Form der Erde (GLUKE)

2 Wahrheit oder Lüge?

1. Es gibt auf der Erde zwei Punkte, von denen aus jeder Weg entweder nur nach Norden oder nur nach Süden führt.
2. Die zehn Planeten liegen wie Inseln im Meer.
3. Es gibt mehr Landfläche als Wasserfläche auf der Erde.
4. Der Nullmeridian teilt die Erde in eine Nordhalbkugel und eine Südhalbkugel.

3 Lückentext

Wichtige Begriffe sind durch Punkte ersetzt. Ergänze die Sätze, schreibe sie in dein Heft.

1. Die Erde hat die Gestalt einer …
2. Das verkleinerte Modell der Erde ist der …
3. Ein Gerät zur Feststellung von Himmelsrichtungen ist der …
4. Von Norden nach Süden verlaufende Linien im Gradnetz der Erde heißen …
5. Von Osten nach Westen verlaufende Linien im Gradnetz heißen …
6. Die Erde ist ein Teil unseres …

4 Silbenrätsel

Drei Kontinente und drei Ozeane sind in Silben zerlegt. Setze sie zusammen.

EU – ANT – AT – PA – RO – FIK – ARK – IN – ZI – LAN – DIK – PA – AF – TIK – KA – RI – TIS

5 Lückentext

Schreibe die Sätze ab und setze die fehlenden Wörter ein:

doppelt, Erdachse, Osten, Kugelgestalt, Süden, Mittelpunkt, Planeten, Westen, Stunden, Norden, Äquator

- Aus dem Weltraum betrachtet, hat die Erde eine ...
- Die Ozeane sind mehr als ... so groß wie die Kontinente.
- Nord- und Südpol sind beim Globus durch einen Stab verbunden. Er stellt die ... dar.
- Der längste Breitenkreis ist der ... .
- In 24 ... dreht sich die Erde einmal um die Achse.
- Die ... leuchten nicht selbst, sie werden von der Sonne angestrahlt.
- „Im ... geht die Sonne auf, nach ... nimmt sie ihren Lauf, im ... wird sie untergehen, im ... ist sie nie zu sehen."
- Die Sonne bildet den ... unseres Sonnensystems.

6 SOS

Ein Schiff kentert und funkt SOS. Seine Position ist 20° n. B. und 40° w. L. Bestimme die Position auf der Weltkarte.
Zwei andere Schiffe haben folgende Positionen:
1. Schiff: 20° n. B., 20° w. L.
2. Schiff: 20° s. B., 20° w. L.

Bestimme deren Lage. Welches ist dem kenternden Schiff näher?

Grundbegriffe

Äquator
Breitengrad
Erdrotation
Globus
Gradnetz
Kompass
Kontinent
Längengrad
Lichtjahr
Milchstraße (Galaxis)
Nordhalbkugel
Nordpol
Ozean
Planet
Sonnensystem
Südhalbkugel
Südpol
Trabant

Leben in Eis und Wüste

Am Rand der Wüste – Im polaren Eis

Polartag und Polarnacht

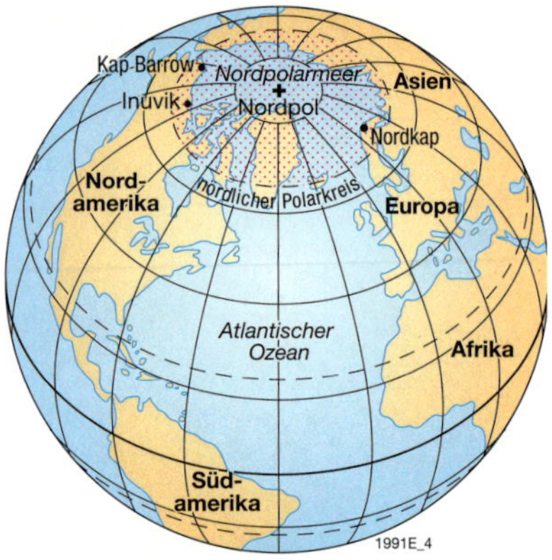

M1 *Nordpolargebiet*

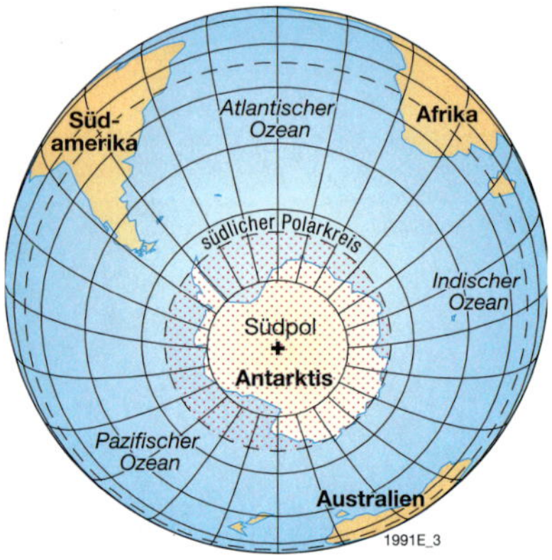

M2 *Südpolargebiet*

10. Januar: Seit Tagen liegen die Temperaturen bei −20 °C. Die Straßenlampen brennen immerzu. Ehe ich zum Kaufmann gehe, reibe ich mir dick Fettcreme ins Gesicht. Die Stiefel und Handschuhe aus Seehundsfell und der Schneeanzug aus Rentierfell halten mich warm.
17. Januar: Es ist 12 Uhr mittags. Die ganze Klasse läuft ins Freie. Die Sonne erscheint zum ersten Mal für einige Minuten am Horizont. Die Zeit der Polarnacht, der völligen Dunkelheit, ist endlich vorbei.
27. Mai: 24 Stunden Sonnenschein am Tag. Die Sonne geht auch nachts für fast zwei Monate nicht unter. Der Polartag beginnt.
1. Juni: Beginn der Sommerferien.
10. Juni: Wir spielen um Mitternacht Fußball.
20. August: Die Ferien sind vorbei. Die Sonne geht erst nach 22.00 Uhr unter; ich kann im Bett noch ohne Licht lesen.
30. November: Gestern sahen wir das letzte Mal die Sonne mittags kurz über dem Horizont. Bis in den Januar hinein haben wir jetzt Polarnacht.
25. Dezember: Wir laufen am Morgen bei −13 °C mit Skiern zu den Großeltern. Auf dem Rückweg sehen wir am sternklaren Himmel viele Sternschnuppen.

M3 *Tagebuchauszug von Ivalu (12 Jahre) aus Inuvik*

Die Erde bewegt sich innerhalb eines Jahres einmal um die Sonne. Weil die **Erdachse** dabei immer gleich schräg steht, wird im Sommer die nördliche Polarzone täglich bis zu 24 Stunden angestrahlt. Im Winter ist es genau umgekehrt. Dann wird die südliche Polarzone angestrahlt, während im Nordpolargebiet Dunkelheit herrscht.

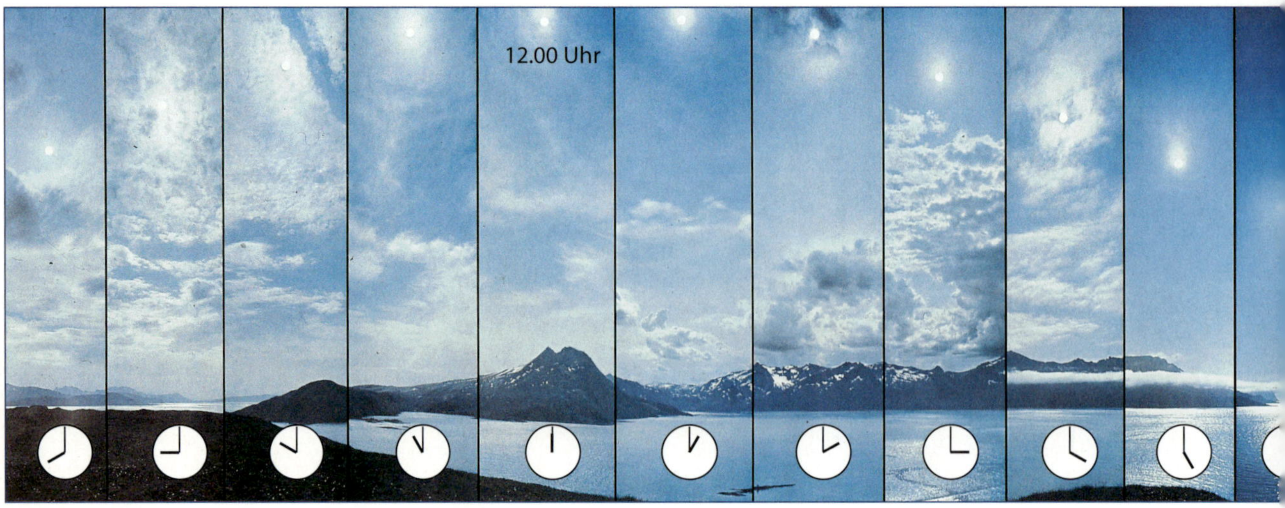

M4 *Tageslauf der Sonne im Juni im Nordpolargebiet*

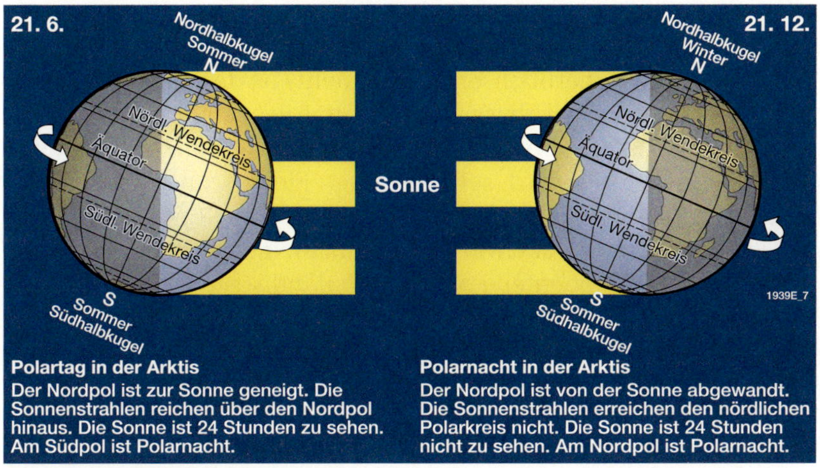

M5 *Polartag und Polarnacht*

	Dauer des Polartages	**Dauer der Polarnacht**
Nordpol	168 Tage*	179 Tage*
Kap Barrow	76 Tage	69 Tage
Inuvik	54 Tage	48 Tage
Polarkreis	1 Tag	1 Tag

* Aufgrund der unregelmäßigen Form der Erde ist es nicht genau ein halbes Jahr

M6 *Die Dauer von Polartag und Polarnacht*

Wenn bei uns im Sommer die Tage am längsten sind, wird es in weiten Teilen Nordeuropas nicht dunkel. Je weiter nördlich des Polarkreises ein Ort liegt, umso länger dauert der Polartag. Die Sonne steht dann um 24.00 Uhr auf ihrem tiefsten Punkt über dem nördlichen Horizont. Sie geht aber nicht unter. Im Winter herrscht hier die Polarnacht. Je weiter nördlich des Polarkreises ein Ort liegt, umso länger bleibt die Sonne unter dem Horizont. Es bleibt den ganzen Tag dunkel.

1 Beschreibe den „Tageslauf der Sonne" in M4.

2 Erkläre mithilfe des Textes und M5, warum Ivalu am 20. August bis 22.00 Uhr ohne zusätzliches Licht lesen kann.

3 a) Erkläre die Begriffe „Polartag" und „Polarnacht" (M5, Text).
b) Begründe, warum es diese Naturerscheinungen gibt.

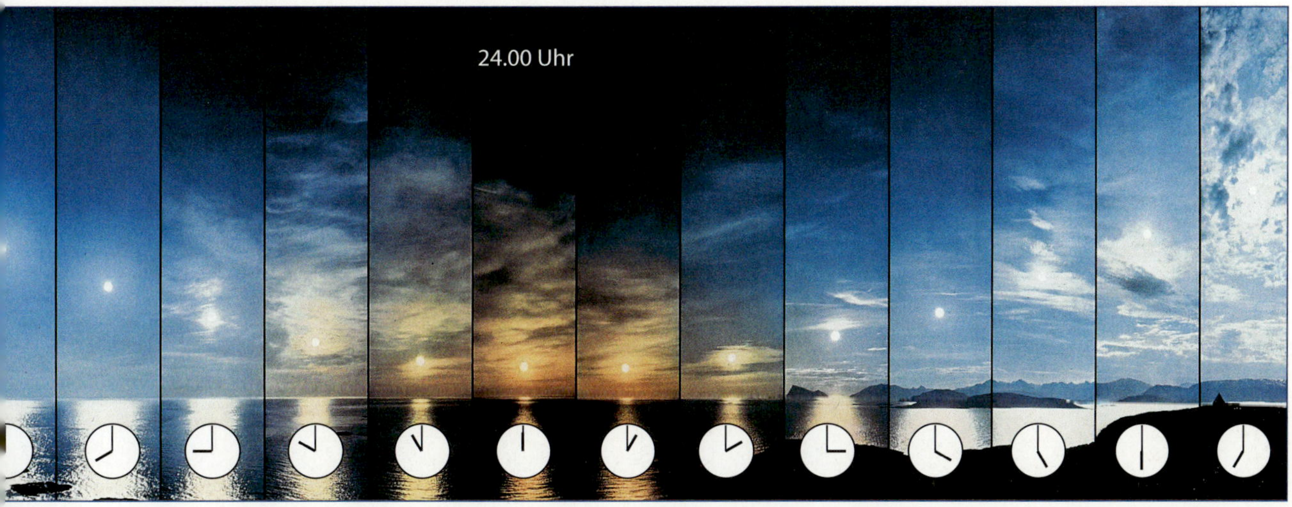

Die Inuit

M1 *Lebensraum der Inuit*

Inuit – früher Jäger der Arktis

Der Norden des amerikanischen Kontinents ist der Lebensraum der Inuit. Ein kleiner Teil dieser Volksgruppe lebt noch so wie seine Vorfahren als **Selbstversorger**. Das heißt, es wird nahezu alles, was zum Leben benötigt wird, selbst erzeugt: Fleisch, Speck, Fett, Felle, Häute, Sehnen. Allerdings benötigen die Inuit auch Geld um Brennstoffe, Schusswaffen und Munition zu kaufen. Dieses Geld erhalten sie, indem sie Robbenfelle an die grönländische Verwaltung verkaufen. Ein Teil der Felle wird in kleinen Fellnähstuben in Grönland zu Schuhen, Jacken, Handschuhen oder Mützen weiterverarbeitet oder direkt ins Ausland verkauft.

Die Söhne der Inuit werden von den Vätern auf die Jagd mitgenommen. Diese dauert manchmal viele Wochen. Währenddessen lernen die Mädchen das Anfertigen von Kleidung aus Tierhäuten und Fellen.

Zur Jagdbeute der Inuit zählen Robben, Fische, Eisbären, Walrosse und Karibus, die wilden Rentiere Nordamerikas.

1 Nenne die Länder, in denen die Inuit leben (M1, Atlas).
2 Berichte über das Leben der Inuit-Jäger (Text, M2).
3 Erkläre den Begriff „Selbstversorger" (Text).
4 Prüfe folgenden Satz mithilfe von M2: „Die Robbe ist das wichtigste Beutetier der Inuit".

Eskimo

Der Name Eskimo leitet sich von einem Wort der Indianer ab: „ayaskimew", das heißt „Schneeschuh-Flechter". Die Vermutung, dass der Name eine Übersetzung der Indianer für „Rohfleischesser" sein soll, hat sich nicht bestätigt. Die Eskimos selbst nennen sich Inuit, das heißt „Menschen".

M2 *Verwertung einer erlegten Robbe*

Einen Text lesen und auswerten

Hundeschlitten oder Ski-doo ?

Avataq, ein erfahrener Robbenjäger, trennt mit der Axt ein Stück hart gefrorenes Robbenfleisch ab und wirft es in den Hundeschlitten. Die zwölf Huskies … sind nicht zu bändigen. Ständig zerren sie an den Leinen. Als der Inuit auf dem Schlitten steht, laufen sie los. Der Leithund reagiert auf Zuruf. Nach drei Stunden Fahrt über Schollen aus zusammengeschobenem Treibeis kommt der erste Halt. Nun beginnt die Robbenjagd. … Avataq hält nach den Robben Ausschau. Vor einem Luftloch kauernd will der Jäger die Beute erlegen. Zuvor aber hat er die Hunde mit einem Teil des mitgebrachten Fleisches gefüttert. Jetzt beginnt die Zeit des Wartens. Mit dem Wurfspeer in der Hand, an dem ein langes Seil aus Seelöwenhaut befestigt ist, hockt er auf dem Eis und harrt regungslos aus.

Für Silak, seinen Freund, ist diese Jagdmethode längst überholt. Er jagt statt Robben Karibus – und zwar mit dem Ski-doo, einem Motorschlitten. Der braucht zwar Benzin und ist auch manchmal defekt, dafür aber ist er viel schneller als ein Hundeschlitten. Sein größter Nachteil ist, dass der Motorlärm die Tiere vertreibt. Oft gelingt es Silak nur nach langer Zeit und mit viel Geschick, sich dem Karibu bis auf Schussweite zu nähern. Heute verschießt er für zehn Dollar Munition, bevor er ein Karibu erlegt. Die Beute wird in den angehängten Schlitten hinter dem Ski-doo gelegt und nach Hause gefahren. … Die leeren Benzinkanister wirft er zu den anderen hinter das Haus. Mit dem nächsten Versorgungsflug wird auch wieder Benzin geliefert.

1. Abschnitt:
unbekannte Wörter
Robbenjäger – Hundeschlitten – Huskies – Leithund

2. Abschnitt:
Zwischenüberschrift
Mit Huskies über das Treibeis

Zu allen Abschnitten:
Inhaltsangabe
Avataq ist Robbenjäger. Mit zwölf Huskies fährt er auf seinem Schlitten über das Treibeis in sein Jagdgebiet …

M1 *Auszug aus einem Jugendbuch*

1 Bearbeite den Text (M1) nach dem Beispiel und suche weitere Zwischenüberschriften.

2 Schreibe die gesamte Inhaltsangabe in dein Heft oder deine Mappe.

So gehst du vor:

1. Schritt: Vorbereitung
Ist der Text in einem Buch abgedruckt, ist es von Vorteil, wenn du die Seite kopierst, damit du Wörter im Text unterstreichen kannst.

2. Schritt: Text lesen und unbekannte Begriffe klären
Lies den Text mehrmals genau durch. Schlage im Lexikon die Wörter nach, die dir unbekannt sind.

3. Schritt: Zwischenüberschriften formulieren
Finde heraus, in welche Abschnitte sich der Text gliedern lässt. Schreibe Zwischenüberschriften für jeden Abschnitt.

4. Schritt: Zusammenfassung schreiben
Fasse die Aussagen des Textes Abschnitt für Abschnitt kurz zusammen. So erhältst du eine Inhaltsangabe des gesamten Textes.

5. Schritt: Erarbeitetes überprüfen
Abschließend kannst du überlegen, welche Absicht der Verfasser mit dem Text verfolgt: Will er informieren, eine Meinung äußern oder zum Beispiel zu etwas auffordern?

M1 *Inuit-Siedlung heute*

Veränderungen im Alltag der Inuit

Lange Zeit lebten die Inuit in einfachen Häusern aus Gras, Moos und Steinen. Inzwischen haben sich die Wohn- und Lebensverhältnisse verändert. In ihren Lebensraum drangen weiße Pelzjäger und Waldfangschiffe ein. Dadurch ging die Zahl der Beutetiere stark zurück. Manche Tierart war und ist heute durch den Klimawandel vom Aussterben bedroht.

Auch heute noch leben viele Inuit vom Fischfang, jedoch reicht der Verdienst meist nicht mehr zum Leben aus. Weil es zu wenig Arbeitsplätze gibt, können nur wenige Inuit einer geregelten Arbeit nachgehen. Dauerhafte Arbeitsplätze bieten vor allem die Betriebe zur Verarbeitung von Fisch, die Geschäfte und öffentlichen Einrichtungen wie Postämter und Schulen. Zeitweise gibt es Arbeitsmöglichkeiten in den Häfen oder als Reiseleiter bzw. Jagdführer für Touristen.

Damit eine Familie überleben kann, braucht sie staatliche Hilfe. So ließ die kanadische Regierung an der Küste der Baffinbai neue Siedlungen für die Inuit errichten. Die Häuser sehen nahezu gleich aus. Sie bestehen aus vorgefertigten Teilen.

In den größeren Orten leben einige hundert Inuit-Familien, die Mehrzahl mit einer Unterstützung vom Staat. Hier gibt es auch elektrischen Strom, Zentralheizungen, manchmal Satelliten-Fernsehen, eine Schule und einen Supermarkt.

M2 *Moderne Wohnhäuser in Nanasivik auf der kanadischen Baffin-Insel*

In der Schule wird versucht, an die frühere Lebensweise anzuknüpfen. Auf dem Stundenplan steht unter anderem für Jungen auch Fischen, Jagen, Schießen und Gerätekunde. Mädchen lernen das Schlachten von Tieren sowie die Fellbearbeitung.

M3 *Inuit-Kinder*

Seit der Jahrhundertwende kamen die Veränderungen: Mit den Weißen kamen auch deren Krankheiten und der Alkohol. Straßen wurden angelegt und zerschnitten unsere Jagdreviere. Schnell hatten wir gelernt, mit den neuen Waffen und Fanggeräten umzugehen. Daher gibt es heute kaum noch Wild und Fisch. Aber ein tief greifender Wandel trat erst in den sechziger Jahren ein. Wir wohnen nun in Häusern mit Heizung und Strom und unsere Kinder werden in der Schule von Lehrerinnen und Lehrern unterrichtet.

Doch was lernen sie wirklich? Das Fernsehen zeigt ihnen vieles, was sie sich nie kaufen können. Einige Jugendliche kennen verschiedene Autotypen, aber sie können keine Kajaks oder Schneeschuhe mehr anfertigen. Die meisten Familien gehen nicht mehr wie früher auf die Jagd. Sie kaufen ihre Lebensmittel im Supermarkt.

Viele Fähigkeiten, die die Inuit einst auszeichneten, gehen auf diese Weise für immer verloren.

Einmal im Jahr, wenn Ende Mai die Bucht eisfrei wird, legt das Frachtschiff an. Es bringt die Waren für den Supermarkt. Die Ankunft des Schiffes wird von vielen meiner Landsleute mit reichlich Alkohol gefeiert. Dann kann man in den folgenden Tagen einige unschöne Szenen erleben.

M4 *Bericht eines alten Inuit*

M5 *Fischmarkt in Nuuk, der Hauptstadt Grönlands*

1 Ergänze den Satz: Heute arbeiten die Inuit als ...

2 Das Leben der Inuit hat sich verändert. Stelle die Veränderungen stichwortartig in Form einer Tabelle dar:

Veränderungen	früher	heute
beim Wohnen		
im Arbeitsbereich		
bei den Inuit-Jägern		
bei den Kindern		

3 Begründe, warum die Inuit zu Beginn des vorigen Jahrhunderts um ihr Überleben kämpfen mussten (Text).

4 a) Nenne die Fächer der jungen Inuit.
b) Erkläre, warum diese Fächer noch heute bei den Inuit unterrichtet werden.
c) Vergleiche deine Schulfächer mit denen der Inuit.

5 Erläutere, wie der Fortschritt die Lebensweise der Inuit beeinflusst (Text, M4).

M6 *Moderne Versorgung – Einkaufen im Supermarkt mit dem Schneemobil*

Wüstengebiete

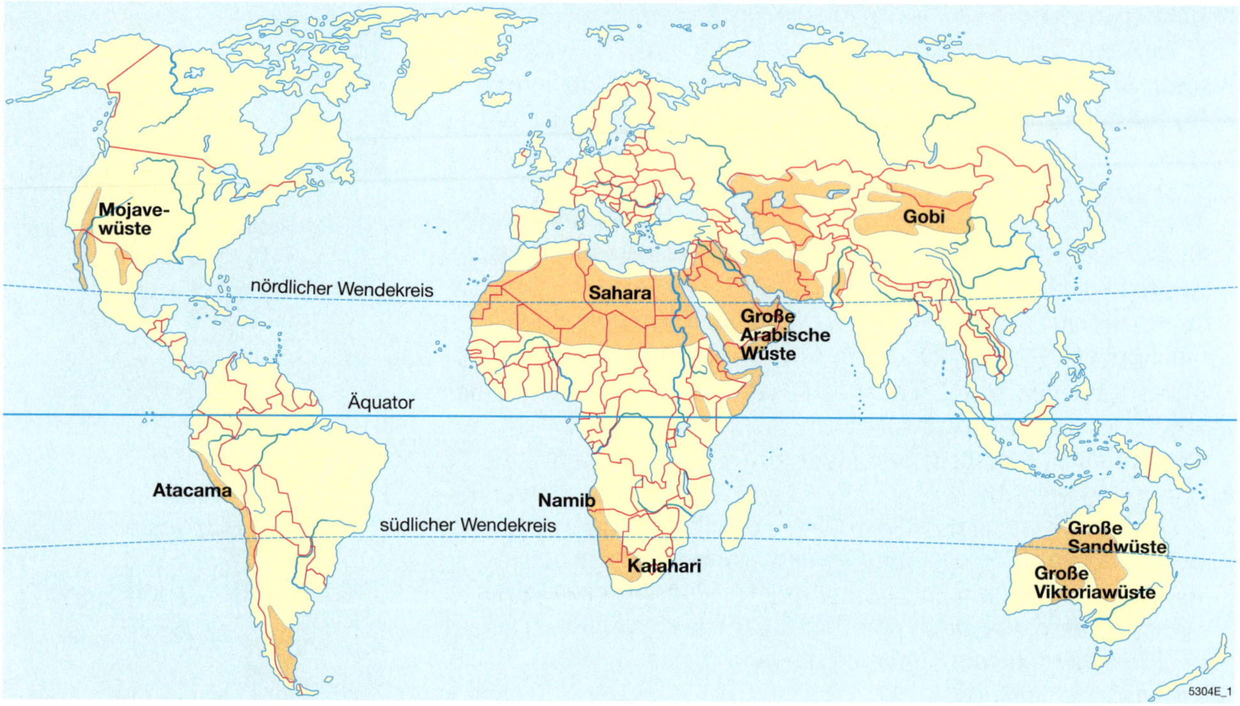

M1 *Wüsten der Erde (Auswahl)*

In der Wüste Sahara

Ich fühle keinen Hunger, nur Durst. Dabei habe ich so gut wie nichts gegessen: am ersten Tag einige Trauben, am zweiten und dritten Tag eine halbe Apfelsine und etwas Kuchen. Für mehr Nahrung hatten wir keinen Speichel. Der Durst aber ist allmächtig: die harte Kehle, die Zunge aus Gips, das Rasseln im Schlund und ein ekliger Geschmack im Mund. Die Landschaft verändert sich, die Steine werden seltener und wir gehen auf Sand. Ich bringe keinen Speichel mehr hervor. Die Sonne hat alles ausgetrocknet.

M2 *Aus dem Buch „Wind, Sand und Sterne" von Antoine de Saint-Exupéry*

… und dann fällt der Sandsturm über mich her. … Die Oberfläche der Wüste, die sonst fast reglos ist, kommt in Bewegung. Mit dem Wind erhebt sich der Wüstensand. (Er) packt mich beim Hals, beißt in mein Gesicht, verkrustet meine Kehle, verstopft meine Nasenlöcher und nimmt mir die Sicht. Ich fühle mich verloren und fürchte zu ersticken.

M3 *Bericht des englischen Journalisten Richard Trench*

Die Wüste Sahara

Araber vergleichen den Weg der Karawanen durch die Wüste mit einer Reise über das Meer. „Bahr bela me" nennen sie die Wüste – „Meer ohne Wasser". Das Kamel ist ihr „Wüstenschiff" und den Südrand der Sahara nennen sie das rettende „Ufer" – arabisch „Sahel".

Die Sahara ist die größte Wüste der Erde. Sie ist etwa neun Millionen Quadratkilometer groß und bedeckt fast die gesamte Fläche Nordafrikas.

In der Sahara regnet es selten, oft jahrelang nicht. Fast das ganze Jahr brennt hier die Sonne vom Himmel. Kaum eine Pflanze kann Wurzeln schlagen. Am Tage ist es in der Wüste bis zu 60 °C heiß. Doch in der Nacht sinken die Temperaturen oft unter 0 °C.

Die hohen und niedrigen Temperaturen sowie die trockene Luft bereiten den Menschen in der Wüste große Probleme. Sie verlieren viel Flüssigkeit und müssen am Tage bis zu acht Liter trinken.

M4 *Die Lage der Sahara*

1 Berichte, wie Antoine de Saint-Exupéry und Richard Trench die Wüste erlebt haben (M2, M3).

2 Liste in einer Tabelle auf (M1):

Kontinent	Wüste

3 a) Beschreibe die Lage der Sahara (M4, Atlas).
b) Miss die Nord-Süd- und West-Ost-Ausdehnung der Sahara (M4, Atlas).

4 Berichte, was du über die Sahara erfährst (Text).

M5 *Wüstenlandschaft*

Wüsten und Oasen

Wüsten haben viele Gesichter

Die Sahara ist nicht ein einziges großes Sandmeer. Sie besteht aus sehr verschiedenen Wüstenarten. Besonders menschenfeindlich ist die **Felswüste** (Hamada). Hier gibt es zum Teil gewaltige Erhebungen mit blankem Fels und groben Gesteinstrümmern.

Die weiten Flächen der **Kieswüste** (Serir) bestehen aus Geröll. Hier hat der Wind den feinen Sand ausgeblasen.

Die **Sandwüste** (Erg) bedeckt nur etwa 20 Prozent der Sahara. Winde lagern den Sand ständig um und schütten ihn zu Dünen auf.

Von den Gebirgen am Rand der Wüste führen Täler in die Sahara. Es sind Trockentäler. Sie heißen Wadis. Nur nach den seltenen, aber heftigen Regengüssen füllen sie sich mit Wasser. An manchen Stellen tritt in der Wüste salzhaltiges Wasser an die Oberfläche. Dort entstehen Salzseen.

1 a) Nenne die verschiedenen Wüstenarten (M1).
b) Beschreibe die Wüstenarten in der Sahara (Text, M1).

2 Erkläre, warum in der Wüste kaum Pflanzen wachsen.

Name:	Felswüste	Kieswüste	Sandwüste
Anteil:	etwa 70% aller Wüsten	etwa 10% aller Wüsten	etwa 20% aller Wüsten
Material:	Felsen, Steine	Kies	Sand

M1 *Wüstenarten und ihre Entstehung*

M2 *Die Oase El Golea in Algerien*

In einer Oase

Wo in der Wüste Wasser an die Erdoberfläche tritt oder heraufgepumpt werden kann, liegen **Oasen**. Hier leben Bauern, Handwerker und Händler in festen Siedlungen mit engen, schattigen Straßen. Das kostbarste Gut der Oasen ist das Wasser. Früher wurde es mit Ziehbrunnen geschöpft, heute fördern Motorpumpen Tag und Nacht Wasser aus Tiefen von bis zu mehr als 1000 Metern.

Alle Felder und Gärten sind über ein Kanalnetz mit den Brunnen verbunden und können regelmäßig bewässert werden. Wasserwächter kontrollieren die Verteilung und Bezahlung des Wassers.

Die wichtigste Oasenpflanze ist die Dattelpalme. Diese Palmenart gilt als „Brotbaum" der Oasen. Die süßesten Datteln werden nach Europa ausgeführt (exportiert). Weniger süße Datteln werden selbst verbraucht und die schlechtesten werden als Viehfutter verwendet.

Im Schatten der Dattelpalme pflanzen die Oasenbewohner Obstbäume. Darunter werden Getreide (Gerste, Weizen, Hirse), Gemüse (Melonen, Gurken, Tomaten) sowie Gewürze oder Tee angebaut. Durch diesen Stockwerk-Anbau verdunstet weniger Wasser und der Boden trocknet nicht so schnell aus.

3 Beschreibe M2 und erkläre, warum die Häuser bereits in der Wüste liegen.
4 Erkläre, warum in den Oasen das Wasser verteilt wird.
5 Zähle auf, was in den Oasen angebaut wird (Text, M3, M4).
6 Begründe, warum die Dattelpalme für die Oasenbewohner die wichtigste Pflanze ist (M3).
7 Erläutere, warum die Oasenbauern Stockwerk-Anbau betreiben (Text, M4).

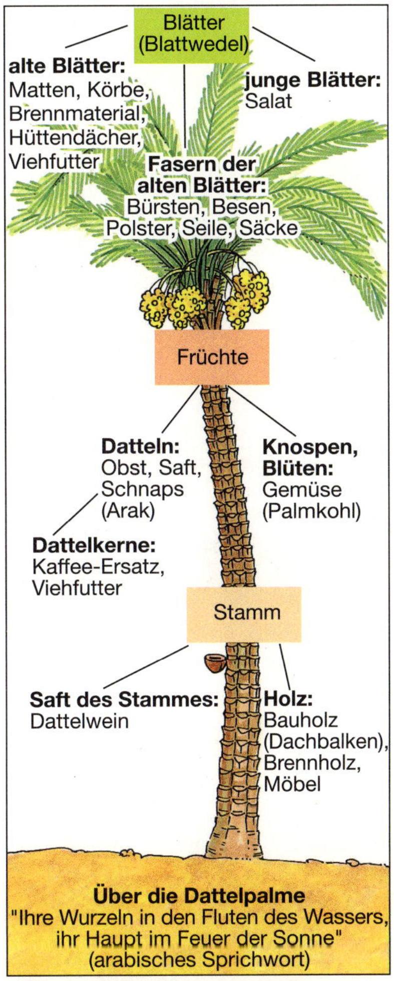

M3 *Nutzung der Dattelpalme*

M4 *Stockwerk-Anbau*

Wüsten und Oasen

Wie kommt das Wasser in die Wüste?

Das Wasser der Oasen kommt zum Teil aus dem Atlasgebirge am Nordrand der Sahara. Wenn es hier regnet, versickern die Niederschläge im Boden. Dort treffen sie auf eine wasserundurchlässige Schicht. Auf dieser Schicht fließt das Wasser oft viele hundert Kilometer in die Sahara hinein. Mithilfe von Brunnen kann das Grundwasser bereits wenige Meter unter der Erdoberfläche angezapft werden. Das Grundwasser dient als Wasserlieferant. Es entstehen **Grundwasseroasen**.

M1 *Grundwasseroase*

In einigen Oasen steht das Grundwasser, das zwischen zwei wasserundurchlässigen Schichten fließt, unter Druck. Wird dieses Grundwasser angebohrt, so schießt es von selbst an die Oberfläche. Das ist ein **artesischer Brunnen**.

M2 *Artesischer Brunnen*

Die **Flussoase** erhält Wasser durch einen Fluss, der die Wüste durchfließt (zum Beispiel: Nil, Niger, Euphrat, Tigris, Indus). Dieses Wasser wird zur Bewässerung der Felder beiderseits des Flusses genutzt und zur Versorgung der Bevölkerung in den Städten.

M3 *Flussoase*

1 Erkläre die Entstehung einer Grundwasseroase, eines artesischen Brunnens und einer Flussoase (M1–M3, Text).

Wir bauen einen artesischen Brunnen

In den Wüsten sind die artesischen Brunnen zur Wasserversorgung sehr wichtig. Meistens funktionieren sie ohne Pumpen. Hier findet ihr eine Versuchsanleitung, mit der ihr das Prinzip des artesischen Brunnens nachvollziehen könnt.

M1 *Aufbau des Experimentes*

Ihr benötigt:
- zwei Stative mit Trichterhalterungen
- zwei Kunststofftrichter
- einen durchsichtigen Schlauch (ca. 80 cm lang)
- eine kleine Gießkanne mit Wasser gefüllt
- eine Schere
- einen Zahnstocher
- ein Gefäß zum Unterstellen (zum Beispiel eine große Schüssel)

1. Schritt: Vorbereitung
Besorge dir das nötige Material für deinen artesischen Brunnen und lege es zurecht.

2. Schritt: Aufbau
Baue die Versuchsanordnung der Abbildung entsprechend auf:
- Montiere die Trichterhalterungen an die Stative.
- Setze die Trichter ein.
- Bohre mit dem spitzen Ende der Schere ein kleines Loch in die Mitte des Schlauches.
- Ziehe die Enden des Schlauches über die Trichterenden.
- Verschließe das Loch mit dem Zahnstocher.

3. Schritt: Durchführung
- Fülle mit der Gießkanne Wasser in die Trichter ein.
- Entferne den Zahnstocher.
- Beobachte den Weg des Wassers.

4. Schritt: Auswertung
Notiere deine Beobachtungen in deinem Heft.
Erkläre den Weg des Wassers.

Nomaden in der Sahara

Wandern um zu überleben

Tatrit gehört zum Volk der Tuareg und lebt als Nomadin am Südrand der Sahara. Sie zieht mit ihrer Großfamilie und deren Herde von einem Wasserloch und Weideplatz zum nächsten. Heute sind sie in der Oase Fares am Rand der Wüste Téneré angekommen. Die Gruppe besteht aus 34 Personen: zwölf Frauen, acht Männern und 14 Kindern.

M1 *Auf Wanderschaft*

M2 *Tatrit und ihre Schwester Raisha bauen das Zelt auf.*

Nomaden am Südrand der Sahara

In den Gebieten am Südrand der Sahara fallen mehr Niederschläge als im Inneren der Wüste. Hier wachsen Gras und einzelne Sträucher. Für den Ackerbau reichen die Niederschläge aber nicht aus. Auch Bewässerung ist nicht möglich, weil es kaum Flüsse oder Brunnen gibt. Die Menschen leben von der Viehzucht. Die Tiere haben die wenigen Pflanzen eines Weideplatzes schnell abgefressen. Daher bleiben die Viehhirten nie lange an einem Ort. Sie sind als **Nomaden** mit ihren Herden ständig auf Wanderschaft.

Zunächst müssen die Zelte aufgebaut werden. Sie bestehen aus rot eingefärbten Ziegenfellen. Die Innenausstattung ist einfach. Felle und Wolldecken liegen auf dem Boden. Das Kochgeschirr hängt an Holzgestellen. Der Zeltaufbau ist für Tatrit und ihre Schwester Raisha kein Problem.

Anschließend zerstampft Raisha Hirsekörner. Die zerstampfte Hirse schüttet Tatrit in den zerbeulten Eisentopf über dem Feuer. Sie fügt Ziegenmilch und Salz hinzu. Das ergibt einen Hirsebrei.

M3 *Lager der Tuareg*

Am nächsten Tag unterrichtet Tatrit ihren Sohn Ibrahim. Er hockt sich neben die Mutter auf den Boden und malt mit dem Finger dieselben Zeichen in den Sand wie sie. Er lernt die Schrift der Tuareg.

Fast hätte Tatrit die 18 Ziegen vergessen. Sie treibt sie zum Brunnen und zieht das trübe Wasser aus der Tiefe – zehn schwere Liter pro Eimer, kaum genug, um zwei Ziegen zu tränken. Wasser ist Leben: „Aman", „iman" – nur ein Buchstabe unterscheidet die Wörter für Wasser und Leben.

M4 *Beim Reiterfest*

M5 *Festlicher Schmuck*

Am Abend beginnt das Reiterfest. Tatrit legt ihren Schmuck an und bewundert die Reiter auf ihren Kamelen.

Am nächsten Morgen kommt ihr Bruder Kebebe zu Besuch. Er lernte Französisch, machte den Führerschein und arbeitet als Geländewagenfahrer und Reiseführer. Er führt ein modernes Leben.

1 Erkläre, warum Nomaden mit ihrer Herde ständig auf Wanderschaft sind (Text, i-Kasten).
2 Beschreibe den Tagesablauf von Tatrit und ihrer Großfamilie (Text).
3 Erläutere, inwiefern sich das Leben für die Tuareg ändert.

M6 *Kebebe mit seinem Geländewagen*

M7 *Kebebe bei einem Verwandten*

Die Wüste im Wandel

M1 *Eine Karawane in der Sahara*

M2 *Eine moderne „Karawane"*

Das Leben ändert sich

Um 1960 wurden in Algerien, Tunesien, Libyen und Ägypten riesige Vorräte von Erdöl und Erdgas entdeckt. Die Funde lagen zum Teil weit im Inneren der Sahara. „Neue Oasen", sogenannte Industrie-Oasen, entstanden. Ihre Kennzeichen sind Fördertürme, Werkstätten, Tankstellen, Wassertanks, Wohn- und Bürocontainer.

Das geförderte Erdöl und Erdgas wird in Rohrleitungen (Pipelines) transportiert.

In der Erdölindustrie wurden viele Arbeitskräfte gebraucht. Oasenbauern gaben ihre Felder auf und Nomaden verließen ihre Stämme. Sie fanden gut bezahlte Arbeitsplätze auf den Ölfeldern.

i

Kamel
- Tagesleistung: ca. 30 km
- Zahl der Kamelführer pro 10 Kamele: 2–3
- Last pro Tier: ca. 200 kg
- „Verbrauch" pro Tag: ca. 10 Liter Wasser

Lkw
- Tagesleistung:
  Piste: ca. 150 km
  Straße: ca. 500 km
- Zahl der Fahrer pro Lkw: 1
- Last pro Lkw: zwischen 5 und 20 Tonnen
- Verbrauch pro 100 km: 20 Liter Diesel

1 Berichte, wie sich der Transport in der Wüste verändert hat (i-Kasten, M1, M2).
2 Erkläre den Begriff „Industrie-Oasen" (Text, M3).
3 Beschreibe die Veränderungen im Arbeitsleben der Menschen.

M3 *„Neue Industrie-Oase" Hassi-Messaoud in Algerien*

Nomaden werden sesshaft

„Mein Vater war noch ein „Freier", der als Karawanenführer die Wüste bezwang. Ich dagegen „reite" diesen Kleinbus. Der Karawanenhandel ist zusammengebrochen. Straßen sind durch die Wüste gebaut worden, auf denen riesige Lkw alle Güter dieser Welt bis in die entlegenen Oasen bringen. Wozu braucht man da noch Kamelkarawanen?

Gestern haben wir in der Ferne die Feuer von Hassi-Messaoud gesehen, die den Nachthimmel erleuchtet haben. Dort arbeitet einer meiner Brüder.

Eine meiner Schwestern ist in einem Hotel an der Küste. Sie bedient Fremde. Meine Eltern sind darüber sehr unglücklich. Außer ihnen lebt von unserer Familie niemand mehr im Zelt. Meine Frau und meine beiden Kinder leben am Rande einer Oasenstadt in einem Haus aus Ziegeln. Dort ist es im Sommer sehr heiß. Schlimm ist, dass meine Kinder in der Schule Arabisch lernen und manche Wörter meiner Sprache nicht mehr kennen.

M4 *Bericht eines Tuareg, jetzt Reiseleiter*

4 a) Stelle zusammen, welche Veränderungen im Leben der Tuareg eingetreten sind (M4).
b) Erläutere die Ursachen für diese Veränderungen.

M5 *Nomaden am Rande einer Oasenstadt*

Ein Klimadiagramm auswerten

Wetter und Klima
Wetter ist das Zusammenwirken von Wind, Temperatur, Niederschlag, Bewölkung und Luftdruck. Das Klima ergibt sich aus den langfristigen Durchschnittswerten des Wetters.

Das Klimadiagramm

Klimaforscher messen und beobachten die Wetterelemente über Zeiträume von mindestens 30 Jahren. Danach errechnen sie Durchschnittswerte (Mittelwerte). Diese geben Auskunft über das Klima eines Ortes oder eines Gebietes.

In einem Klimadiagramm sind die Temperaturkurve und die Niederschlagssäulen zusammen eingezeichnet. Das Klimadiagramm gibt dir also Auskunft über den Verlauf der Temperaturen und die Höhe der Niederschläge an einem Ort im Laufe eines Jahres.

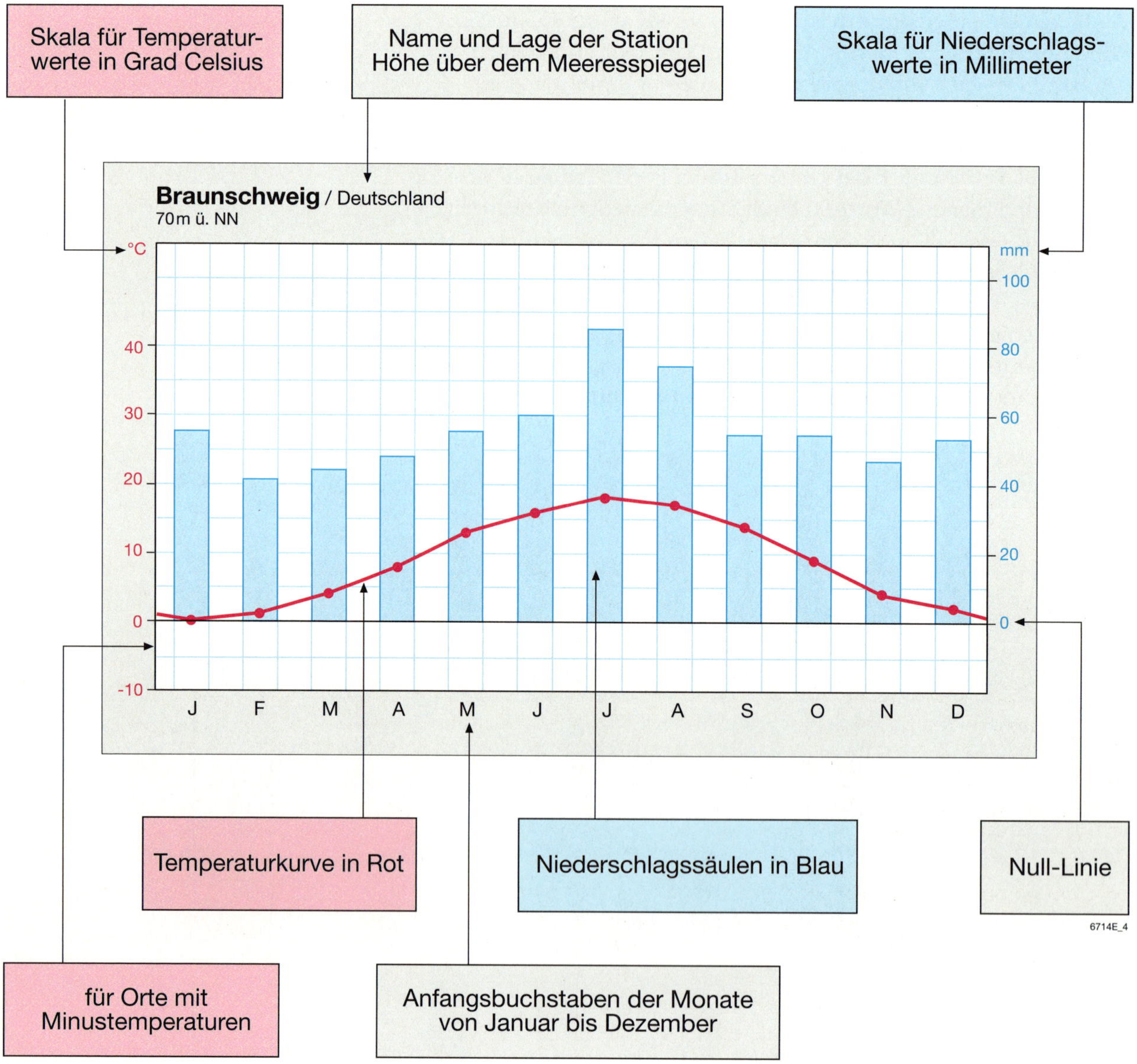

M1 *Das Klimadiagramm in seinen Einzelheiten*

Die Temperaturkurve lesen

Um die Temperaturen der einzelnen Monate überschaubar zu machen, stellt man sie zeichnerisch in einer Kurve (rot) dar.

1. Beginne mit dem Januar (J). Lege das Geodreieck mit seiner Messskala so an, dass du auf den Punkt bei J triffst.
2. Lies die Zahl am linken Rand ab. Es ist eine 0, also 0 °C.
3. Dasselbe machst du bei den übrigen Monaten.

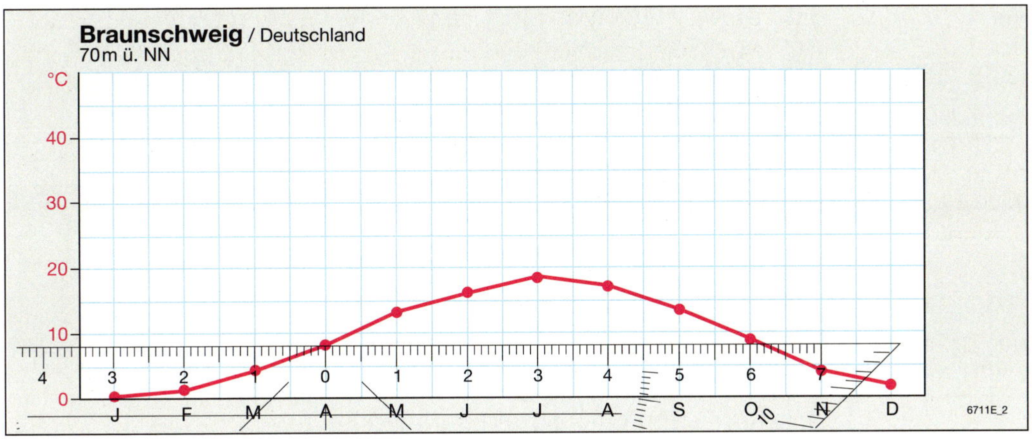

Die Niederschlagssäulen lesen

Bei den Niederschlägen zählt man die Niederschlagsmengen aller Tage eines Monats zusammen. Diese Niederschläge eines Monats zeichnet man als Niederschlagssäulen (blau).

1. Beginne mit dem Januar (J). Lege das Geodreieck mit seiner Messskala so an, dass du an das obere Ende der Säule gelangst.
2. Lies die Zahl am rechten Rand ab. Es ist mehr als 50, aber nicht genau zu bestimmen. Miss die Höhe der Säule und multipliziere sie mit 2 (28 mm x 2 = 56 mm). Es sind 56 mm Niederschlag.
3. Tue dasselbe bei den übrigen Monaten.

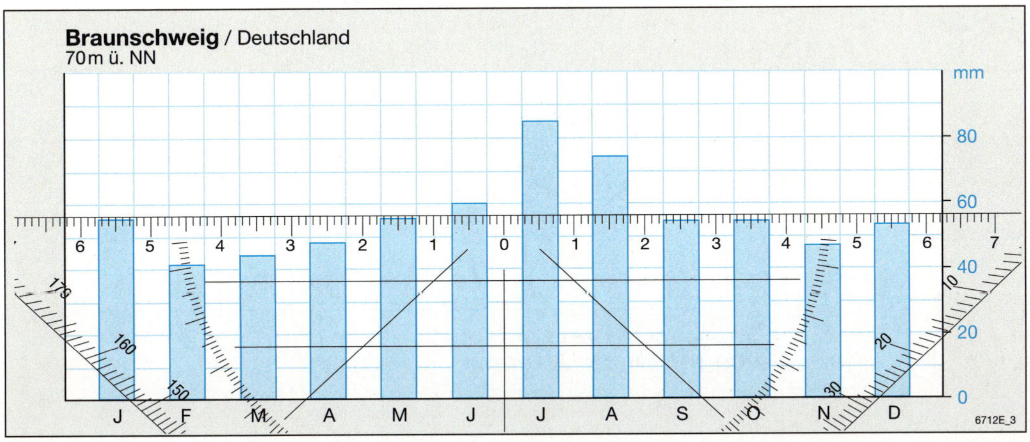

Ein Klimadiagramm zeichnen

		J	F	M	A	M	J	J	A	S	O	N	D
Nuuk, Grönland	°C	-8	-7	-6	-4	2	6	8	7	4	0	-4	-6
27 m ü. NN	mm	42	46	47	45	50	54	85	87	85	61	71	50
Timbuktu, Mali	°C	22	23	28	33	35	34	32	30	32	32	27	22
250 m ü. NN	mm	0	0	1	0	9	42	89	98	40	6	0	0
Hannover, Deutschland	°C	0	1	4	8	13	16	17	17	14	9	5	2
53 m ü. NN	mm	48	46	38	48	52	64	84	73	54	56	52	46

M1 *Klimawerte verschiedener Orte*

Wenn du selbst ein Klimadiagramm erstellst, musst du auf viele Einzelheiten achten und sehr genau und konzentriert arbeiten.

1. Schritt: Material bereitlegen
Lege ein Geodreieck, einen Bleistift sowie einen roten und einen blauen Farbstift bereit. Nimm ein Blatt kariertes Papier.

2. Schritt: Grundlinie (Null-Linie) zeichnen
Zeichne die Null-Linie von 12,5 cm mit dem Bleistift und teile sie in zwölf Monate ein (eine Kästchenbreite für einen Monat). Schreibe die Anfangsbuchstaben der Monate mit Bleistift unter die Null-Linie. Hinweis: Bei Orten mit Minus-Temperaturen wird die Hochachse unterhalb der Null-Linie fortgesetzt, die Buchstaben für die Monate werden dann unter die Abschlusslinie geschrieben.

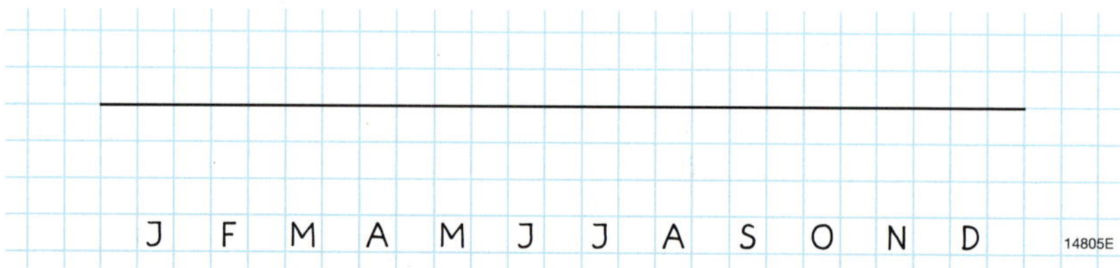

3. Schritt: Hochachse für die Temperaturwerte
Zeichne die linke Hochachse (Temperaturachse) mit Bleistift. Beschrifte die Temperaturachse in Rot (1 cm entspricht einer Temperatur von 10 °C). Schreibe die Maßeinheit °C oben an die Achse.

4. Schritt: Hochachse für die Niederschlagswerte
Zeichne die rechte Hochachse (Niederschlagsachse) mit Bleistift. Beschrifte sie in Blau (1 cm entspricht einem Niederschlag von 20 mm). Schreibe die Maßeinheit mm oben an die Achse.

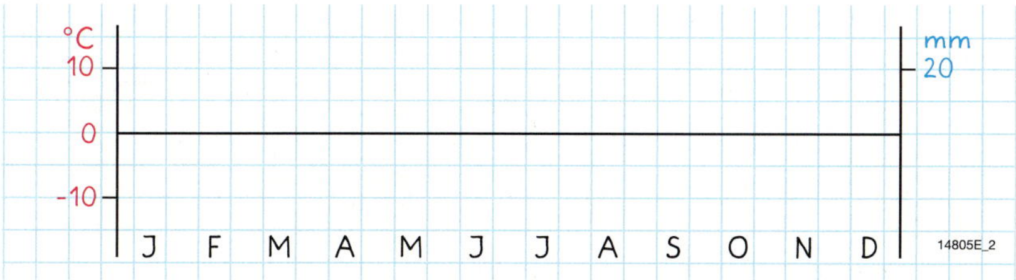

5. Schritt: Temperaturkurve zeichnen
Trage alle Temperaturwerte (°C) über dem jeweiligen Monat mit einem roten Punkt ein (1 mm auf dem Papier für 1°C). Verbinde diese Punkte in Rot zur Temperaturkurve.

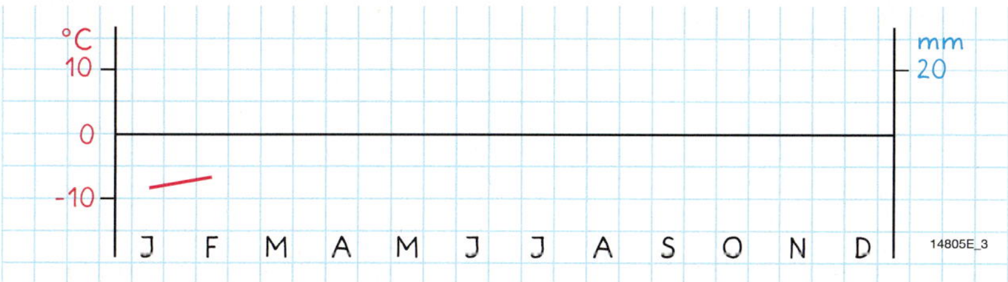

6. Schritt: Niederschläge einzeichnen
Markiere die monatlichen Niederschlagswerte durch Querstriche in Blau über dem Monatsnamen (1 mm auf dem Papier für 2 mm Niederschlag). Zeichne die Niederschlagssäulen, male sie blau an. Tipp: Wenn du die Hälfte vom angegebenen Niederschlagswert nimmst, erhältst du die Höhe der Niederschlagssäule in mm.

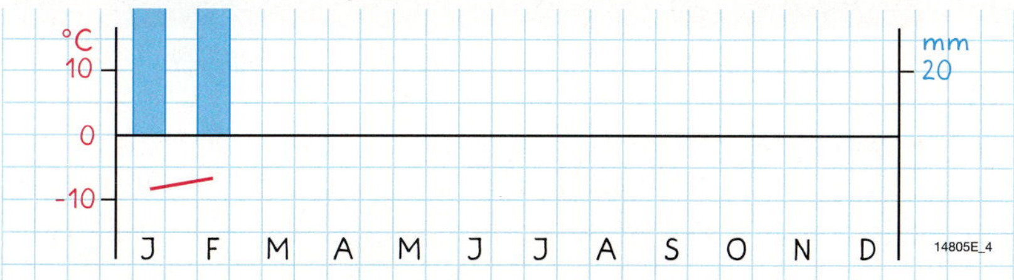

7. Schritt: Eintragen der Stationsangaben
Trage oben links den Namen des Ortes sowie die Höhenangabe ein.

1 Zeichne das Klimadiagramm von Hannover (M1).

2 a) Zeichne das Klimadiagramm von Timbuktu und Nuuk (M1).
b) Vergleiche die beiden Klimadiagramme.

Die Vielfalt des Wetters

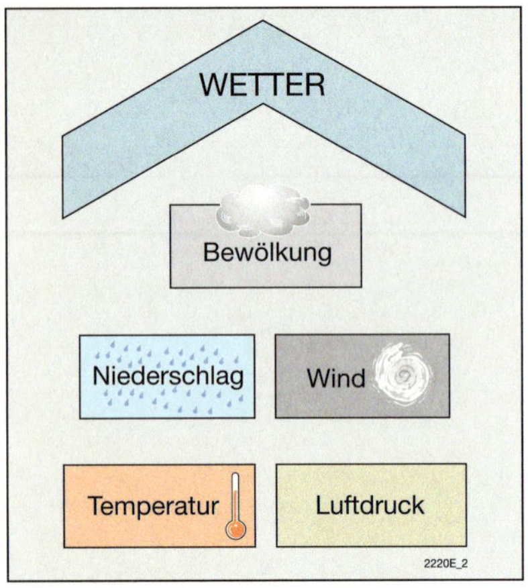

M1 *Bausteine des Wetters*

Was ist Wetter eigentlich?

Wir empfinden die Wärme oder die Kälte, wir spüren den Regen oder die Trockenheit, wir fühlen den Wind oder die Windstille, wir sehen die Sonne oder die Wolken. Wir bemerken häufig nur einzelne Wettererscheinungen, die für uns in einem Augenblick gerade wichtig sind:

„Kriegen wir heute hitzefrei?"
„Alles grau in grau heute!"
„Bei dem Regen gehe ich nicht raus!"
„Meine Ohren sind zu!"
„Man weht ja weg bei dem Sturm!"

Das Wetter bilden jedoch fünf Wettererscheinungen zusammen. Man spricht deshalb auch von „fünf Bausteinen" des Wetters.

M2 *Die Energie der Sonne ist die Antriebskraft für das Wetter.*

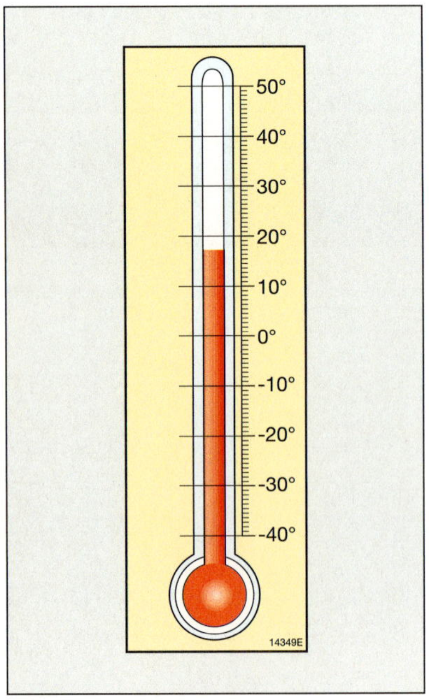

M3 *Ein Thermometer*

Die Temperatur

Wenn wir von Temperatur sprechen, meinen wir beim Wetter die Temperatur der Luft. Wetter- und Klimakundler (Meteorologen) messen die Lufttemperatur im Schatten in einer Höhe von ca. zwei Metern über dem Boden.

Das Messinstrument für die Temperatur ist das Thermometer; du kennst es wahrscheinlich schon lange. Es gibt in Grad Celsius (°C) an, wie warm oder wie kalt die Luft ist, die uns umgibt. (Zum Beispiel 3 °C: Die Luft hat eine Temperatur von 3 Grad Celsius. Es ist recht kühl.)

Die Bewölkung

Aus Wasserpfützen, Seen, Flüssen und Meeren verdunstet ständig Wasser. Warme Luft steigt nach oben und nimmt dabei die unsichtbaren Wasserteilchen mit. Auf dem Weg in die höheren Luftschichten kühlt die Luft ab.

Bestimmt hast du schon einmal beobachtet, wie der Badezimmerspiegel beschlägt, wenn sich heißer Wasserdampf am Spiegel abkühlt. Genau so bilden sich in den kalten Luftschichten aus den unsichtbaren Wasserteilchen kleine Wassertröpfchen und es entstehen Wolken. Diesen Vorgang nennt man Kondensation oder Verdichtung. In den Wolken vergrößern sich die Wassertropfen und werden schwerer. Schließlich sind sie so schwer, dass sie zur Erde herabfallen. Es regnet!

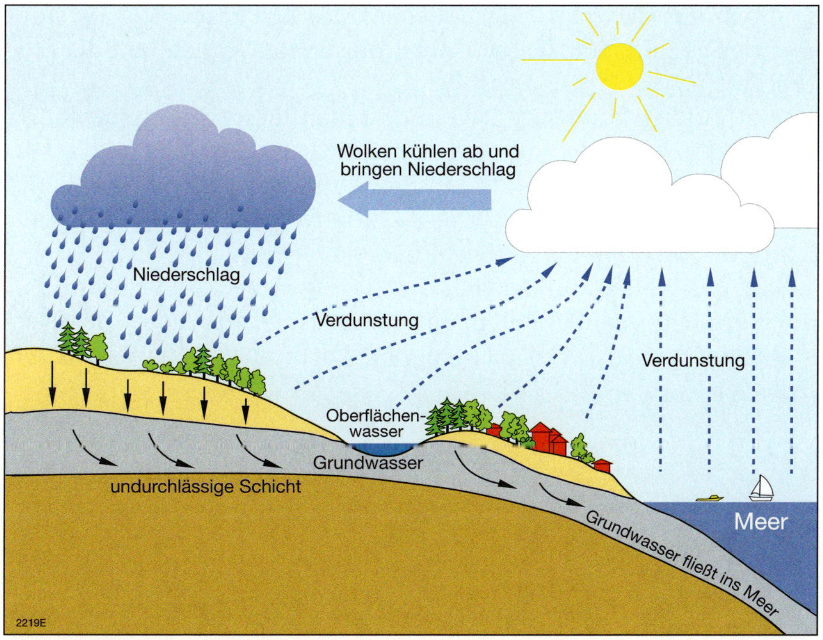

M4 *Der Kreislauf des Wassers*

M5 *Haufenwolken – Das Wetter bleibt schön.*

M6 *Schäfchenwolken – Schlechtes Wetter zieht auf.*

M7 *Schichtwolken – Es bleibt regnerisch.*

1 Zu jedem Wetterbaustein (M1) wird im Text eine Aussage gemacht. Ordne die Aussagen den fünf Bausteinen zu.

2 a) Messt die Temperaturen auf dem Schulhof über mehrere Tage hinweg immer zur gleichen Zeit und schreibt sie auf.
b) Zeichnet anhand eurer Messwerte ein Diagramm mit einer Temperaturkurve.

3 Fotografiere Wolken am Himmel und beobachte, wie sich das Wetter entwickelt. Schreibe deine Beobachtungen auf und klebe die Fotos dazu.

4 Erkläre die Darstellung „Der Kreislauf des Wassers". Beginne mit der Verdunstung (M4).

Die Vielfalt des Wetters

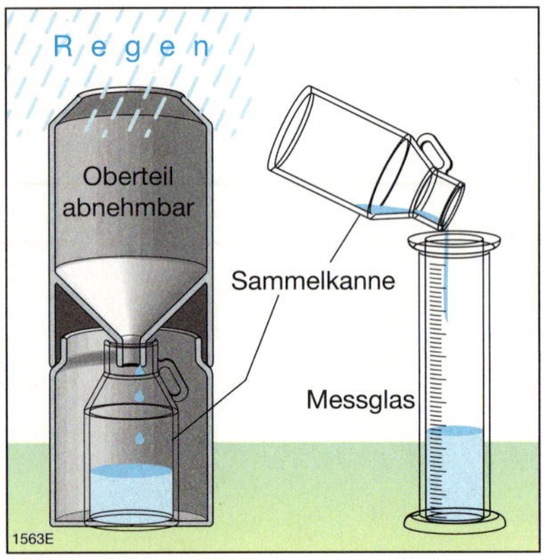

M1 *Niederschlagsmessgerät*

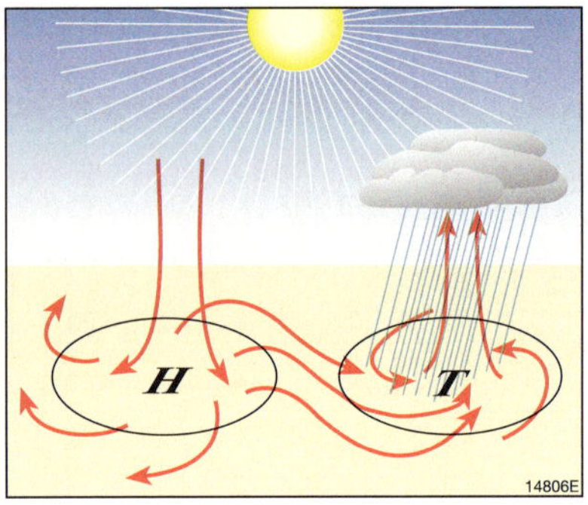

M2 *Luftbewegung vom Hoch zum Tief*

Der Niederschlag

Es gibt verschiedene Arten von Niederschlägen wie zum Beispiel Regen, Nebel, Tau, Raureif, Schnee und Hagel.

Die Höhe der Niederschläge wird auf folgende Weise gemessen: Man fängt in einem Gefäß, dem Regenmesser, die Niederschläge eines Tages auf und misst ihre Höhe in Millimeter. Dieser Wert wird abgelesen und notiert. Der Regenmesser wird jeden Tag zur gleichen Zeit ausgewertet und geleert.

Der Luftdruck

Unsere Erde wird von einer Lufthülle, der Atmosphäre, umschlossen. Die Luft ist ein unsichtbares Gas und besteht aus unzähligen, winzig kleinen Teilchen. Diese sind zwar unsichtbar, haben aber dennoch ein Gewicht. Über jedem Punkt der Erdoberfläche steht eine riesige Luftsäule. Diese drückt mit ihrem Gewicht auf die Erdoberfläche.

Der Luftdruck auf der Erde ändert sich laufend. Es gibt hohen Luftdruck (Hoch: H) und niedrigen Luftdruck (Tief: T). Zwischen diesen Gebieten findet eine Luftbewegung statt. Die Luft „fließt" immer vom Hoch zum Tief. Diese Luftbewegung nennt man Wind. Luftdruck wird mit einem Barometer gemessen.

Schönes Wetter kündigt sich durch steigenden Luftdruck an: Ein Hoch erreicht uns. Bei fallendem Luftdruck gibt es eine Wetterverschlechterung: Ein Tief zieht heran. Es bringt häufig Regen mit sich.

M3 *Hochdruckwetter*

M4 *Tiefdruckwetter*

1. Benenne die Niederschlagsarten (Text).
2. Messt die Höhe der Niederschläge über mehrere Tage hinweg immer zur gleichen Zeit.
3. Erkläre, wie der Wind entsteht.

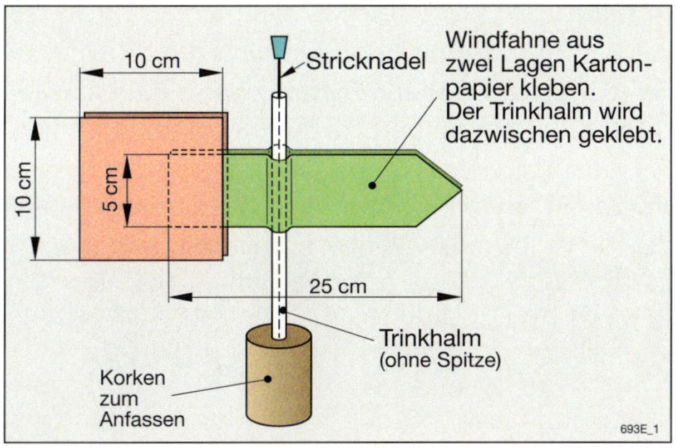

M5 *Eine Windfahne basteln*

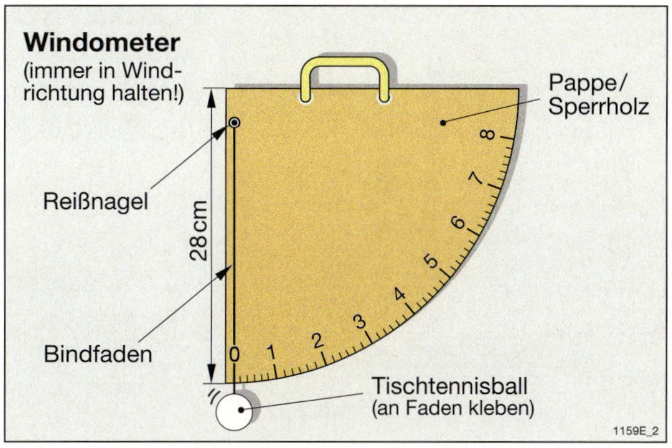

M6 *Ein Windometer basteln*

Der Wind

Luftbewegungen in der Atmosphäre machen sich bei uns auf der Erde als Wind bemerkbar. Der Wind hat seinen Namen nach der Richtung, aus der er kommt: Ein Westwind kommt aus Westen, ein Südwestwind weht aus Südwesten.

Mit einer Windfahne kann die Windrichtung bestimmt werden. Sie kann leicht gebaut werden, muss aber auf einem freien Platz stehen, weil Bäume oder Häuser die Windrichtung verändern.

Außer der Windrichtung interessiert auch die Windstärke. Die Meteorologen geben die Windstärke in Zahlen von 0 (Windstille) bis 17 (Orkan) an. Man kann die Windstärken von 0 bis 8 mit einem selbst gebastelten „Windometer" messen.

Windstärke	Bezeichnung	Auswirkungen
0	Windstille	Rauch steigt senkrecht auf
1–2	Zug	Blätter bewegen sich
3–4	Brise	Zweige bewegen sich
5–6	Wind	Äste bewegen sich
7–8	stürmischer Wind	Bäume werden gebogen
9–10	Sturm	Bäume werden entwurzelt
11–17	Orkan	Verwüstungen

M7 *Tabelle zu Windstärken*

M8 *Windstärken*

4 Bei uns weht der Wind meistens aus Westen. Überprüfe diese Behauptung mithilfe einer Windfahne.

5 Bestimme den Standort auf dem Schulgelände an dem der Wind am stärksten weht. Miss dort die Windstärke.

Hast du den Durchblick?

1 Eiskaltes Silbenrätsel

Auf den Decken der Schlittenhunde befinden sich die Silben von sechs Begriffen, die alle mit den Polargebieten zu tun haben. Welche Begriffe gesucht sind, steht auf dem Schlitten.

2 Nordpolargebiet-Rätsel

In diesen Buchstaben ist mehr versteckt, als man ahnt. Insgesamt 20 verschiedene Begriffe, die alle etwas mit dem Nordpolargebiet zu tun haben, lassen sich entdecken. Sie sind entweder von oben nach unten oder von links nach rechts geschrieben.

I	P	O	L	A	R	N	A	C	H	T	K	1
N	X	V	U	S	A	L	A	S	K	A	L	2
U	E	W	M	T	R	Q	P	C	O	N	M	3
I	I	T	U	D	B	C	D	H	R	E	N	4
T	S	R	N	O	R	G	H	L	E	G	N	5
P	B	A	I	R	O	N	A	I	G	L	U	6
A	Ä	N	T	S	B	A	R	T	G	H	U	7
C	R	O	I	C	B	F	P	T	R	I	K	8
K	E	P	O	H	E	L	U	E	Ö	K	E	9
E	N	R	N	S	Z	A	N	N	N	L	S	10
I	K	A	J	A	K	W	E	X	L	M	K	11
S	T	U	P	O	L	A	R	T	A	G	I	12
F	I	S	C	H	F	A	N	G	N	A	M	13
V	T	R	E	I	B	E	I	S	D	B	O	14
A	B	C	D	E	F	G	H	I	J	K	L	

3 Silbenrätsel aus der Wüste

Auf den Decken der Kamele findest du die Silben von sechs Wörtern aus dem Themenbereich Wüste. Was gesucht ist, steht auf der Düne.

1. Größte Wüste der Erde
2. Wasserstelle in der Wüste
3. Nomadenstamm in der Sahara
4. „Behausung“ der Wüstenbewohner
5. Beruf von Tatrits Bruder
6. Meist verbreitete Wüstenart

4 Auch für Polar- und Wüstenfüchse schwer zu knacken!

Übertrage das Rätsel auf ein Rechenblatt oder lege Transparentpapier auf diese Seite. Im roten Rahmen findest du das Lösungswort.

ä = ae
ö = oe

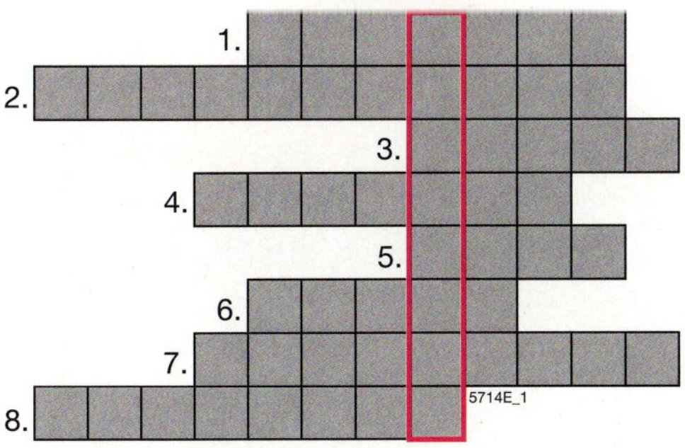

1. Schlittenhunde der Inuit
2. Oasenpflanze
3. Tier, das die Inuit jagen
4. Tier der Arktis mit weißem Pelz
5. Trockental in der Wüste
6. Gebirge in Nordafrika
7. Größte Insel der Erde
8. Vögel der Antarktis

5 Wüsten oder Polargebiete?

Sortiere die folgenden Begriffe unter den Überschriften „Wüsten“ und „Polargebiete“:

Oase, Kamel, Schwertwal, Inuit, Kajak, Grundwasseroase, Iglu, Dattelpalme, Sahara, Karawane, Antarktis, Nordpol, Grönland, Robben, Bewässerung, Pinguine, Treibeis, Datteln

Grundbegriffe

Arktis
Antarktis
Bevölkerung
Felswüste
Inuit
Kieswüste
Klimadiagramm
Luftdruck
Niederschlag
Nomaden
Oase
Polartag
Polarnacht
Sandwüste
Selbstversorger
Stockwerk-Anbau
Temperatur
Wadi
Wetter
Wind
Wüste

Minilexikon

Ackerbau und Viehzucht (S. 33)
Mit dem Anbau von Pflanzen und der Zucht von Tieren ergänzten die jungsteinzeitlichen Menschen ihre Nahrung. Obwohl sie weiterhin jagten und sammelten, mussten sie nicht länger den Tierherden hinterher ziehen und konnten dauerhaft an einem Ort bleiben.

Alpenvorland (S. 212)
Großlandschaft in Deutschland. Sie nimmt den Raum südlich der Mittelgebirge bis zu den Alpen ein. Das Alpenvorland ist leicht hügelig. Es steigt von 300 m südlich der Donau auf 800 m am Alpenrand an.

Altmensch (S. 23)
Die Altmenschen, z. B. die Neandertaler, lebten vor etwa 250 000 Jahren in Europa. Sie wurden bis zu 1,60 m groß und hatten eine gedrungene Gestalt. Ihr Gehirn war größer als das der Frühmenschen und auch ihre Fähigkeit zu denken war weiter entwickelt.

Altsteinzeit (S. 24, 26, 55)
Die Altsteinzeit ist der früheste und längste Abschnitt der Steinzeit. Sie begann vor etwa drei Millionen Jahren und dauerte bis etwa 10 000 v. Chr. Es handelt sich um die Epoche, in der die Menschen als Jäger und Sammler lebten.

Antike (S. 11)
Als Antike bezeichnet man die Zeit der griechisch-römischen Kultur. Zur Zeit der Antike wurden die Grundlagen für die heutigen Demokratien geschaffen. Sie reichte von 500 v. Chr. bis 500 n. Chr. Die Antike bildet zusammen mit dem Christentum die Grundlage der europäischen Kultur.

Äquator (S. 240)
Der Äquator ist eine gezeichnete Linie auf Karten und Globen, die die Erde in eine Nord- und Südhalbkugel teilt. Er ist etwa 40 077 km lang und der längste Breitengrad (Breitenkreis).

Arbeitsteilung (S.51)
Als Arbeitsteilung bezeichnet man die Aufgliederung unterschiedlicher Arbeiten und ihre Verteilung auf verschiedene Berufe. Sie setzt am Ende der Jungsteinzeit ein und bildet die Voraussetzungen zur Entstehung von Hochkulturen.

Artesischer Brunnen (S. 264)
Ein artesischer Brunnen ist eine künstlich geschaffene Quelle, bei der das Wasser infolge Überdrucks selbstständig aufsteigt. Voraussetzung ist, dass sich das Grundwasser zwischen zwei undurchlässigen Schichten sammelt und an einer Stelle angebohrt wird, die tiefer als der Zufluss liegt.

Bevölkerungsdichte (S. 225)
Die Bevölkerungsdichte ist davon abhängig, wie viele Menschen auf einer bestimmten Fläche leben. Je mehr Menschen in einem Gebiet leben, desto höher ist die Bevölkerungsdichte. Das heißt, desto dichter leben die Menschen beisammen.

Bildquelle (S. 15)
Unter Bildquellen versteht man bildliche Überlieferungen der Vergangenheit. Sie können sehr unterschiedlich sein und bis weit in die Menschheitsgeschichte zurückreichen. Dazu zählen Höhlenmalereien, Fotos, Karten, Gemälde, Dias, Vasenmalereien, Karikaturen und anderes.

Börde (S. 181)
Eine Landschaft, in der die fruchtbarsten Böden Deutschlands zu finden sind. Anspruchsvolle Feldfrüchte wie Zuckerrüben und Weizen gedeihen dort besonders gut.

Botschaft (S. 222)
Vertretung eines Staates in einem anderen Staat. Die Botschaft wird von einem Botschafter geleitet, der im Gastland die Interessen seines Staates vertritt und zwischen beiden Staaten vermittelt.

Breitengrad (S. 246)
Breitengrade werden vom Äquator (0°) aus nach Norden und nach Süden bis 90° (Nordpol, Südpol) gezählt. Sie sind Kreise, die vom Äquator (längster Breitenkreis) nach Norden und Süden immer kürzer werden. Breitengrade verbinden die Punkte auf der Erde, die die gleiche geographische Breite haben. Breitengrade bezeichnet man je nach Lage nördlich des Äquators mit n. B. (nördliche Breite) und südlich des Äquators mit s. B. (südliche Breite).

Bronze (S. 38)
Sammelbezeichnung für alle Legierungen des Kupfers mit anderen Metallen.

Bürgerrecht (S. 113)
Wer das Bürgerrecht besitzt, kann an politischen Wahlen teilnehmen und auch selbst gewählt werden. Das Bürgerrecht besaßen im Mittelalter nur die freien Stadtbewohner.

City (S. 190)
Bezeichnung für die Innenstadt einer großen Stadt mit einem Geschäftsviertel. Hier gibt es vor allem Geschäfte und Büros und nur wenige Wohnungen. Das Bild bestimmen Kaufhäuser, Spezialgeschäfte, Banken und Versicherungen, Gaststätten, Kinos und Behörden.

Deich (S.180, 202)
Ein Deich ist ein künstlich aufgeschütteter Damm an einer Küste oder einem Flussufer. Er schützt das dahinter liegende Land vor Überschwemmungen.

Dreifelderwirtschaft (S.102, 106)
Die Dreifelderwirtschaft war ein landwirtschaftliches Anbausystem, das etwa 800 n. Chr. entstand. Bei diesem System wurden abwechselnd Sommer- und Wintergetreide angebaut. Ein Drittel der Anbaufläche wurde um den Boden zu schonen, ungenutzt liegen gelassen. Dieses System wurde bis zum 18. Jahrhundert angewandt.

Eisen (S. 38, 150)
Gräuliches bis schwarzes, glänzendes, stark dehnbares Metall.

Eiszeit (S. 24, 32, 182, 215)
In den letzten 800 Millionen Jahren kam es auf der Erde zu mehreren stärkeren Abkühlungsphasen, sogenannten Eis- oder Kaltzeiten. Die letzte große Vereisungsphase begann vor rund zwei Millionen Jahren und endete vor etwa 10 000 Jahren. Die Natur wurde durch diese Katastrophen sehr rasch in weiten Bereichen umfassend und nachhaltig verändert. Die Zeiträume zwischen den Eiszeiten nennt man Warmzeiten. Wir leben heute in einer Warmzeit.

Epoche (S. 11, 124)
Mit Epoche meint man einen bestimmten Zeitraum. In der Geschichte ist dieser Zeitraum meistens durch ein herausragendes Ereignis oder eine Person gekennzeichnet.

Erdachse (S. 240, 254)
Darunter versteht man die gedachte Verbindungslinie zwischen Nordpol und Südpol.

Erdrotation (S. 241)
Innerhalb von 24 Stunden dreht sich die Erde einmal um ihre eigene Achse. Durch diese Drehung entstehen im Wechsel Tag und Nacht.

Erholungsgebiet (S. 190)
Für Freizeit, Erholung und Sport dienen die Erholungsgebiete einer Stadt, wie z. B. Wälder, Seen, Parks, Schwimmbäder und Sportplätze.

Felswüste (S. 262)
Wüstenart, in der die Landschaft von kantigen Steinen übersät ist, aus denen einzelne Berge herausragen. Durch die Gegensätze der Temperaturen zwischen Tag und Nacht zerbrechen selbst riesige Felsbrocken.

Flussoase (S. 46, 264)
Eine Flussoase wird durch einen Fluss mit Wasser versorgt, obwohl sie in einer Wüste liegt, wo es sehr trocken ist. Durch den Fluss werden die Felder mit Wasser versorgt und so kann dort Obst oder Getreide angebaut werden.

Freilandhaltung (S. 187)
Bei dieser Art der Haltung leben die Hennen sowohl in Ställen, als auch im Freien. Die Fütterung erfolgt automatisch. Durch Kälte oder Schmutz sind sie anfälliger für Krankheiten.

Frühgeschichte (S. 11)
Die Frühgeschichte ist die zweitälteste Epoche der Menschheitsgeschichte. Sie begann vor etwa einer Million Jahren. In ihr entstanden die ersten Hochkulturen, die eigene Schriftzeugnisse, Münzen und Ortsnamen entwickelten.

Frühmensch (S. 23, 27)
Die Frühmenschen lebten etwa 2 500 000 v. Chr. in Gruppen und konnten bereits aufrecht gehen. Sie haben sich aus den Vormenschen entwickelt.

Geest (S. 180)
Flache bis leicht hügelige Landschaft in Nordwestdeutschland (z. B. Niedersachsen). Sie hat sandige Böden, Moore und manchmal feuchte Niederungen.

Gewerbegebiet (S.190)
Liegen mehrere Gewerbebetriebe (z. B. Handwerksbetriebe, Möbelhäuser, Autohäuser und Lagerhallen) auf einer größeren

Fläche zusammen, spricht man von einem Gewerbegebiet.

Gezeiten (Tiden) (S. 200, 206)
Bezeichnet das regelmäßige Heben und Senken des Meeresspiegels an der Küste. Das Ansteigen des Wassers wird als Flut, das Sinken als Ebbe bezeichnet.

glaziale Serie (S. 183)
Bezeichnet die Landschaftsformen, die in einer bestimmten Reihenfolge durch das Vorstoßen von Gletschern entstanden sind: Grundmoräne, Endmoräne, Sander und Urstromtal.

Gletscher (S. 182, 214)
Gletscher sind Eismassen, die bei niedrigen Temperaturen entstehen. Das ist in den Polargebieten (Arktis und Antarktis) sowie in den Hochgebirgen der Fall. Hier bildet sich der gefallene Schnee zu Gletschereis um. In früheren Zeitabschnitten der Erdgeschichte, in den Eiszeiten, gab es auch Gletscher in Norddeutschland.

Globus (S. 240)
Bezeichnung für das stark verkleinerte Abbild der ungefähr kugelförmigen Erde. Auf einem Globus können (im Gegensatz zur Karte) Längen und Flächen ohne Verzerrungen wiedergegeben werden.

Grundwasseroase (S. 264)
Hier wird vorhandenes Grundwasser in Brunnen an die Oberfläche gefördert und zur Bewässerung der Felder verwendet.

Grünlandwirtschaft (S. 217)
Bei dieser Art der Landwirtschaft werden vorwiegend Wiesen und Weiden genutzt. Auf Weiden grasen Rinder und Milchkühe. Wiesen werden gemäht, das Gras dient als Viehfutter. Es wird getrocknet und im Winter als Heu verfüttert.

Gülle (S. 103)
Gülle ist Flüssigmist, ein Gemisch aus Kot und Urin. Es entsteht dort, wo Vieh ohne Einstreu aufgestallt wird und daher kein Stallmist anfällt, z. B. bei reinen Weidewirtschaften. Gülle ist ein nährstoffreicher Dünger.

Hauptstadt (S. 134, 220, 227)
In der Hauptstadt eines Staates haben meist die Regierung und das Parlament ihren Sitz oder ein Herrscher (in der Geschichte waren dies z. B. ein Pharao oder König). Die Hauptstadt ist in der Regel auch das kulturelle und wirtschaftliche Zentrum eines Landes.

Hochgebirge (S. 212, 226)
Im Gegensatz zu den Mittelgebirgen haben Hochgebirge hohe Felswände, steil aufragende Gipfel und tiefe Täler. Auf den höchsten Erhebungen liegen auch im Sommer Eis und Schnee (z. B. auf der Zugspitze in den deutschen Alpen).

Huerta (S. 231)
Huerta bedeutet Garten und bezeichnet in Süd- und Ostspanien ein Gebiet in der Nähe einer Stadt, das von Kanälen bewässert wird, um intensive Landwirtschaft zu betreiben.

Industriegebiet (S. 190)
Gebiet, das meist am Rand einer Stadt liegt. Entweder ist dort ein großer Industriebetrieb (Werk, in dem mithilfe von Maschinen etwas hergestellt wird) oder es sind mehrere kleinere. Von dort aus bestehen gute Verkehrsverbindungen zu anderen Räumen.

Jäger und Sammler (S. 24)
Die Menschen in der Altsteinzeit ernährten sich von den Dingen die sie in der Natur fanden. Sie sammelten Pflanzen, Pilze, Kleintiere und vieles mehr. Außerdem folgten sie den Tieren, um sie zu erjagen. Die Beutetiere wurden bis zur letzten Faser verarbeitet. Um genügend Nahrung zu finden, zogen sie viel umher.

Jetztmensch (S. 23)
Die Jetztmenschen lebten vor etwa 100 000 Jahren in Afrika, ihr Körperbau entspricht dem der heutigen Menschen. Man nennt sie daher Jetztmenschen. Sie wanderten von Ostafrika in andere Gebiete der Erde. Seit etwa 40 000 Jahren sind die Jetztmenschen auch in Europa nachweisbar.

Jungsteinzeit (S. 33, 34, 55)
Der zweite Abschnitt der Steinzeit heißt Jungsteinzeit. Er dauerte etwa von 10 000 bis 2500 v. Chr. In der Jungsteinzeit lebten die Menschen bereits von Ackerbau und Viehzucht und wohnten in Siedlungen.

Käfighaltung (S.187)
In der Käfighaltung leben viele Hennen auf sehr engem Raum zusammen. Die Versorgung, als

auch die Beseitigung von Kot und Abfällen erfolgt automatisch. Dadurch sind sie weniger anfällig für Krankheiten.

Kaiserzeit (S. 80)
Der höchste weltliche Herrscher in einem Land, der alleine und ohne Einfluss des Volkes regiert, ist der Kaiser. Mit dem Jahr 27 v. Chr. beginnt in Rom die Zeit der Kaiser. Seit dem Sieg des Christentums verstanden sich die römischen Kaiser als Weltherrscher, die im Auftrag Gottes regierten.

Kieswüste (S. 262)
Wüstenart, in der die Landschaft von kleinen Steinen (Kies) übersät ist.

Knecht (S. 96)
Alte Bezeichnung für den männlichen landwirtschaftlichen Lohnarbeiter (heute: Landarbeiter).

Kompass (S. 126, 162)
Instrument zur Bestimmung der Himmelsrichtung. Die Kompassnadel richtet sich immer nach Norden. Mit Hilfe der unter der Kompassnadel befindlichen Windrose, kann man auch die übrigen Himmelsrichtungen ablesen.

Kontinent (S. 224, 244)
Bezeichnung für eine große Landmasse. Es gibt auf der Erde sieben Kontinente: Europa, Asien, Afrika, Nordamerika, Südamerika, Australien und die Antarktis.

Kupfer (S. 38)
Hellrotes, zähes, dehnbares, ziemlich weiches Metall.

Landeshauptstadt (S. 190)
In einer deutschen Landeshauptstadt haben die Regierung und das Parlament eines Bundeslandes ihren Sitz. Die Landeshauptstädte sind meist auch die größten Städte und wirtschaftliche und kulturelle Zentren der deutschen Bundesländer.

Längengrad (S. 246)
Teil des Gradnetzes der Erde. Längengrade werden auch Meridiane genannt. Sie verlaufen als Halbkreise in Nord-Süd-Richtung vom Nordpol zum Südpol und schneiden die Breitenkreise im rechten Winkel. Durch Greenwich (Stadtteil von London) verläuft der Nullmeridian. Er teilt die Erde in eine westliche und östliche Hälfte. Längengrade werden jeweils von 0° bis 180° nach Westen und Osten gezählt.

Legende (S. 165, 171, 218)
Die Legende ist die Zeichenerklärung einer Karte. Alle Farben und Signaturen (Kartenzeichen), die in der Karte verwendet werden, sind hier erklärt.

Marsch (S. 180)
Flaches Land an der Küste, das durch die Anschwemmung von Schlick entsteht. Voraussetzung für die Entstehung von Marschen sind die Gezeiten.

Maßstab (S. S. 172)
Der Maßstab einer Karte gibt an, in welchem Verhältnis die Karte gegenüber der Wirklichkeit verkleinert ist. So bedeutet der Maßstab 1:100 000, dass 1 cm auf der Karte 100 000 cm (1 km) in der Wirklichkeit ist.

Maßstabsleiste (S. 172, 218)
Viele Karten enthalten eine Maßstabsleiste. Mit ihrer Hilfe kann man Entfernungen zwischen zwei Punkten auf der Karte ohne Umrechnen direkt mit dem Lineal abmessen.

Metallzeit (S. 41)
Zusammenfassende Bezeichnung für die Epochen Kupferzeit, Bronzezeit und Eisenzeit.

Mittelalter (S. 11, 96, 127 216)
Das Mittelalter bezeichnet den Zeitraum zwischen der Antike und der Neuzeit. Die Epoche begann ungefähr mit dem Zerfall des Römischen Reiches um 500 n. Chr. und dauerte etwa bis 1500 n. Chr.

Mittelgebirge (S. 181, 212, 226)
Ein in großen Teilen bewaldeter Gebirgszug mit zumeist gerundeten Oberflächenformen. Steile Gipfel und hohe Felswände sind selten. Die höchsten Mittelgebirge in Deutschland erreichen 1500 Meter.

Nahraum (S. 170)
Der Nahraum ist die nähere Umgebung der Wohnung. Hier arbeiten Menschen, gehen zur Schule, erholen sich und verbringen ihre Freizeit. Zum Nahraum gehören die Landschaft, sowie alle sich in ihr befindenden Gebäude und Einrichtungen.

Nationalpark (S. 207)
Nationalparks sind große Gebiete mit besonders schönen oder seltenen Naturlandschaften. Es gelten Schutzbestimmungen, um die hier lebenden Tiere und Pflanzen in

ihren Lebensräumen zu erhalten.

Neandertaler (S. 23)
Der Neandertaler zählt zu den Altmenschen und tritt mit ersten Vorläufern vermutlich vor 250 000 Jahren auf. Besondere Kennzeichen sind ein robuster Körperbau, eine fliehende Stirn, kräftige Überaugenwülste sowie ein weit nach vorn gerücktes Gebiss. Die Gründe für sein Aussterben vor etwa 27 000 Jahren sind noch nicht geklärt.

Neuzeit (S. 11)
Die Neuzeit ist die geschichtliche Epoche, die nach dem Mittelalter beginnt. Sie bezeichnet den Zeitraum, der etwa 1500 n. Chr. beginnt und sich bis zur Gegenwart erstreckt. Es ist eine Zeit, in der viele neue Dinge (Buchdruck, Dampfmaschinen u. a.) entwickelt wurden.

Norddeutsches Tiefland (S.181, 212, 214)
Tief gelegene Großlandschaft im Norden Deutschlands mit geringen Höhenunterschieden. Es erstreckt sich von der Küste bis an den Rand der deutschen Mittelgebirge.

Nordhalbkugel (S. 240, 246)
Die Nordhalbkugel ist der Teil der Erde, der nördlich des Äquators liegt.

Nutzungskonflikt (S. 206)
Die unterschiedliche Nutzung eines Gebietes kann zu Problemen und Auseinandersetzungen zwischen den Beteiligten führen. Dann spricht man von einem Nutzungskonflikt.

Oase (S. 263)
Eine vom Menschen landwirtschaftlich genutzte Fläche in der Wüste. Wegen des vorhandenen Grund- oder Flusswassers ist der Anbau von Feldfrüchten (z. B. Getreide, Obst, Gemüse) möglich. Oasenbewohner sind meistens Bauern, die zusätzlich auch Vieh halten.

Ozean (S. 198, 201, 244)
Die einzelnen, durch Kontinente voneinander getrennten Teile des Weltmeeres werden als Ozeane bezeichnet. Es gibt drei Ozeane: den Atlantischen Ozean (Atlantik), den Pazifischen Ozean (Pazifik) und den Indischen Ozean (Indik). Auch die gesamte Wassermasse des Meeres wird Ozean genannt.

physische Karte (S. 175)
Die physische Karte stellt natürliche Gegebenheiten der Erdoberfläche dar, wie z. B. Landhöhen (Farbgebung in Grün, Gelb und Braun), Höhenangaben und Gewässer. Sie enthält auch Orte, Verkehrslinien, Grenzen sowie Einzelzeichen (Kirche, Schloss, Flughafen usw.).

Planquadrat (S. 164, 198)
Ein Gitternetz aus waagerechten und senkrechten Linien lässt auf Karten Planquadrate entstehen. Sie werden mit einer Kombination aus einem Buchstaben und einer Zahl bezeichnet, z. B. E 8.

Sachquelle (S. 15)
Je weiter man in der Geschichte zurückgeht, desto schwieriger wird es, schriftliche Quellen zu finden, die Hinweise geben können. Dann wird auf Gegenstände wie Knochen und Kleidung oder Münzen zurückgegriffen, um Beweise für Theorien zu finden. Diese Materialien nennt man Sachquellen.

Sandwüste (S. 262)
Wüstenart, in der die Landschaft mit Sand bedeckt ist, der zum Teil zu hohen Dünen aufgetürmt ist.

Selbstversorger (S. 256)
So bezeichnet man Menschen, die fast alles, was sie zum Leben brauchen, selbst erzeugen. Sie jagen z. B. Wild, sammeln Beeren und Früchte, betreiben Ackerbau und Viehzucht und stellen die von ihnen benötigten Waren her.

Sklave (S. 60, 76, 88, 91, 146)
Der Sklave war frei verfügbares Eigentum seines Herren. Er konnte ihn verkaufen oder töten. Ein Sklave vererbte diesen Zustand auf seine Nachkommen weiter. Sklaverei war bei den Völkern des Altertums weit verbreitet.

Sturmflut (S. 202)
Eine Sturmflut ist eine Flut, die durch starke Winde (Stürme) höher an die Küste aufläuft als gewöhnlich. Bei Sturmflut können Schiffe und Hafenanlagen beschädigt und Teile von Inseln überflutet werden. Bei besonders schweren Sturmfluten können Deiche brechen. Dann wird das Hinterland überflutet.

Südhalbkugel (S. 240, 246)
Die Südhalbkugel ist der Teil der Erde, der südlich des Äquators liegt.

Textquelle (S. 15)
Als Textquellen bezeichnet man schriftliche Berichte, die den Menschen für ihre Forschungsarbeiten zur Verfügung stehen. Beispiele für diese Art von Quellen sind Handschriften, Gesetze, Urkunden oder Steintafeln.

thematische Karte (S. 175)
Dieser Kartentyp behandelt immer ein spezielles Thema. Fast alles, was räumlich verbreitet ist, lässt sich hier abbilden. So gibt es z. B. thematische Karten zur Verbreitung von Pflanzen oder zum Tourismus.

topografische Karte (S.175)
Sie zeigt Siedlungen, das Gewässer- und Verkehrsnetz und vor allem die Geländeformen und Höhen eines Raumes. Da diese Karte sehr genau ist, hat sie immer einen recht hohen Maßstab. Topografische Karten bilden die Grundlage für Radwander- und Straßenkarten oder andere thematische Karten.

Treibhausgas (S.169)
Treibhausgase sind Gase in unserer Luft. Sie sorgen dafür, dass auf der Erde eine Durchschnittstemperatur von ca. +15 °C herrscht. Gelangen jedoch zu viele Treibhausgase in die Luft, erwärmt sich die Erde zu stark.

Vorgeschichte (S. 11)
Die Zeit bis zur Überlieferung von schriftlichen Aufzeichnungen nennen die Geschichtsforscher Vorgeschichte (oder auch Urgeschichte). In Ägypten wurde die Schrift um 3000 v. Chr. erfunden. Dort endet zu dieser Zeit die Vorgeschichte.

Vormensch (S. 22)
Als Vormenschen werden menschenähnliche Wesen bezeichnet. Sie haben vor etwa drei Millionen Jahren in Ostafrika gelebt. Sie waren etwa 1,10 m bis 1,49 m groß und gingen bereits aufrecht.

Vulkan (S. 215)
Ein Vulkan ist eine kegel- oder schildförmige Erhebung. Diese entsteht, weil an dieser Stelle geschmolzenes Gestein (Magma), Asche und Gesteinsbrocken aus dem Erdinneren austritt und sich um die Austrittstelle ablagert.

Watt, Wattenmeer (S. 203, 206)
Der flache Bereich der Nordsee zwischen Festland und den Friesischen Inseln wird Wattenmeer oder Watt genannt. Es wird bei Flut vom Meer überströmt und fällt bei Ebbe trocken. Bei jeder Flut bleiben im Wasser mitgeführte Schwebstoffe zurück und lagern sich auf dem Meeresboden ab.

Wohngebiet (S. 190)
Teil der Stadt, in der überwiegend Wohnhäuser stehen. Ältere Wohngebiete liegen in den Innenstädten, am Stadtrand liegen neuere mit Ein-, Zwei-, Reihen- oder Hochhäusern.

Zinn (S. 38, 148, 216)
Silberweißes, glänzendes, weiches und dehnbares Metall.

Zoll (S. 108)
Abgabe auf bestimmte Waren. Zölle sind heute ausschließlich Grenzzölle (Zollpflicht entsteht mit dem Grenzübertritt der Ware).

Textquellen

14, M3 Förderverein Hauptschule (Hg.): Festschrift 100 Jahre Siekerschule Bielefeld, 1991.

22, M2 Tattersall, Ian: Ein neues Modell der Homo-Evolution, in: Spektrum der Wissenschaft, Juni 1997.

26, M3 Förderverein Schöninger Speere - Erbe der Menschheit e.V. (Hg.): Förderverein Schöninger Speere - Erbe der Menschheit. Schöningen o. J., 1.

27, M5 Schnieper, Claudia, u.a.: Auf den Spuren des Menschen, Luzern 1999, 24.

41, M6 Landesamt für Bodendenkmalpflege und Archäologie Sachsen-Anhalt: http://www.lda-lsa.de/himmelsscheibe_von_nebra/forschung/naturwissenschaftliche_untersuchungen/rohstoffherkunft/ (Stand: 09.04.2008)

46, M1 Bielefeld, Volkmar (Hg.): Global 1, Frankfurt/ M. 1998, 193.

50, M1 Erman, Adolf: Ägypten und ägyptisches Leben im Altertum, Hildesheim 1981, 469.

52, M3 Geo Epoche: Im Reich der Pharaonen, 3/2000, 7.

53, M5 Nophret - die Schöne. Die Frau im Alten Ägypten, Mainz 1984, 90ff.

53, M7 Time life Bücher. Wie sie damals lebten - im Alten Ägypten, Amsterdam, 45.

53, M8 Nophret - die Schöne. Die Frau im Alten Ägypten, Mainz 1984, 12, 13, 44, 45.

60, M1 Deary, Terry/ Heppelwhite, Peter: Unverwüstlich, die Ägypter, Bindlach 1998, 111.

63, M6 Herodot, Historien, Buch 2, Kap. 86-88, nach der Übersetzung von Marg, Walter, Zürich/ München 1973, 164ff.

64, M1 zit. nach: Hornung, Erik: Das Totenbuch der Ägypter, Zürich 1990, 235, 247.

71, M4 Corbishley, Mike: Die Welt der Römer, Hamburg 1987, 17.

81, M4 Junckelmann, Marcus: Die Legionen des Augustus, Mainz 1986, 75.

81, M5 Lautemann, Wolfgang/ Schlenke, Manfred (Hg.): Geschichte in Quellen, Altertum, Bd. 1, München 1975, 31.

83, M2 Tacitus: Germania, übersetzt von Fuhrmann, Manfred, Stuttgart 1977.

85, M4 Tacitus über das Thing (Germania 11, stark gekürzt).

91, M3 Stephan - Kühn, Freya: Viel Spaß mit den Römern, Würzburg 1990, 68ff.

96, M2 Lautemann, Wolfgang/ Schlenke, Manfred (Hg.): Geschichte in Quellen, Mittelalter, München 1978, 711f.

96, M3 Schmid, Heinz-Dieter (Hg.): Fragen an die Geschichte, Bd.2, Frankfurt/M. 1981, 15.

97, M6 Koschorrek, Walter: Der Sachsenspiegel in Bildern, Frankfurt/M. 1976, 118f.

106, M2 http://www.benediktiner.de/regula/Benediktsregel_deutsch.pdf (Stand: 03.04.2008).

107, M4 Steidle, Basilius: Die Benediktusregel, Beuron 1963.

109, M1 De Buhr, Hermann: Sozialgefüge und Wirtschaft des Mittelalters, Frankfurt/M. 1973, 17.

112, M3 Möncke, Gisela: Quellen zur Wirtschaft- und Sozialgeschichte mittel- und süddeutscher Städte im Spätmittelalter, Darmstadt 1982, 49ff.

115, M4 Die Kölner Zunfturkunden, 1907, S.80ff. (vereinf.).

116, M1 Chroniken der deutschen Städte, Lübeck 2, nach: Geschichte in Quellen, Mittelalter, München 1978, 748ff. (gekürzt).

117, M5 Borck, Heinz-Günther: Quellen zur Geschichte der Stadt Hildesheim im Mittelalter, Hildesheim 1986. 76.

118, M2 Borck, Heinz-Günther: Quellen zur Geschichte der Stadt Hildesheim im Mittelalter, Hildesheim 1986, 68.

119, M4 Remling, Franz Xaver: Urkundenbuch zur Geschichte der Bischöfe von Speyer, Bd. 1, Aalen 1970, 57.

132, M1 Lautemann, Wolfgang/ Schlenke, Manfred (Hg.): Geschichte in Quellen, Bd.3, Renaissance - Glaubenskämpfe - Absolutismus, Bayerischer Schulbuchverlag, München, 3. Aufl. 1982, 44.

132, M4 Lautemann, Wolfgang/ Schlenke, Manfred (Hg.): Geschichte in Quellen, Bd.3, Renaissance - Glaubenskämpfe - Absolutismus, Bayerischer Schulbuchverlag, München 1966, 58ff.

133, M5 Lautemann, Wolfgang/ Schlenke, Manfred (Hg.): Geschichte in Quellen, Bd.3, Renaissance - Glaubenskämpfe - Absolutismus, Beyerischer Schulbuchverlag, München 1966, 69ff.

136, M3 Das Herz auf dem Opferstein. Aztekenhefte. Übertragen aus dem Aztekischen von Eduard Seler. Ausgewählt von Janheinz Jahn, Köln 1962.

137, M4 Codex florentinus; in: Léon-Portilla, Miguel (Hg.): Rückkehr der Götter. München 1995, 56.

140, M4 Frankfurter Rundschau vom 06.01.1986.

141, M3 a) Frankfurter Rundschau vom 13.06.2007.
b) Frankenpost vom 17.02.2007.

141, M4 a) http://reinhold-messner.de (Stand: 03.04.2008).
b) http://reinhold-messner.de (Stand: 03.04.2008).

148, M3 Kuhn, A. u.a. (Hg.): Frauen im Mittelalter Bd. 2, Düsseldorf 1984, 231ff.

150, M3 Kuczynski, J.: Geschichte des Alltags des deutschen Volkes, Bd. 2, Köln 1992, 219.

152, M2 http://www.viva.vita.bayerhealthcare.de/index.php?id=109&tx_ttnews%5Bpointer%5D=7&tx_ttnews%5Btt_news%5D=11839&tx_ttnews%5BbackPid%5D=109&cHash=9091a04758 (Stand: 03.04.2008).

153, M4 http://www.kidweb.de/kiko.htm#Artikel28 (Stand: 03.04.2008).

188, M3 Erfahrungsbericht von Melanie Eßer.

195, M5 Rau, Johannes: Ohne Angst und Träumereien: Gemeinsam in Deutschland leben. „Berlin Rede" am 12. Mai 2000, in: Presse- und Informationsamt der Bundesregierung (Hg.): überarb. Neudruck der Ausgabe Juni 2000, Bonn.

196, M1 nach: Amman, R. und v. Neumann-Cosel, B. (Hg.): Berlin - eine Stadt im Zeichen der Migration, Berlin 1997.

260, M2 nach: de Saint-Exupéry: Wind, Sand und Sterne, Karl Rauch Verlag, Düsseldorf, 29. Auflage 2006.

260, M3 Page, Jake: Wüsten, Time-Life, Amsterdam 1985.

Bildnachweis

A1PIX, Taufkirchen: 153 M6 (JPP), 180 M1 (SAT)
Ägyptisches Museum der Universität, Leipzig: 52 M2
akg-images, Berlin: 8 Mi.li. (W. Forman), 8 u.li., 9 Mi.re., 28 M3, 49 M3 (E. Lessing), 51 M4, 58 M1 (E. Lessing), 59 M1 (Bildarchiv Steffens), 71 M3, 73 M3, 83 M3, 109 M2 (J. Schilgen), 110 M2, 112 M4, 118 M3, 119 M5, 125 M2, 126 M2, 132 M2, 136 M2, 144/145 (E. Lessing), 146 M1 (P. Connolly), 147 M4 (E. Lessing), 148 M1 + M4, 150 M1 (M. Teller), 151 M5 (Bildarchiv Pisarek), 224 u.li. (E. Lessing), 246 M1
Alexander, B. + C., GB-Sturminster Newton: 259 M6
alimdi.net, München: 10 M4 (L. Pape), 274 M2 (F. Morin)
Andia, Pacé: 232 M1 (Bortoluzzi)
Archäologischer Museumspark Osnabrücker Land gGmbH, Bramsche-Kalkriese: 87 M1
Archäologisches Landesmuseum Schoss Gottorf, Schleswig: 38 M3
archivberlin: 217 M3 (Z. von Okolicsanyi)
Arco Images, Lünen: 24 M2 (NPL), 214 M2 (W. Rolfes)
argus, Hamburg: 197 M5 (M. Scholz)
Artemis u. Winkler Verlag, Düsseldorf und Zürich: 128 M2
Artothek, Weilheim: 114 M1 (J. Blauel)
Askani, B., Schwetzingen: 130 M1
ASTROFOTO, Söhrt: 236/237 (B. Koch), 237 u. (B. Koch)
Augst, H.-J., Kiel: 201 M5
aus: Weltatlas der Alten Kulturen – Ägypten, Christan Verlag, München 1980: 61 M1 (J.G. Wilkinson)
Ausländerbeirat, Osnabrück: 196 M3
Aventinum Verlag, Prag: 29 M4
Avenue Images, Hamburg: 226 M1 (Index Stock/C.J. Humphrey)

BASF, Ludwigshafen: 156 u.re.
Bayerisches Nationalmuseum, München: 116 M3
Bibliothéque Public, Dijon: 106 M1
Bildagentur Schapowalow, Hamburg: 232 M4 (Huber), 267 M7 (Doormann)
Bildagentur-online, Burgkunstadt: 230 M2
Bildarchiv Monheim, Krefeld: 10 M2 (A. Bednorz)
Bildarchiv Preußischer Kulturbesitz, Berlin: Titel links (Scala), 8 Mi.re., 9 u. re., 15 M9, 62 M1 (J. Liepe), 128 M1, 133 M6, 137 M5 + M6, 147 M5, 149 M6, 151 M6
Bilderberg, Hamburg: 21 M3 (Th. Ernsting), 23 M4 (Rekonstruktion W. Schnaubelt & N. Kieser/Wildlife Art/Hessisches Landesmuseum Darmstadt/GEO/Th. Ernsting), 157 Mi.li. (Kallay)
Biblioteca dell Archivo Gerneral de la Nacion, Mexiko D.F.: 136 M1
bildstelle, Hamburg: 252/253 F (REX FEATURES LTD.)
Biosphoto, Berlin: 157 o.re. (V. Koch)
Blase, D., Metelen: 214 M1
blickwinkel, Witten: 206 M1 (Hecker/Sauer), 217 M4 (McPHOTO)
Breinl, L., Reisbach: 21 M4
Bridgeman Art Library, London: 9 u.li. (Giraudon), 15 M7 (Kunsthistorisches Museum, Wien), 126 M1, 135 M3
British Library, London: 116 M2, 121 Mi. re.
British Museum, London: 54 M2, 64/65 M2, 74 M4, 77 M4, 95 o.
Brunnée Werbeagentur KG, Bremen: 183 M3

CARO, Berlin: 187 M4 (B. Goettlicher), 213 M3 (A. Riedmiller)
Clasen, Chr., Hamburg: 13 M1, 18 M1, 20 M1, 24 M1, 25 M3, 27 M4 + M6, 32 M1 + M2, 33 M3, 34/35 M1, 36 M3, 38 M2 + M4, 48 M2, 49 M2, 71 M5, 76 M1, 83 M3, 84 M1 + M2, 88 M1, 89 M1, 92 o., 93 Mi, 96 M1, 101, 113 M6, 120 u.re., 138 M1, 154, 155, 159 M1 + o., 163 M4, 166 M1, 176 o., 206 M2, 208 u., 209 o., 219 M1 – M3, 231 M4, 250 o. + u., 251 u.,
Comune di Roma: 72 M1
CORBIS, Düsseldorf: 210/211 (T. Van Sant/Geosphere), 269 M5 (W. Kaehler)
Cox, M., Abington: 58 M2

Das Fotoarchiv, Essen: 195 M3 (Riedmüller), 266 M3 (Lineair)
Das Luftbildarchiv, I. Dunse, Kasseburg: 204 M2, 212 M1, 223 M4 Mi., 235 b
ddp, Berlin: 37 M1 (M. Latz), 87 M3 (D. Hecker)
Demmrich, A., Berlin: 157 u.li.
Derichs, J.,Göttingen: 12 M1, M3 + M4
Deutsches Historisches Museum, Berlin: 151 M4
DLR, Pfaffenhofen: 156 Mi.re.
Doering, O., Düsseldorf: 152 M1
Druwe & Polastri, Weddel: 159 M2, 168 M1

Egbert, M., Ibbenbüren: 21 M5

F1 online, Frankfurt/M.: 44/45 (URF)
Feist, J., Pliezhausen: 28 M1
FOCUS, Hamburg: 157 u.re., 266 M2 (Manaud)
Förderverein Schöninger Speere – Erbe der Menschheit e.V., Stadt Schöningen/Niedersächsisches Landesamt für Denkmalpflege: 26 M2
Frey, P., F-Pernes: 157 o.li.
Gartung, W., Freiburg: 156 o.li., 267 M4 + M5
Gemeinnützige Stiftung L. von Matt, Buochs: 77 M2
Geoinformation © Bundesamt für Kartographie und Geodäsie (www.bkg.bund.de): 174 M1
Getty Images, München: 17 u. (National Geographic/K. Garrett)
Greiner + Meyer, Braunschweig: 156 Mi.li. (Schmidt), 242 M1 + M2 (Greiner)
Griese, D., Hannover: 229 M5

Hamburger Museum für Archäologie: 35 M2
Hayward Art Group: 79 M1
Heller, J., Wiesbaden: 259 M3
Hessisches Landes- und Hochschulbibliothek, Darmstadt: 119 M6
Hillbrecht, D., Hannover: 193 M3
Hirmer Verlag, München: 52 M4
Historisk-Arkaeological Forsøgscenter Medieværksted, Lejre: 85 M3
Hoffmann, F., Hamburg: 232 M2
Hoffmann-Burchardi, H., Düsseldorf: 262 M1 li.

ICO, Wuppertal: 240 M2
IFA Bilderteam, Ottobrunn: 180 M3 (Eich), 203 M4 (K.-H. Eckhardt), 213 M4 (Breig), 275 M5 (Nägele)
IMA e.V., Bonn: 156 o.re., 188 M1 + M2
Imago, Berlin: 8 u.li. (Zentrixx), 45 o. (Hohlfeld)

jump fotoagentur, Hamburg: 152 M3 (K. Vey)

Kesper, I., Salzkotten 111 M1, 134 M1
Key Porter Books Ltd., CDN-Toronto: 258 M2
Kirmes, U., Garbsen: 190 M3
Kirschen, G. Waldkirchen: 235 a
KNA-Bild, Bonn: 140 M1
Kohn, K.G., Braunschweig: 14 M2, 167 M9, 195 M4
Krügler, F., Hamburg: 275 M7

Landesamt für Denkmalpflege und Archäologie Sachsen-Anhalt, Halle: 41 M5 (J.Lipták)
Landesbildstelle Baden, Karlsruhe: 212 M2, 235 c
Landesmuseum für Vorgeschichte, Dresden: 15 M5, 26 M1 o.li.
Landesmuseum, Trier: 146 M3 (Thörnig)
Langner + Partner, Hannover: 113 M5, 202 M2
Lavendelfoto, Hamburg: 203 M3
Leinert-Pankratz, Wallenhorst: 197 M4
LGN – Landesvermessungs und Geobasisinformation Niedersachsen, Hannover: 160/161 (D13705 Digitales Orthophoto)

Bildnachweis

Liechtensteinisches Landesmuseum, Vaduz: 36 M1 o.
Liepe, J., Berlin: 56 M1
Lindner, Braunschweig: 130 M1 u.
LOKOMOTIV, Stadtlohn: 153 M5 (T. Willemsen)
Lönnen, ISO-Vimmer Finnland: 228 M3
LOOK-foto, München: 55 M2 (TerraVista), 183 M4 (K. Johaentges), 259 M5 (B. van Dierendonck)
Lotus-Film, E. Thiem, Kaufbeuren: 47 M4, 50 M2, 53 M9, 63 M4
Luftbild-Archiv Dr. Keil, Neckargemünd: 263 M2
LWL-Archäologie für Westfalen, Münster: 20 M2 (R. Klostermann)

Mader, F., Barsbüttel: 180 M2, 181 M4 + M5
Mahlburg, W., Hanau: 88 M2
mauritius-images, Mittenwald: 60 M3 (J. Beck), 157 Mi.re. (Vidler), 262 M1 Mi. + re. (Thonig), 268 M1 (R. Mayer)
Möller, R., Osnabrück: 100 M1 + M2
Mosler, A. M., Dortmund: 200 M4
Müller, B., Bartensleben: 70 M1
Müller, R., DK-Olstykke: 258 M1
Museum für Energiegeschichte(n), Hannover: 150 M2
Muuß, U., Altenholz: 203 M5

National Gallery of Scotland, Edinburgh: 149 M5
National Geographic: 16/17 (J. H.Matternes)
National Martime Museum, London: 131 M2
Nationalparkverwaltung Niedersächsisches Wattenmeer, Wilhelmshaven: 207 M4 + u.
Nature: 22 M1 (MPFT), 23 M5 (J.H. Matternes)
Naturkundemuseum, Leipzig: 26 M1 o. Mi.
Neanderthal Museum, Mettmann: 26 M1 o.re.
Nebel, J., Freiburg: 8 o.li.
Niedersächsisches Landesamt für Bodenforschung, Hannover: 183 M5 (H.-G. Röhling)
Niedersächsisches Landesmuseum, Hannover: 38 M1
NOVUM Fotoagentur, Hannover: 190 M2

Oberösterreichisches Landesmuseum, Linz: 114 M2 + 120 u.li. (F. Gangl)
Ohl, U., Heidelberg: 171 M2
OKAPIA KG, Frankfurt/M.: 232 M3 (W. Geiersperger)
Österreichische Nationalbibliothek, Wien: 99 M3, 120 o.li., 134 M2
Otto, W., Oberhausen: 10 M1, 55 M3

Pankratz, W., Wallenhorst: 30 M1 – M4, 31 M5 + M6
Pelizaeus Museum, Hildesheim: 53 M6
photoplexus, Bonn: 10 M3 (D. Bauer), 211 Mi. (D. Koelsche)
Picture Alliance, Frankfurt/M.: Titel rechts (Bildagentur Huber/Wrede), 8 o.re. (ZB/P. Endig), 9 Mi.li. (dpa/Barone), 37 M2 (OKAPIA/Hapo), 37 M3 (dpa)/F. May), 52 M1 (akg-images/E. Lessing), 57 M1 (Okapia/D. & S. Balfour), 58 M3 (akg-images/E. Lessing), 62 M2 (dpa/A.Kräuse), 63 M7 (dpa/K. Scholz), 68 Mi. (dpa/M. Gambarini), 80 M1 (akg-images/Hilbich), 86 M1 (ZB/M. Hanschke), 103 M1 (OKAPIA/L. M. Stone), 117 M6 (dpa/U. Gerig), 141 M3 (dpa/K. Nietfeld), 141 M4 (dpa/Opel), 187 M2 (dpa/R. Wittek), 187 M3 (dpa/Tierschutzreporter), 191 M4 (akg-images/R. Wulf), 193 M4 (dpa/P. Lux), 193 M5 (akg-images/M. Zapf), 209 u. (dpa/I. Wagner), 261 M5 (OKAPIA/J.-L. Klein & M.-L. Hubert), 268 M3 (dpa/Sofarn)
Plustech Oy, FIN-Tampere: 228 M4
Presse- und Informationdienst der Bundesregierung – Bundesbildstelle, Berlin: 223 M4 li. + re.
Pucciarelli: 74 M3

Richter, U., Malsch: 276 M3 + M4
Römisch-Germanische Kommission des Deutschen Archäologischen Instituts, Frankfurt/M.: 55 M1
Römisch-Germanisches Zentralmuseum, Mainz: 39 M7, 80 M2
Rosgartenmuseum, Konstanz: 26 M1 u.
Rothe, G., Braunschweig: 112 M2

Sajak, D., Hemmingen: 190 M1
Salzgitter AG: 179 Mi.
Sauerländer Verlag, Arau, 1995. Jörg Müller „Auf der Gasse und hinter dem Ofen. Eine Stadt im Mittelalter": 94/95
Scala, Florenz: 70 M2, 74 M1, 77 M3 (mit freundl. Genehmigung Ministerio Beni e. Att. Culturi), 122/123 (The Newark Museum/Art Resource)
Schlemmer, H., Berlin: 222 M2
Schmidt, W., Regensburg: 36 M2
Schmidt-Voigt, B., Hannover: 194 M2
Schönauer-Kornek, S., Wolfenbüttel: 278 o., 279 o.
Schulthess, E., CH-Forch: 254/255 M4
Seipelt, A., Vechelde:: 98 M2
Siekerschule, Bielefeld: 14 M4, 15 M10
Silis, J., DK-Qaquotoq: 253 o.
St. Nicolai, Lüneburg: 104 M1 (Lüdeking)
Staatlich Graphische Sammlung, München: 118 M1, 121 Mi.Mi.
Stadt Freiburg, Amt für Flurneuordnung: 215 M6
Stadtmuseum Berlin: 144 Mi. (Bartsch)
Studio X, F-Limours: 9 o.li., 40 M1, 266 M1 (Gamma)
Südtiroler Archäologiemuseum, Bozen, Italien (www.iceman.it): 40 M2 + M4

Theiss Verlag, Stuttgart: 83 M5
Thüringisches Landesamt für Denkmalpflege, Weimar: 26 M1 Mi.re.
Tieke, R., Aerzen: 140 M2
Tonn, D., Bovenden: 11 M6, 42/43 u., 57 u., 67 o. + u., 93 u., 121 u., 143 u.
topicMedia Service, Ottobrunn: 275 M6 (Albinger)
Tourismus Region Celle GmbH: 117 M4
Tourist-Information, Göttingen: 14 M1
Transglobe Agency, Hamburg: 267 M6 (Wiese)
transit, Leipzig: 123 o. (P. Hirth)

ullstein bild, Berlin: 68/69 (histopics), 106 M3 (Granger Collection), 120 o. re (Granger Collection), 148 M2 (Granger Collection), 178/179 (Imagesbroker.net), 196 M2 (photothek), 202 M1 (G. Krüger), 216 M2 (Steffens), 268 M2 (Lineair)
Ulmer Museum: 28 M2 (Th. Stephan)
Universität Tübingen: 15 M6 (Institut für Ur- und Frühgeschichte und Achäologie des Mittelalters, Abteilung Ältere Urgeschichte und Quartärökologie/H. Jensen)
Universitätsbibliothek Heidelberg: 97 M4, 121 o.re.

Vautier, M.: 132 M3
Verkehrsverein Hildesheim: 115 M3 (A. Hartmann)
VISUM, Hamburg: 104 M2 (J.A. Fischer), 121 Mi.li. (J.A. Fischer), 200 M3 (J. A. Fischer)
Volkswagen AG, Wolfsburg: 191 M5

Westermann Archiv: 46 M2, 48 M1, 115 M5, 226 M2
Westfälisches Museum für Archäologie, Herne: 15 M8, 36 M1 u.
Wienerroither, P., A –Vösendorf: 243 M4
Wieziolkowski, G., Venne: 139 M2
wikimedia.org: 105 M3

alle übrigen Schaubilder und Karten: Westermann Kartographie/Technisch Graphische Abteilung, Braunschweig

Nordsee
Deutsche Bucht
Helgoland
Nordfriesische Inseln
Ostfriesische Inseln
Westfr. Inseln
Alsen
Møn
Lolland
Falster
Fehmarn
Bornholm (Dän.)
Ostsee
Kap Arkona
Rügen
Pommersche Bucht
Haff
Flensburg
Nordfriesland
Nördlicher Landrücken
Kiel
Nord-Ostsee-Kanal
Lübeck
Stralsund
Rostock
Schwerin
Mecklenburgische Seenplatte
Müritz
Uckermark
Stettin (Szczecin)
Stargard (Stargard Szczecinski)
Polen
Cuxhaven
Wilhelmshaven
Ostfriesland
Emden
Bremerhaven
Hamburg
Elbe
Groningen
Nieder-lande
Oldenburg
Bremen
Norddeutsches Tiefland
Prignitz
Wittenberge
Havel
Lüneburger Heide
Elbe - Seitenkanal
Altmark
Oderbruch
Oder
Warthe
(Odra)
Berlin
Emsland
Weser
Aller
Mittellandkanal
Potsdam
Frankfurt
Arnheim
Ems
Osnabrück
Hannover
Braunschweig
Magdeburg
Börde
Fläming
Spreewald
Bielefeld
Teutoburger Wald
Weserbergland
Münster
Münsterland
1142
Brocken
Harz
Dessau
Cottbus
Niederlausitz
Lausitzer Neiße
Rhein
Maas
Dortmund
Duisburg
Essen
Ruhr
Göttingen
Halle
Leipziger Tieflandsbucht
Leipzig
Spree
Oberlausitz
Deutschland
Kassel
Werra
Thüringer Becken
Saale
Görlitz
Düsseldorf
Rothaargebirge
841
Schiefergebirge
Hessisches Bergland
Fulda
Dresden
Köln
Erfurt
Jena
Gera
Chemnitz
Elbsand-steingebirge
Aachen
Thüringer Wald
Zwickau
Bonn
Westerwald
982
Gr. Beerberg
Erzgebirge
Vogels
Wasser-
Plauen
Aussig
54°
52°
25
66